高等职业学校电类专业教材

模拟电子技术

（第三版）

唐培林 主编

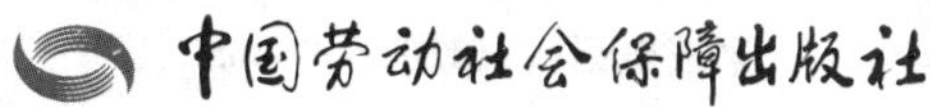

中国劳动社会保障出版社

简　介

本书为高等职业学校电类专业教材，主要内容包括二极管及其应用、三极管和基本放大电路、集成运算放大器、低频功率放大器、信号发生电路、直流稳压电源、晶闸管及其应用、电子综合电路的分析与制作等。

本书由唐培林任主编，邵展图、秦珊珊任副主编，孙正凤、何薇、邱浩、吴容、夏春荣、蒋莉莉、魏敏、刁红艳、乐颖参加编写；林尔付任主审，肖俊参加审稿。

图书在版编目（CIP）数据

模拟电子技术 / 唐培林主编. --3 版. --北京：中国劳动社会保障出版社，2024. --（高等职业学校电类专业教材）. --ISBN 978-7-5167-6605-7

Ⅰ. TN710

中国国家版本馆 CIP 数据核字第 2024Q66F87 号

中国劳动社会保障出版社出版发行

（北京市惠新东街 1 号　邮政编码：100029）

*

北京市白帆印务有限公司印刷装订　新华书店经销

787 毫米×1092 毫米　16 开本　16.5 印张　359 千字

2024 年 12 月第 3 版　2025 年 11 月第 3 次印刷

定价：36.00 元

营销中心电话：400-606-6496

出版社网址：https://www.class.com.cn

https://jg.class.com.cn

前言

为了更好地适应高等职业学校电类专业教学要求，全面提升教学质量，我们组织有关学校的一线教师和行业、企业专家，充分调研企业生产和学校教学情况，广泛听取各职业院校对教材使用情况的反馈意见，对高等职业学校电类专业基础课教材和电气自动化技术专业教材进行了修订，并做了适当的补充开发。

本次教材修订（新编）工作的重点主要体现在以下几个方面。

更新教材内容

以《电工》（2018 年版）等国家职业技能标准为依据，根据电类专业毕业生所从事职业的实际需要和教学实际情况的变化，合理确定学生应具备的能力与知识结构，适当调整部分教材的内容及其深度、难度；根据相关工种及专业领域的最新发展，在教材中充实"四新"内容，更新设备型号和软件版本；根据最新的国家标准、行业标准编写教材，保证教材的科学性和规范性。

创新教材形式

在专业课教材中融入工学一体化课改理念，以代表性工作任务为载体，按照工作过程设计和安排教学活动，实现理论与实践的统一，使学生在贴近生产实际的具体情境中学习，从而提高在工作过程中分析问题和解决问题的综合职业能力。

在部分专业课中，配套开发学生用书，按照"资讯、计划、决策、实施、检查、评价"六个步骤进行教学设计，通过引导问题和课堂活动设计体现，贯彻以学生为中心、以能力为本位的教学理念，引导学生自主学习。

增强表现效果

尽可能使用图片、实物照片和表格等形式将知识点生动地展示出来，达到提高学生学习兴趣、提升教学效果的目的，并在《数字电子技术》（第三版）等教材中采用双色印刷方式，在《机械基础（非机械类）》（第二版）教材中采用彩色印刷方式，使内容更加清晰明了，进一步增强表现效果。

提升教学服务

为方便教师教学和学生学习，在传统纸质资源基础上，充分利用信息技术，构建

“1+3”的教学资源体系，即1本学生用书或习题册，加上视频动画资源、电子课件、习题册参考答案3种互联网资源。其中，视频动画资源主要为针对重点、难点内容制作的微视频或演示动画；电子课件依据教材内容制作，为教师教学提供帮助；习题册参考答案则针对教材配套习题册编写，为教师指导学生练习提供方便。

视频动画资源、电子课件和习题册参考答案均可通过技工教育网（https://jg.class.com.cn）在线观看或下载使用。

编者

2024年10月

目录

模块一　二极管及其应用

课题一　二极管的识别与检测

任务1　认识二极管

学习目标

1. 了解常见二极管的外形特点。
2. 能正确判别二极管的极性。
3. 掌握二极管的单向导电性。

任务引入

各种电子产品都是由许多电子元器件根据一定的功能和要求组成的，其中半导体二极管（简称二极管）是最基本的电子元器件，它由一个 PN 结加上相应的电极引线和管壳封装而成。二极管种类很多，因其单向导电的功能特点，在电子产品中有着广泛的应用。掌握二极管的基本知识，是学习和应用电子技术的基础。本任务的内容就是观察二极管的外形，判别二极管的极性，并通过实验观察二极管的单向导电现象。

任务实施

一、观察二极管的外形

1. 识别不同封装形式的二极管

二极管的封装形式有金属封装、塑料封装、玻璃封装和贴片式封装等形式，如图 1-1 所示。观察教师在示教板上排列好的不同类型、不同型号的二极管，按元件编号根据封装形式对二极管进行分类，并记入表 1-1。

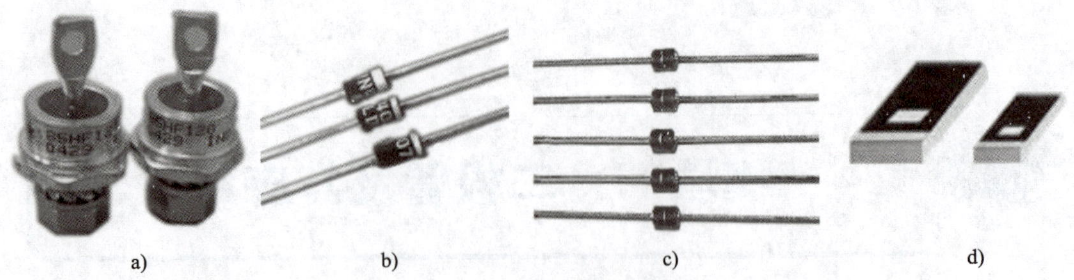

图 1-1　二极管的封装形式

a）金属封装　b）塑料封装　c）玻璃封装　d）贴片式封装

表 1-1　二极管的封装形式

元件编号	封装形式	元件编号	封装形式
1		6	
2		7	
3		8	
4		9	
5		10	

2. 根据外形判别二极管的正、负极

观察这些二极管，虽然它们外形不同，但都有两个引出极，一个称为正极或阳极，另一个称为负极或阴极。

二极管的文字符号为 VD 或 V，图形符号如图 1-2 所示，图中箭头指向为二极管正向电流的方向。

二极管的正、负极一般都在外壳上用图形符号、色点、标志环等标注出来，见表 1-2。

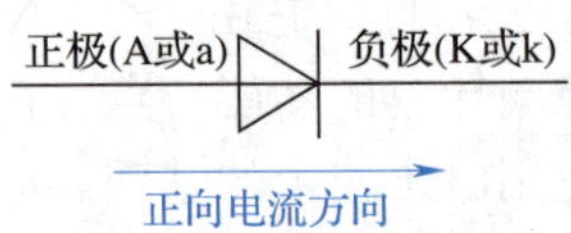

图 1-2　二极管的图形符号

表 1-2　几种常见二极管的正、负极

判别方法	图示	说明
通过二极管的造型判别	正极	螺栓端为正极

续表

判别方法	图示	说明
通过二极管的标注判别	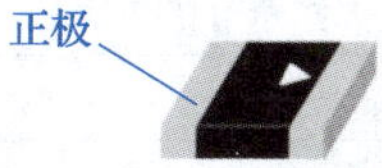 正极	在元件表面标注有二极管极性符号
	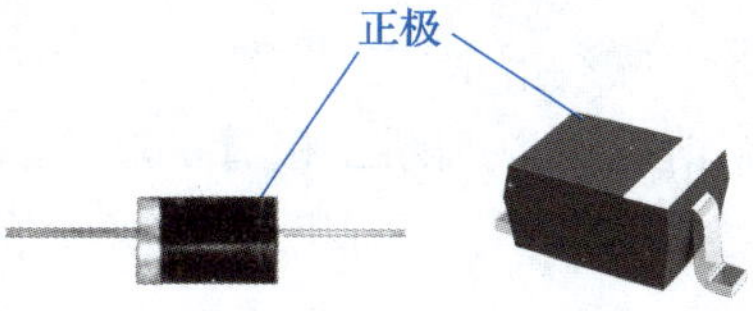 正极	有标志环或标志线的一端为负极，另一端为正极
通过二极管的引脚特征判别	 正极	长引脚为正极，短引脚为负极
通过二极管的电极管键判别	 正极	带有管键的电极为正极，另一端为负极

参照表 1-2，判别前面所分类的各二极管的正、负极。

二、观察二极管的单向导电现象

二极管单向导电性实验电路如图 1-3 所示。

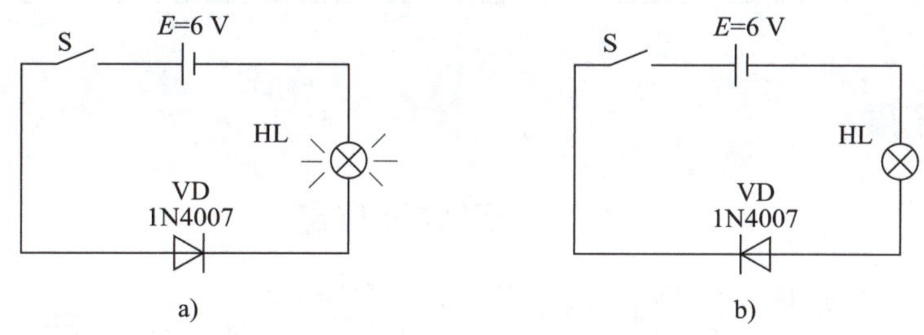

图 1-3 二极管单向导电性实验电路
a）加正向电压时 b）加反向电压时

图 1-3a 中二极管正极接高电位，PN 结外加正向电压，称为 PN 结正向偏置，简称正偏；图 1-3b 中二极管正极接低电位，PN 结外加反向电压，称为 PN 结反向偏置，简称反偏。

1. 按图 1-3a 连接实验电路（可用面包板插接元件，也可用多孔板焊接元件）。观察指示灯工作情况，并记入表 1-3。

表 1-3　二极管单向导电性实验记录

电路连接	指示灯工作情况	二极管状态
按图 1-3a 连接		
按图 1-3b 连接		

2. 按图 1-3b 连接实验电路。观察指示灯工作情况，并记入表 1-3。

闭合开关后，从指示灯工作情况可以判断二极管的状态：指示灯亮，表明二极管有电流流过，二极管处于导通状态；指示灯不亮，表明二极管没有电流流过，二极管处于截止状态。

由实验可得如下结论：当二极管外加正向电压时二极管导通，当二极管外加反向电压时二极管截止。这就是二极管的单向导电性。

任务测评

按表 1-4 所列项目进行任务测评，将结果填入表中。

表 1-4　测评记录

序号	考核项目	考核分值	考核得分
1	认识二极管的封装形式	2	
2	认识二极管的图形符号和文字符号	2	
3	根据外形判别二极管的正、负极	2	
4	实验电路的安装	2	
5	实验现象的观察和记录	2	
合计		10	

知识拓展

PN 结的形成及特点

二极管实质上就是由一个 PN 结加上相应电极引线和管壳封装而成的元件（图 1-4）。那么，什么是 PN 结？它又具有哪些特点呢？

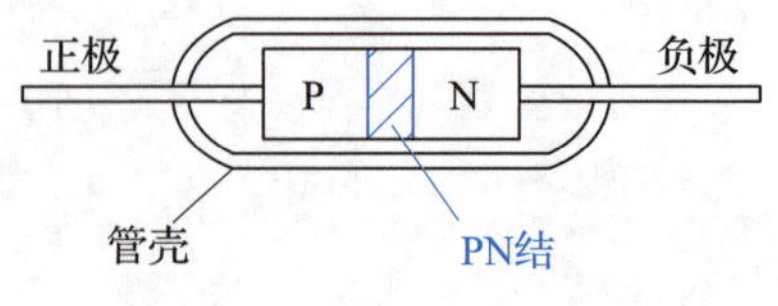

图 1-4　二极管的结构

一、PN 结的形成

在硅或锗等纯净半导体中掺入微量合适的杂质元素，可使半导体的导电能力大大增强。按掺入的杂质元素不同，可分为 P 型半导体和 N 型半导体（表 1-5）。

表 1-5　P 型半导体和 N 型半导体

类型	掺杂方法	特　点	结构示意图
P 型半导体	在纯净半导体中掺入三价元素（如硼）	空穴是多数载流子 自由电子是少数载流子 空穴起主要导电作用	空穴 自由电子
N 型半导体	在纯净半导体中掺入五价元素（如磷）	自由电子是多数载流子 空穴是少数载流子 自由电子起主要导电作用	自由电子 空穴

可以自由移动的带有电荷的物质微粒称为载流子，如电子和离子。在 P 型半导体中空穴是多数载流子，在 N 型半导体中自由电子是多数载流子。如果在一块半导体基片上，一边制成 P 型半导体，另一边制成 N 型半导体，由于载流子的浓度不同，在它们的交界处就会产生多数载流子的扩散运动（图 1-5），并在交界面两侧形成一个具有特殊性质的空间电荷区（又称耗尽层），即 PN 结，如图 1-6 所示。

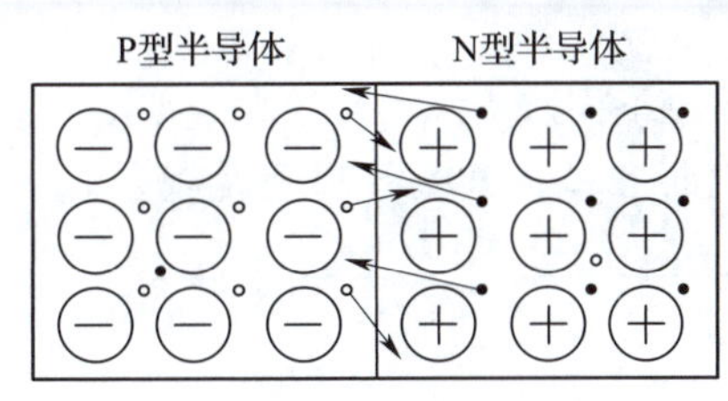

图 1-5　多数载流子的扩散运动

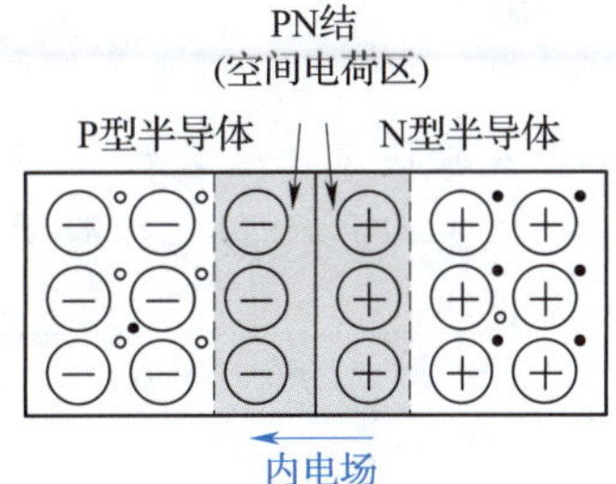

图 1-6　PN 结的形成

PN 结形成后，由于正、负电荷的作用，将产生一个从 N 区指向 P 区的内电场。内电场会对多数载流子的扩散运动起阻碍作用。同时，在内电场的作用下，P 区的自由电子和 N 区的空穴也要越过空间电荷区进入对方，从而形成漂移运动。漂移运动和扩散运动方向相反，在无外加电场的情况下，通过 PN 结的扩散电流和漂移电流相等，PN 结的宽度不再变化而处于稳定状态。

二、PN 结的单向导电性

1. PN 结外加正向电压

PN 结 P 端接高电位，N 端接低电位，称为 PN 结外加正向电压，又称 PN 结正向偏置，简称正偏，如图 1-7 所示。这时，外电场与 PN 结内电场方向相反，内电场被削弱，PN 结空间电荷区变窄。这对于多数载流子的扩散运动有利，从而形成导通电流，导通电流的方向由 P 区指向 N 区。

2. PN 结外加反向电压

PN 结 P 端接低电位，N 端接高电位，称为 PN 结外加反向电压，又称 PN 结反向偏置，简称反偏，如图 1-8 所示。这时，外电场与 PN 结内电场方向相同，内电场被增强，PN 结空间电荷区变宽。这使多数载流子的扩散运动受阻，但对于少数载流子的漂移有利，从而形成极小的反向电流，反向电流的方向由 N 区指向 P 区。

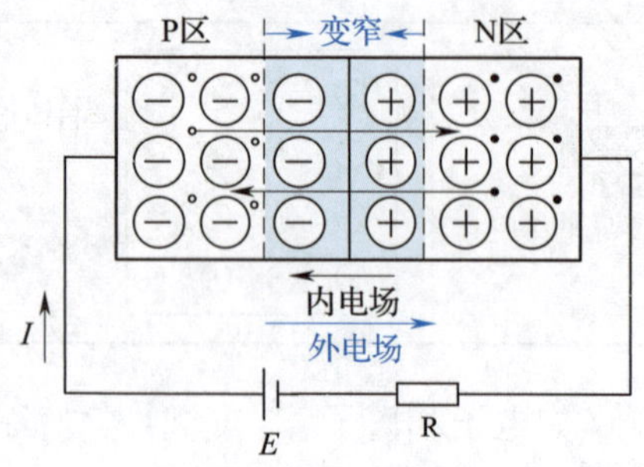

图 1-7　PN 结外加正向电压

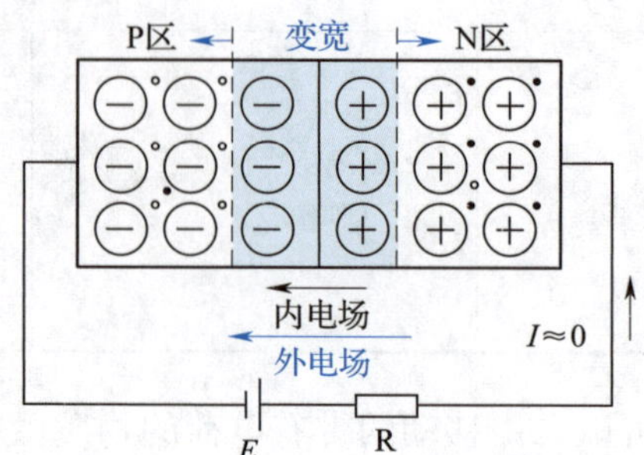

图 1-8　PN 结外加反向电压

思考与练习

1. 结合实验现象说明二极管和电阻器导电性能的不同。

2. 根据图 1-9 所示各二极管两极的电位值，判断各二极管是导通还是截止。

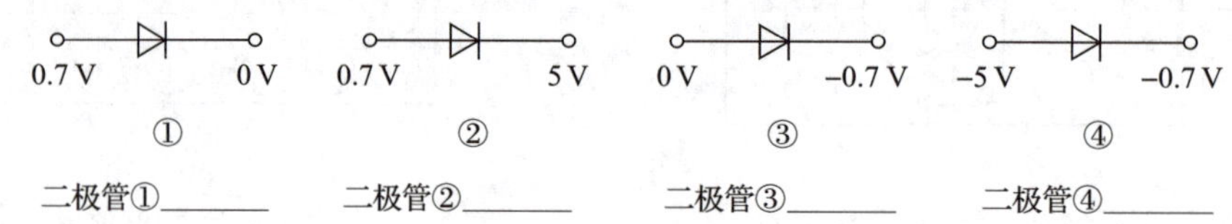

二极管①______　二极管②______　二极管③______　二极管④______

图 1-9　第 2 题电路图

3. 判断图 1-10 中各二极管是导通还是截止，并求 *AO* 两端的电压。

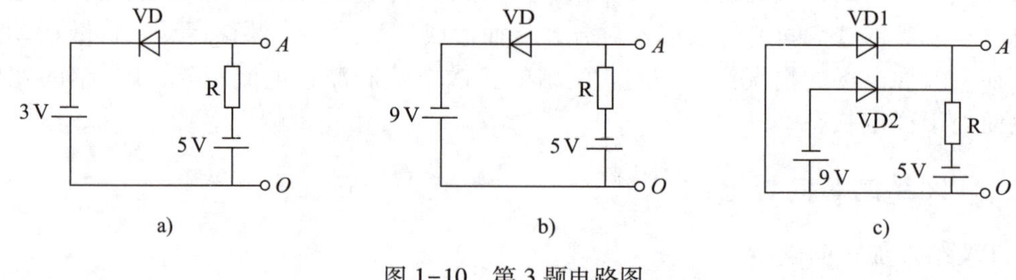

图 1-10　第 3 题电路图

4. 电路图如图 1-11a 所示，输入信号波形如图 1-11b 所示，试在图 1-11c 中画出输出信号波形（忽略二极管的正向压降）。

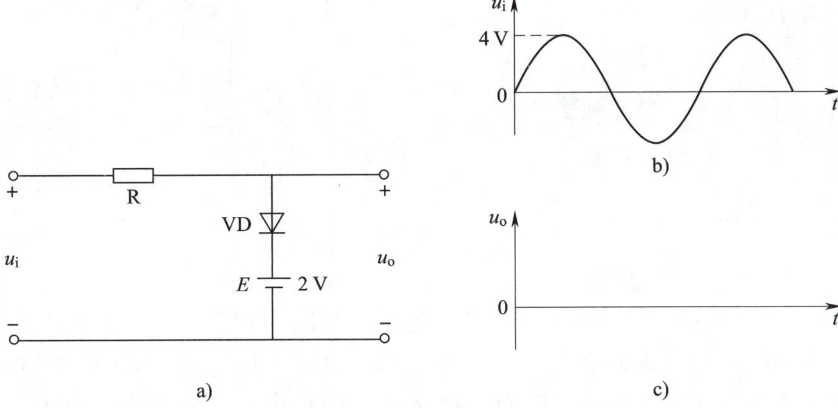

图 1-11　第 4 题电路图及输入、输出信号波形
a）电路图　b）输入信号波形　c）输出信号波形

任务 2　二极管的检测和选用

学习目标

1. 了解二极管的型号命名方法、特性曲线和主要参数。
2. 能正确选用二极管。
3. 能完成二极管的检测。

任务引入

某电源电路中，要求二极管最大整流电流为 800 mA，最高反向工作电压为 200 V，应该如何选择合适的二极管呢？选好二极管后，又该如何判断它的极性和质量好坏呢？要根据电路要求选择合适的二极管，首先必须了解二极管型号、参数的含义，通过查阅相关手册确定二极管的型号。本任务的内容就是根据要求选择合适的二极管型号，并使用万用表对其质量进行检测。

相关知识

一、二极管的型号

二极管种类很多，国家采用规定型号加以标注，方法详见本书附表 1。

例如：

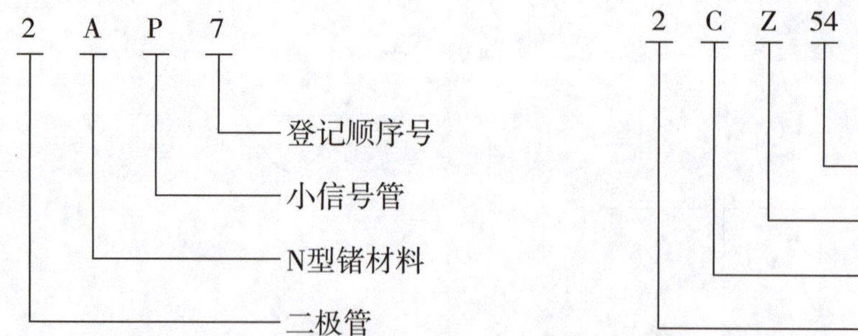

国外二极管型号命名方法与我国不同，例如，凡以“1N”开头的二极管都是美国制造或以美国专利在其他国家制造的产品，以“1S”开头的则为日本注册产品，其中数字“1”的含义为器件有一个 PN 结。后面的数字为登记顺序号，通常数字越大，产品越新，如 1N4001、1N4148、1N5408、1S1885 等。

二、二极管的主要参数

不同型号的二极管都有一些技术数据（即参数）作为合理、安全使用的依据。二极管的主要参数如下：

1. 最大整流电流 I_{FM}（也称最大正向电流）

最大整流电流是指二极管长期运行时允许通过的最大正向平均电流。它的数值与 PN 结的面积和外部散热条件有关。实际使用时二极管的正向平均电流不得超过此值，否则二极管可能因过热而损坏。

2. 最高反向工作电压 U_{RM}（也称耐压值）

最高反向工作电压是指二极管正常工作所允许外加反向电压的最大值。通常取二极管反向击穿电压的 1/2~2/3。

3. 反向饱和电流 I_R（也称反向漏电流）

反向饱和电流是指室温下在二极管未击穿的情况下，加上规定反向电压时流过的反向电流。此值越小，二极管的单向导电性能越好。反向饱和电流受温度的影响很大。温度越高，反向饱和电流越大。

4. 最高工作频率 f_M

最高工作频率是指二极管正常工作的上限频率。超过此值时，二极管将不能很好地体现单向导电性。一般小电流二极管的 f_M 高达几百兆赫兹，而大电流二极管的 f_M 只有几千赫兹。

不同类型二极管的参数内容和参数值是不同的，即使是同一型号的二极管，它们的参数值也存在很大差异。此外，查阅参数时，还应注意它们的测试条件，当测试条件不同时，参数也会发生变化。

三、二极管的伏安特性

加在二极管两端的电压和流过二极管的电流之间的关系称为二极管的伏安特性。利用晶体管特性图示仪可以很方便地测出二极管的伏安特性曲线，如图 1-12 所示。

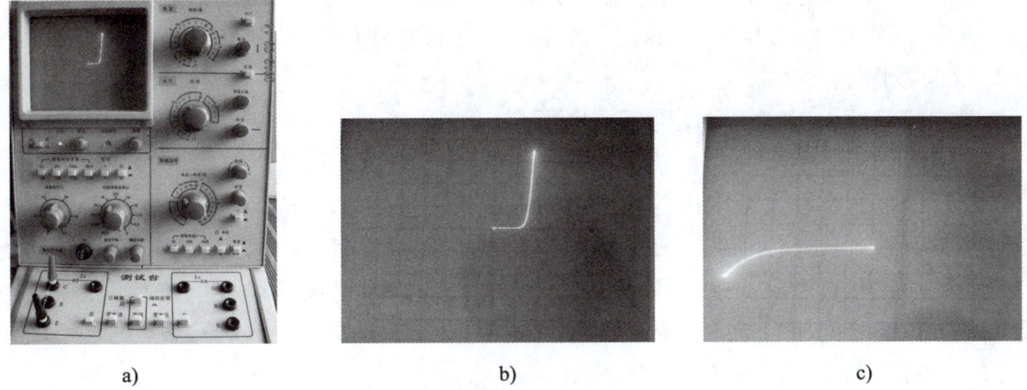

a)　　b)　　c)

图 1-12　用晶体管特性图示仪测试二极管的伏安特性

a）晶体管特性图示仪　b）正向特性曲线　c）反向特性曲线

为了便于分析，在图 1-13 所示的二极管伏安特性曲线中，标明了与晶体管特性图示仪显示曲线相应的电压、电流值。

1. 正向特性

这时二极管两端所加的电压为正向电压。

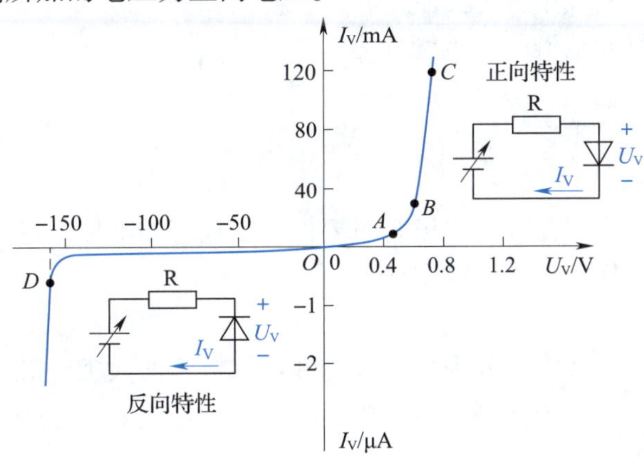

图 1-13　二极管伏安特性曲线

（1）*OA* 段

这一段曲线较为平坦，外加电压很小，正向电流几乎为零，故称为死区。与 *A* 点对应的电压为二极管开始导通的临界电压，称为开启电压（或门限电压）。一般硅二极管的开启电压约为 0.5 V，锗二极管的开启电压约为 0.2 V。

（2）*AB* 段

这一段随着外加正向电压的增大，正向电流也缓慢增大。

（3）*BC* 段

这一段曲线陡直上升，正向电压增加不多，正向电流急剧增大，电压与电流的关系近似为线性，称为正向导通区（也称为线性区）。正向导通后二极管两端的正向电压称为导通压降，这个电压比较稳定，几乎不随电流的变化而变化。一般硅二极管的导通压降约为 0.7 V，锗二极管的导通压降约为 0.3 V。这时二极管正、负极之间相当于一个闭合的开关。

2. 反向特性

这时二极管两端所加的电压为反向电压。

（1）*OD* 段

外加反向电压在较大范围内变化而反向电流很小且基本恒定，这个电流称为二极管反向饱和电流（或反向漏电流）。一般小功率硅二极管的反向饱和电流约为几微安，小功率锗二极管则可达几百微安。这一段称为反向截止区，这时二极管对外电路呈现高阻状态，二极管正、负极之间相当于一个断开的开关。

（2）*D* 点以后

当反向电压增大到 *D* 点所对应数值时，反向电流突然增大，这一现象称为反向击穿，所对应的电压称为反向击穿电压。如果没有适当的限流措施，二极管在反向击穿后很可能因电流过大而损坏。因此，除稳压二极管外，加在二极管上的反向电压不允许超过反向击穿电压。

分析二极管伏安特性曲线可知，二极管的电压和电流之间呈非线性关系，所以二极管属于非线性器件。伏安特性曲线上各点所对应的电阻都不一样，正向特性曲线中 *BC* 段各点电阻远小于反向特性曲线中 *OD* 段各点电阻。

忽略正向压降和反向电流的二极管称为理想二极管。

四、二极管的正确选用

1. 参数的选择

为了安全使用二极管，在选用二极管时要保证二极管在电路中的工作电流、电压和频率等参数不超过二极管规定的最大额定值。

2. 材料的选择

按所用材料不同，二极管可分为硅二极管和锗二极管两大类。硅二极管受温度影响较小，工作较为稳定，实际使用量多于锗二极管。

3. 内部结构的选择

二极管按内部结构不同，可分为点接触型、面接触型和平面型等，如图 1-14 所示。

点接触型二极管的 PN 结面积小，允许通过的电流小，工作频率高，适用于高频电路和数字电路；面接触型二极管的 PN 结面积大，允许通过的电流较大，但工作频率低，适用于整流电路；平面型二极管的 PN 结面积可大可小，PN 结面积大的与面接触型相同，PN 结面积小的与点接触型相同。通常锗二极管以点接触型居多，硅二极管以面接触型和平面型居多。

4. 根据用途选择

（1）普通二极管（如 2AP 等系列）的 I_{FM} 较小，f_M 较高，多用于信号检波、取样、小电流整流等。

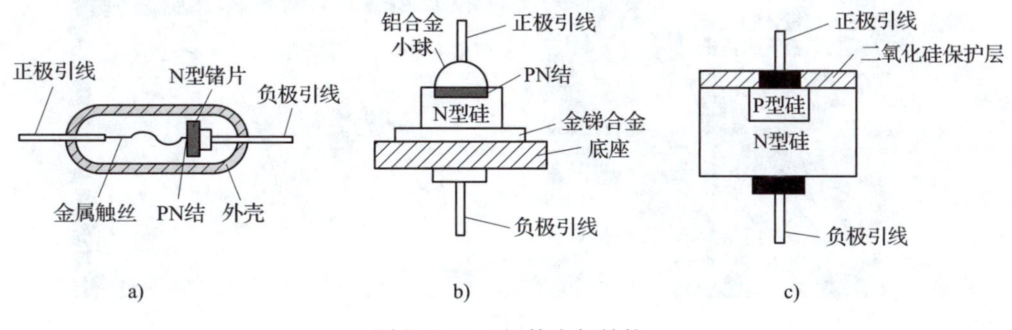

图 1-14　二极管内部结构
a）点接触型　b）面接触型　c）平面型

（2）整流二极管（如 2CZ、2DZ 系列）的 I_{FM} 较大，f_M 较低，多用于电源设备中。

（3）稳压二极管（如 2CW、2DW 系列）的反向击穿电压较低，反向特性曲线陡峭，多用于电源设备中。

（4）开关二极管（如 2AK、2CK 系列）的 I_{FM} 较小，f_M 较高，多用于数字电路和控制电路中。

此外，还有检波二极管、发光二极管、光电二极管、变容二极管等。

5. 替换原则

如果电路中的二极管需要替换，应遵循类型相同、特性相近、外形相似的原则。例如，硅管和锗管不能互换，普通二极管与特殊二极管不能互换等。

五、用万用表检测二极管的方法

万用表电阻挡等效电路如图 1-15 所示。将万用表置于“R×100”或“R×1 k”电阻挡，这时指针式万用表内的电池为 1.5 V，红表笔连接表内电池负极，黑表笔连接表内电池正极。

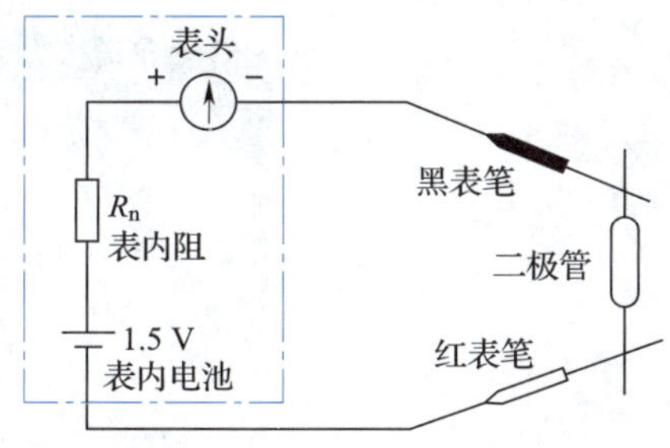

图 1-15　万用表电阻挡等效电路

先将两表笔短接调零，然后将万用表的红、黑表笔跨接在二极管的两端（图 1-16a），若测得阻值较小（几千欧以下），再将红、黑表笔对调后接在二极管两端（图 1-16b），测得的阻值较大（几百千欧以上），说明二极管质量良好，测得阻值较小的那一次黑表笔所接为二极管的正极。

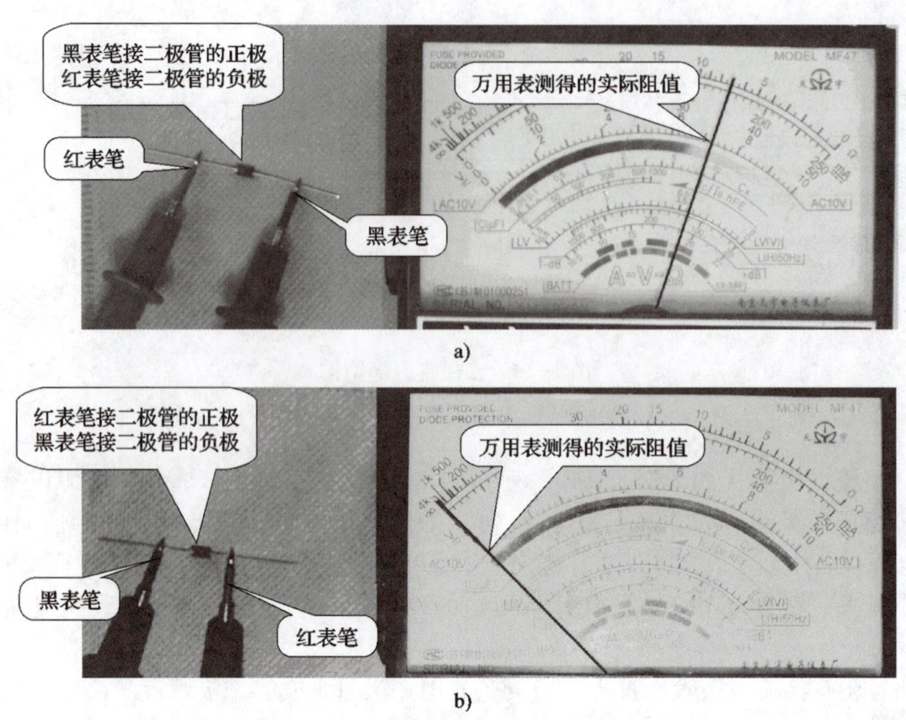

图 1-16　用万用表检测二极管

a）测二极管正向电阻　b）测二极管反向电阻

如果是用数字式万用表检测二极管，应将量程选择开关拨至“⊳|”挡，红表笔插入“V · Ω”插孔（注意：数字式万用表红表笔连接表内电池正极），接二极管正极；黑表笔插入“COM”插孔，接二极管负极。此时，显示的是二极管的正向压降（图 1-17a）；如果显示“000”，表示二极管内部短路。再将二极管反接，如果显示“1”，表示二极管反向电阻趋向无穷大，该二极管质量良好（图 1-17b）。

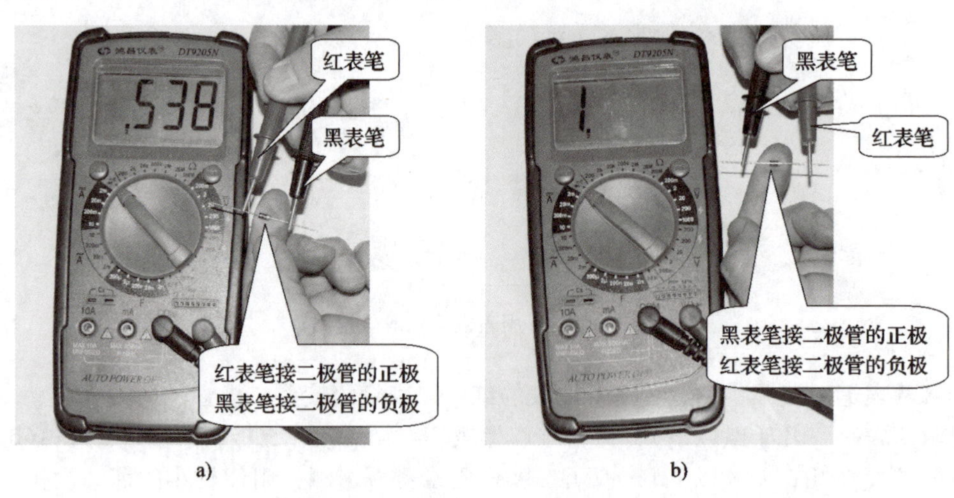

图 1-17　用数字式万用表检测二极管

a）测二极管正向压降　b）测二极管反向压降

任务实施

一、选择合适的二极管

根据电路要求可知，二极管最大整流电流为 800 mA，最高反向工作电压为 200 V，由本书附录查阅常用整流二极管主要参数，可以选用 1N4003、1N4004 或 2CZ55D、2CZ55E。其主要参数见表 1-6。

表 1-6　整流二极管主要参数

型号	材料	最大整流电流 I_{FM}/A	最高反向工作电压 U_{RM}/V
1N4003	硅	1	200
1N4004	硅	1	400
2CZ55D	硅	1	200
2CZ55E	硅	1	300

二、用万用表检测二极管

1. 准备好表 1-6 中 4 种型号的二极管，用指针式万用表检测二极管，并做记录。

（1）将指针式万用表置于“R×1 k”电阻挡，并调零。

（2）将指针式万用表黑表笔接二极管正极，红表笔接二极管负极，测得二极管正向电阻，记入表 1-7。

（3）将指针式万用表黑表笔接二极管负极，红表笔接二极管正极，测得二极管反向电阻，记入表 1-7。

（4）根据测量结果判别所测二极管单向导电性能的好坏，记入表 1-7。

表 1-7　用指针式万用表检测二极管

型号	正向电阻	反向电阻	判别单向导电性能好坏
1N4003			
1N4004			
2CZ55D			
2CZ55E			

2. 用数字式万用表复测一遍，记入表 1-8。比较测量结果。

表 1-8　用数字式万用表检测二极管

型号	正向电阻	反向电阻	判别单向导电性能好坏
1N4003			

续表

型号	正向电阻	反向电阻	判别单向导电性能好坏
1N4004			
2CZ55D			
2CZ55E			

任务测评

按表 1-9 所列项目进行任务测评，将结果填入表中。

表 1-9　测评记录

序号	考核项目	考核分值	考核得分
1	认识二极管的型号	2	
2	用万用表检测二极管	2	
3	二极管参数的查阅	2	
4	表 1-7 的检测结果	2	
5	表 1-8 的检测结果	2	
合计		10	

知识拓展

几种特殊用途的二极管

一、稳压二极管

稳压二极管简称稳压管，其外形和图形符号如图 1-18 所示。常用稳压二极管的型号有 2CW55（稳压值为 6.2~7.5 V）、2CW140（稳压值为 13.5~17 V）等，国外产品有 1N4728A（稳压值为 3.3 V）、1N4733A（稳压值为 5.1 V）、1N4735A（稳压值为 6.2 V）、1N4738A（稳压值为 8.2 V）等。

稳压二极管的伏安特性曲线如图 1-19 所示。其正向特性与普通二极管相似，但反向击穿特性很陡。由于它是采用特殊工艺制作的面接触型硅材料二极管，所以当它工作在反向击穿区时，只要采取限流措施，稳压二极管就不会因击穿而烧坏。当流过稳压二极管的电流在 I_{Zmin} ~ I_{Zmax} 范围内变化时，其两端电压几乎不变，这就是它的稳压特性。

图 1-20 所示为利用稳压二极管组成的直流稳压电路，由于稳压二极管与负载是并联的，因此也称为并联型直流稳压电路。

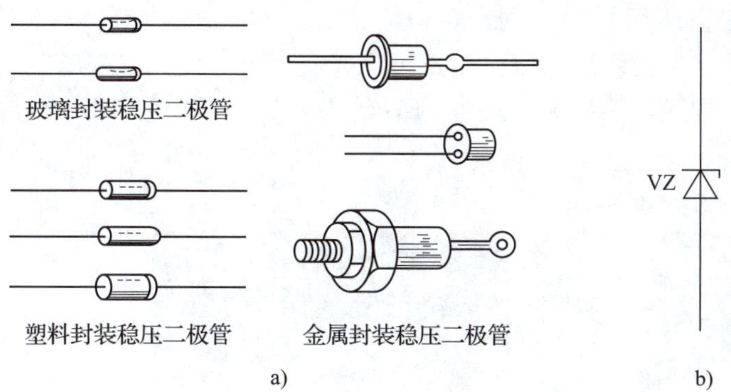

图 1-18　稳压二极管的外形和图形符号

a）外形　b）图形符号

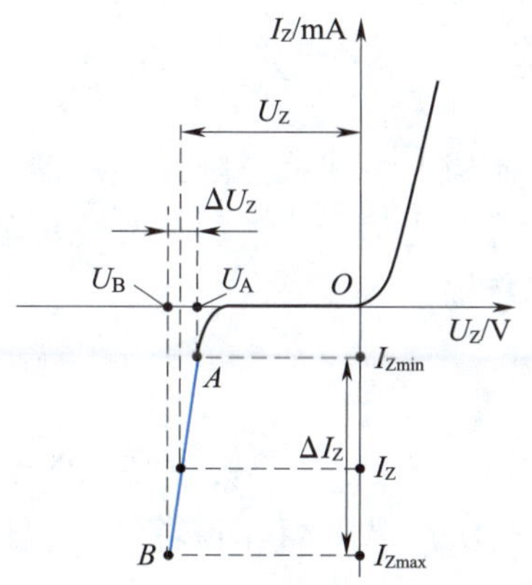

图 1-19　稳压二极管的伏安特性曲线

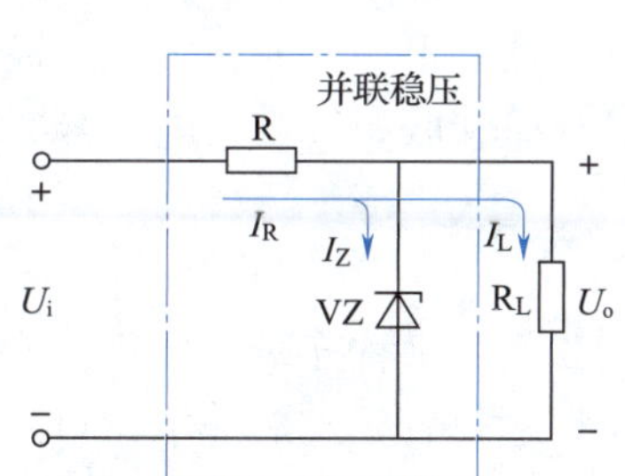

图 1-20　利用稳压二极管组成的直流稳压电路

当输入电压 U_i 升高或负载阻值 R_L 变大时，引起 U_o 上升，稳压二极管反向电压也会上升，稳压二极管电流 I_Z 急剧增大，流过 R 的电流 I_R 也增大，导致 R 上的压降 U_R 上升，从而抵消了输出电压 U_o 的波动。其稳压过程如下：

$$U_i\uparrow\ (\text{或}\ R_L\uparrow) \rightarrow U_o\uparrow \rightarrow I_Z\uparrow \rightarrow I_R\uparrow$$
$$U_o\downarrow \leftarrow U_R\uparrow \leftarrow$$

同理，当输入电压降低或负载阻值变小时，也可分析得到 U_o 基本保持稳定。

稳压二极管并联型直流稳压电路结构简单，设计制作容易。但由于受到稳压二极管自身参数的限制，其输出电流较小，输出电压不可调节，因此只适用于电压固定的小功率负载且电流变化范围不大的场合。

二、发光二极管

发光二极管是一种将电能转换成光能的半导体器件，常用 LED 表示。发光二极管的外形和图形符号如图 1-21 所示。

发光二极管根据所用材料不同，可以发出红、绿、黄、蓝、橙等不同颜色的光。此外，有些特殊的发光二极管还可以发出不可见光或激光。发光二极管的伏安特性与普通二极管相似，但正向导通电压稍大，红色 LED 约为 1.7 V，绿色 LED 约为 2.3 V。

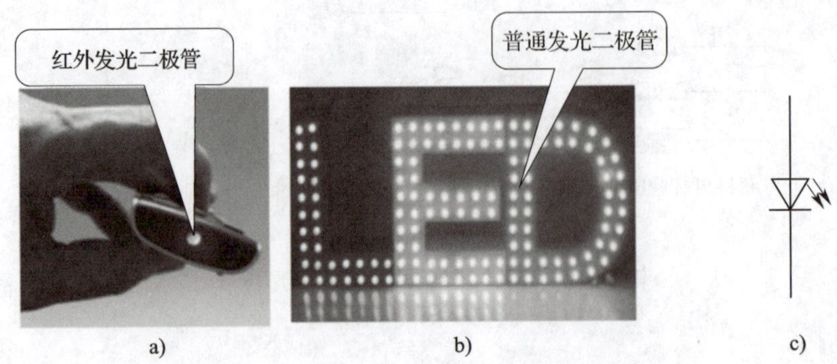

图 1-21　发光二极管的外形和图形符号
a）红外发光二极管　b）普通发光二极管　c）图形符号

发光二极管常用作显示器件，除单个使用外，也可制成七段式或点阵式显示器，显示数字、文字或图形。此外，发光二极管可以将电信号转换为光信号，然后由光缆传输，再由光电二极管接收，转换成电信号，完成信号的远距离传输。

三、光电二极管

光电二极管又称光敏二极管，它的基本结构也是一个 PN 结。但是，它的 PN 结面积较大，可以通过管壳上的一个窗口接收入射光。光电二极管的外形和图形符号如图 1-22 所示。

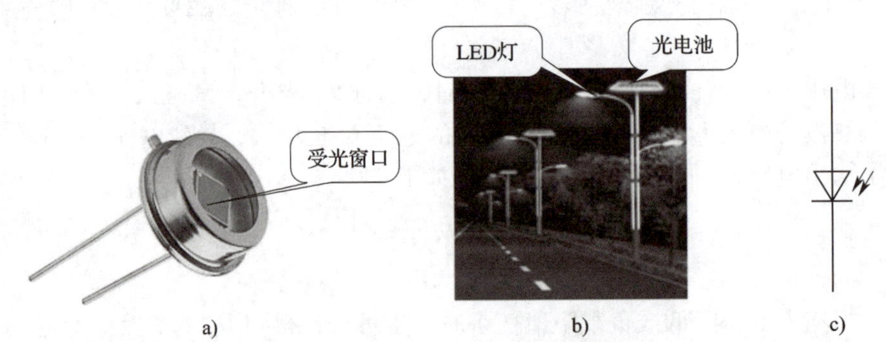

图 1-22　光电二极管的外形和图形符号
a）外形　b）光电池　c）图形符号

光电二极管工作在反偏状态，当无光照时，反向电流很小，称为暗电流，一般小于 0.1 μA；当有光照时，反向电流迅速增大，可达几十微安，称为光电流。光电流不仅与入射光的强度有关，而且与入射光的波长有关。光电二极管不仅能构成光电传感器件，如果制成受光面积大的光电二极管，则可成为一种能源器件，称为光电池，如图 1-22b 所示。

四、变容二极管

变容二极管是利用 PN 结的电容效应工作的一种特殊二极管，它工作在反偏状态，改变反偏直流电压（U_R），其电容量会随反向电压的变化而变化。变容二极管的外形、图形符号和 C-U_R 特性曲线如图 1-23 所示。

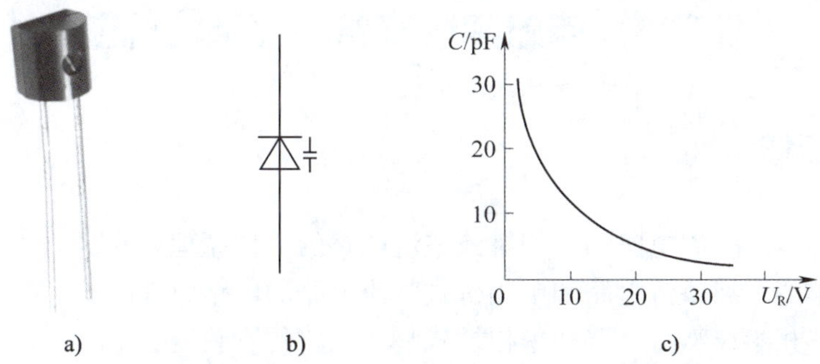

图 1-23　变容二极管的外形、图形符号和 C-U_R 特性曲线
a）外形　b）图形符号　c）C-U_R 特性曲线

变容二极管常用于谐振电路中。例如，在电视机电路中把变容二极管作为调谐回路的可变电容器，实现频道的选择。

思考与练习

1. 用万用表不同的电阻挡测量同一只二极管，发现读数并不相同。这是什么原因？

2. 现有型号为 2AP1、1N4752A、2CP31、2CZ11D 的 4 种二极管，试查阅附录、有关手册或其他资料后将其主要参数摘录在表 1-10 中。

表 1-10　几种二极管的主要参数

型号	型号含义	最大整流电流 I_{FM}/mA	最高反向工作电压 U_{RM}/V	反向饱和电流 I_R/mA	最高工作频率 f_M/MHz
2AP1					
1N4752A					
2CP31					
2CZ11D					

课题二　整流滤波电路的安装与检测

任务 1　单相整流电路的安装与检测

学习目标

1. 掌握单相半波整流电路和单相桥式整流电路的工作原理。
2. 能识读单相半波整流电路和单相桥式整流电路的电路原理图。
3. 能完成单相半波整流电路和单相桥式整流电路的安装。
4. 能使用双踪示波器检测单相半波整流电路和单相桥式整流电路的波形。

任务引入

将交流电变换为直流电称为整流，具有单向导电性的二极管是最常用的整流元件。整流电路是直流稳压电源的重要组成部分，整流电路有多种类型。本次任务的内容是在面包板或多孔板上装接单相半波、单相桥式这两个典型的单相整流电路，并使用双踪示波器检测其波形，观察波形特点。

相关知识

一、单相半波整流电路的工作原理

单相半波整流电路由电源变压器 T、整流二极管 VD 和负载 R_L 构成，如图 1-24a 所示。单相半波整流电路波形图如图 1-24b 所示。

1. 工作过程

当 u_2 为正半周期时，设 A 端为正，B 端为负，二极管 VD 正偏导通，电流由 A 端流出，经 VD、R_L 回到 B 端。忽略二极管正向压降，负载两端电压 $u_L \approx u_2$。

当 u_2 为负半周期时，B 端为正，A 端为负，二极管 VD 反偏截止，负载上无电流通过，$u_L=0$。

由此可见，在交流电一个周期内，二极管有半个周期导通，另半个周期截止，在负载 R_L 上的脉动直流电压波形是交流电压 u_2 的一半，故称单相半波整流。

2. 负载上的直流电压 U_L

负载上脉动直流电压在一个周期内的平均值 $U_L=0.45U_2$。式中，U_2 为变压器二次电压有效值。

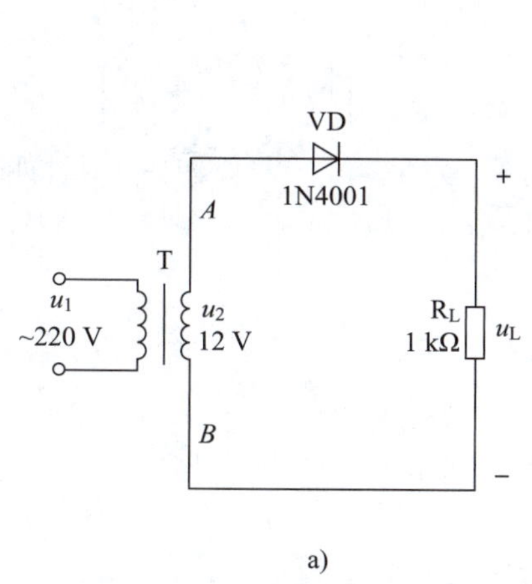

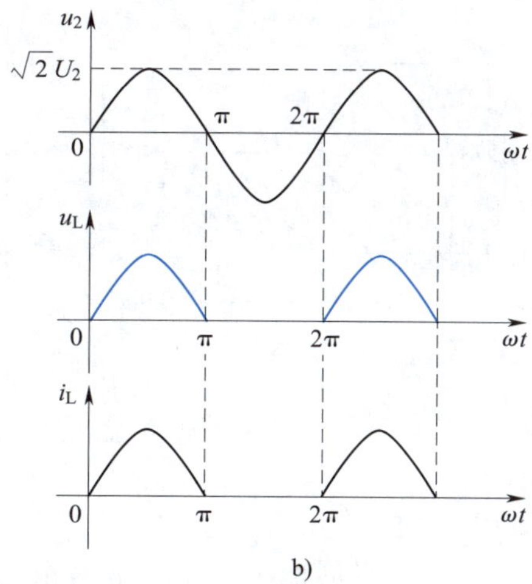

图 1-24　单相半波整流电路及其波形图

a）电路　b）波形图

3. 整流二极管的选用

（1）二极管最大整流电流 I_{FM}。单相半波整流电路中流过二极管的平均电流 I_F 就是流过负载的平均电流 I_L，因此整流二极管的最大整流电流应大于负载电流，即 $I_{FM}>I_L$。

（2）二极管最高反向工作电压 U_{RM}。当交流电压 u_2 在 1.5π、3.5π 等时刻时，二极管承受最高反向电压 $U_{Rm}=\sqrt{2}U_2$，因此应满足 $U_{RM}>\sqrt{2}U_2$。

【例 1-1】 有一直流负载，电阻为 1.5 kΩ，要求工作电流为 10 mA，如果采用单相半波整流电路，试求电源变压器的二次电压，并选择合适的整流二极管。

解： 负载上脉动直流电压在一个周期内的平均值为

$$U_L=R_LI_L=1.5\times10^3\times10\times10^{-3}\ \text{V}=15\ \text{V}$$

变压器二次电压的有效值为

$$U_2=\frac{U_L}{0.45}=\frac{15}{0.45}\ \text{V}\approx33\ \text{V}$$

二极管承受的最高反向电压为

$$U_{Rm}=\sqrt{2}U_2\approx1.41\times33\ \text{V}\approx47\ \text{V}$$

根据以上求得的参数，查阅整流二极管参数手册，可选择 $I_{FM}=100$ mA，$U_{RM}=50$ V 的 2CZ52B 型整流二极管，或者选用符合条件的其他型号二极管，如 1N4001 等。

二、单相桥式整流电路的工作原理

单相桥式整流电路如图 1-25 所示，电路中 4 只整流二极管连接成电桥形式，故称为桥式整流电路。其中，图 1-25b 为单相桥式整流电路常用的装配画法，图 1-25c 为单相桥式整流电路常用的简化画法。

单相桥式整流电路波形图如图 1-26 所示。

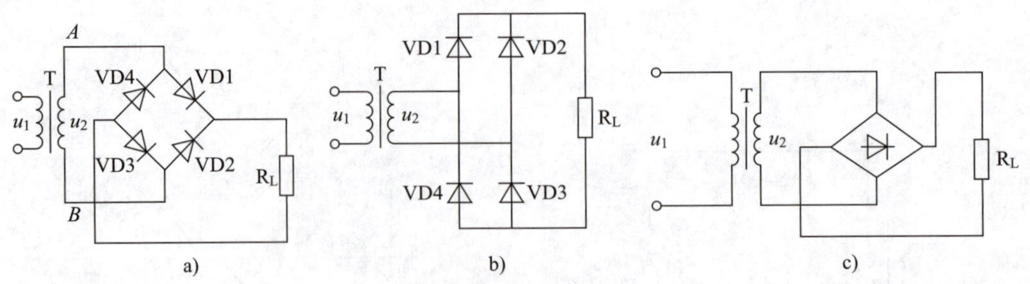

图 1-25　单相桥式整流电路

a）电路画法一　b）电路画法二　c）简化画法

1. 工作过程

当 u_2 为正半周期时，设 A 端为正，B 端为负，则二极管 VD1、VD3 导通，VD2、VD4 截止。电流通路如图 1-27a 所示，R_L 上电流方向由上向下，电压极性为上正下负。

当 u_2 为负半周期时，设 B 端为正，A 端为负，二极管 VD2、VD4 导通，VD1、VD3 截止。电流通路如图 1-27b 所示，R_L 上电流方向和电压极性与 u_2 正半周期时相同。

2. 负载上的直流电压 U_L

此值即负载上脉动直流电压在一个周期内的平均值，相当于两个半波整流合成作用在负载上，故 $U_L = 0.45U_2+0.45U_2$，即 $U_L=0.9U_2$。

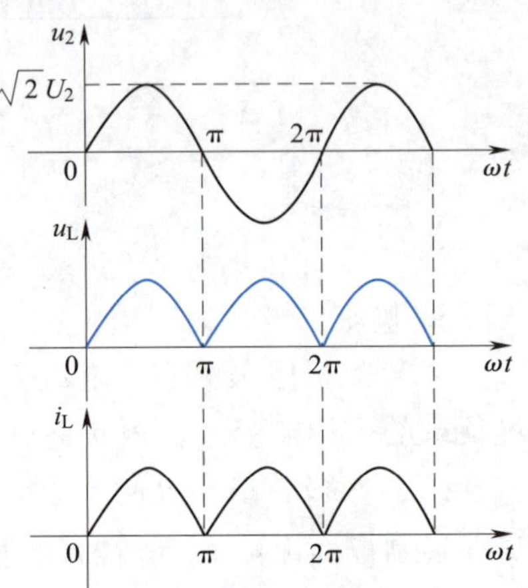

图 1-26　单相桥式整流电路波形图

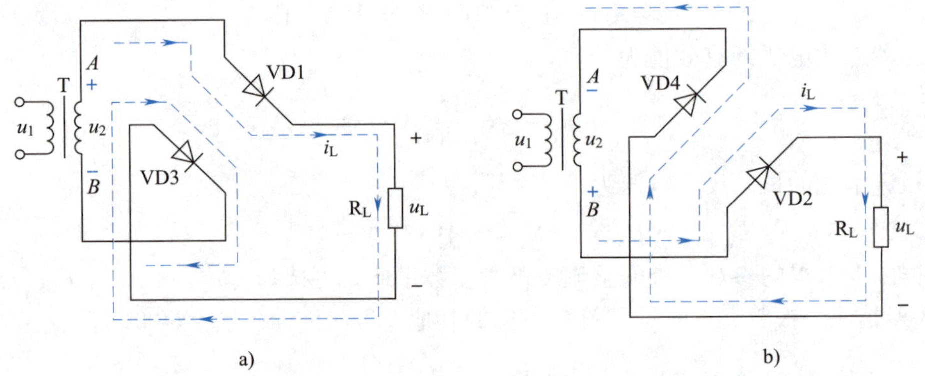

图 1-27　单相桥式整流电路的电流通路

a）u_2 为正半周期时的电流通路　b）u_2 为负半周期时的电流通路

3. 整流二极管的选用

（1）二极管最大整流电流 I_{FM}。单相桥式整流电路中流过二极管的平均电流 I_F 是流过负

载电流 I_L 的一半，因此整流二极管的最大整流电流应大于负载电流的一半，即 $I_{FM}>\frac{1}{2}I_L$。

（2）二极管最高反向工作电压 U_{RM}。单相桥式整流电路中二极管承受的最高反向电压 $U_{Rm}=\sqrt{2}U_2$，因此应满足 $U_{RM}>\sqrt{2}U_2$。

【例 1-2】 有一直流负载需直流电压 6 V，直流电流 0.4 A。如果采用单相桥式整流电路，试求电源变压器的二次电压，并选择合适的整流二极管。

解： 变压器二次电压的有效值为

$$U_2=\frac{U_L}{0.9}=\frac{6}{0.9}\ \text{V}\approx 6.7\ \text{V}$$

通过二极管的平均电流为

$$I_F=\frac{1}{2}I_L=\frac{1}{2}\times 0.4\ \text{A}=0.2\ \text{A}=200\ \text{mA}$$

二极管承受的最高反向电压为

$$U_{Rm}=\sqrt{2}U_2\approx 1.41\times 6.7\ \text{V}\approx 9.4\ \text{V}$$

根据以上求得的参数，查阅整流二极管参数手册，可选择 $I_{FM}=300$ mA，$U_{RM}=25$ V 的 2CZ53A 型整流二极管，或者选用符合条件的其他型号二极管，如 1N4001 等。

任务实施

一、单相半波整流电路的安装与检测

1. 电路安装

按照图 1-24a，在面包板上插接电路，或在多孔板上安装电路。

2. 波形观察

将双踪示波器两个探头分别接在变压器二次侧和负载两端，接通电源后，观察变压器二次电压 u_2 和输出电压 u_L 的波形，如图 1-28 所示。

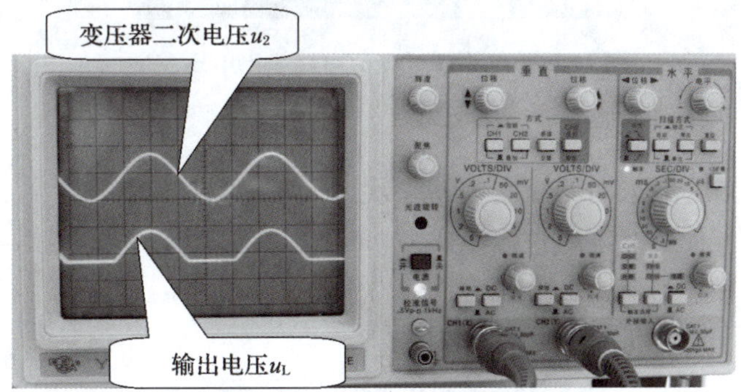

图 1-28　单相半波整流电路实测波形

3. 电路测试

（1）用万用表交流电压挡测量变压器二次电压 u_2 的有效值。

（2）用直流电压表测量输出直流电压 U_L 的值。

（3）用直流毫安表测量负载电流 I_L 的值。

将以上测量结果记入表 1-11。

表 1-11　单相半波整流电路测试记录

U_2/V	U_L/V		I_L/mA
	实测值	估算值	

（4）根据变压器二次电压 u_2 的实测值，估算负载上的直流电压 U_L，记入表 1-11，并与实测值进行比较。

二、单相桥式整流电路的安装与检测

1. 电路安装

根据图 1-25，在面包板上插接电路，或在多孔板上安装电路（电路元器件规格与单相半波整流电路相同）。

2. 波形观察

将双踪示波器两个探头分别接在变压器二次侧和负载两端，接通电源后，观察变压器二次电压 u_2 和输出电压 u_L 的波形。其中，输出电压 u_L 的波形如图 1-29 所示。

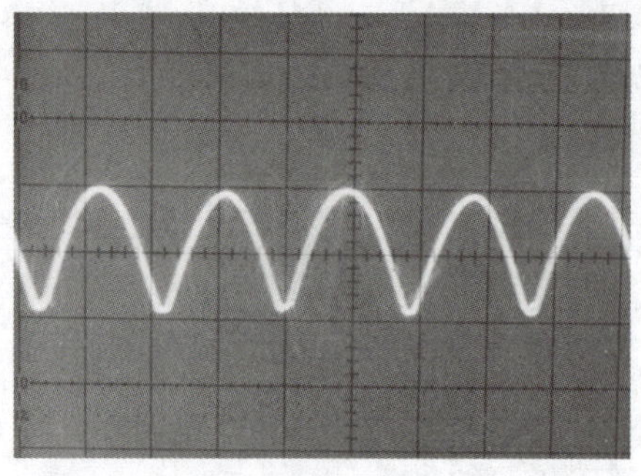

图 1-29　单相桥式整流电路输出电压波形

3. 电路测试

（1）用万用表交流电压挡测量变压器二次电压 u_2 的有效值。

（2）用直流电压表测量输出直流电压 U_L 的值。

（3）用直流毫安表测量负载电流 I_L 的值。

将以上测量结果记入表 1-12。

表 1-12　单相桥式整流电路测试记录

U_2/V	U_L/V		I_L/mA
	实测值	估算值	

（4）根据变压器二次电压 u_2 的实测值，估算负载上的直流电压 U_L，记入表 1-12，并与实测值进行比较。

任务测评

按表 1-13 所列项目进行任务测评，将结果填入表中。

表 1-13　测评记录

序号	考核项目	考核分值	考核得分
1	安装单相半波整流电路	1	
2	用双踪示波器观察单相半波整流电路输出波形	2	
3	单相半波整流电路的测量	1	
4	安装单相桥式整流电路	1	
5	用双踪示波器观察单相桥式整流电路输出波形	2	
6	单相桥式整流电路的测量	1	
7	根据电路要求选择整流二极管	2	
合计		10	

知识拓展

一、单相桥式整流输出正、负电压的电路

图 1-30 所示为单相桥式整流输出正、负电压的电路。该电路采用二次侧带中心抽头的双绕组变压器，将二次绕组中间抽头接地，然后接成桥式整流电路，同时将两个负载电阻相连，并将连接点接地，就可以同时输出正、负电压。

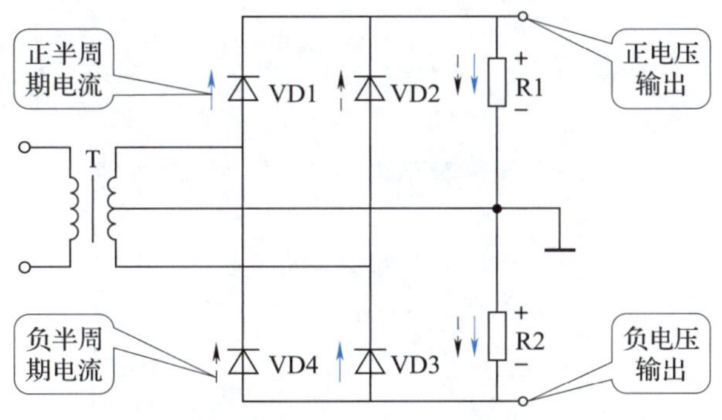

图 1-30　单相桥式整流输出正、负电压的电路

二、三相桥式整流电路

单相整流电路输出功率不大，一般不超过几千瓦，若需要大功率直流电源，一般要用

三相整流电路。

图 1-31a 所示为应用最广的三相桥式整流电路，电源变压器一次绕组接成三角形，二次绕组接成星形。VD1、VD2、VD3 共阴极连接，VD4、VD5、VD6 共阳极连接。

三相桥式整流电路工作波形如图 1-31b～d 所示。

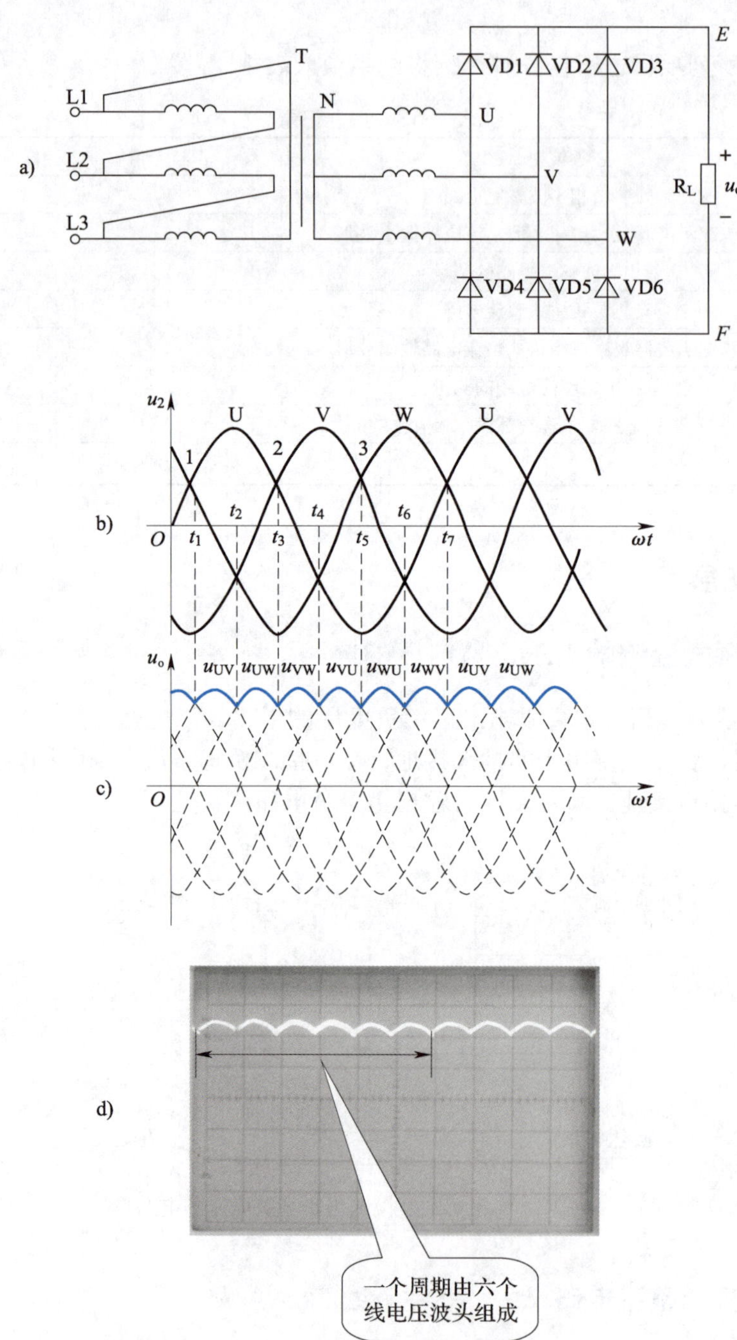

图 1-31　三相桥式整流电路及其工作波形

a）电路　b）变压器二次电压波形　c）u_o 理论波形　d）u_o 实测波形

在 $t_1 \sim t_2$ 时间内，U 相电位最高，共阴极组中，VD1 优先导通；共阳极组中，V 相电位最低，VD5 优先导通；其余二极管截止。电流通路为 U→VD1→R_L→VD5→V。这时，$u_o = u_{UV}$。

在 $t_2 \sim t_3$ 时间内，U 相电位最高，VD1 继续导通，而 W 相电位变为最低，因此 VD1 与 VD6 串联导通，其余二极管截止。电流通路为 U→VD1→R_L→VD6→W。这时，$u_o = u_{UW}$。

在 $t_3 \sim t_4$ 时间内，V 相电位最高，W 相电位最低，共阴极组中的 VD2 导通。因此，VD2 与 VD6 串联导通，电流通路为 V→VD2→R_L→VD6→W。这时，$u_o = u_{VW}$。

依此类推，可得出如下结论：在任一瞬间，共阴极组和共阳极组中各有一只二极管导通，每只二极管在一个周期内导通 120°，负载上获得的脉动直流电压是线电压 u_{UV}、u_{UW}、u_{VW}、u_{VU}、u_{WU}、u_{WV} 的波顶连线。在一个周期内出现 6 个波头，负载电压为正压输出，输出直流电压平均值为

$$U_o = 2.34 U_2$$

式中，U_2 为变压器二次侧相电压有效值。

与单相整流电路相比，三相桥式整流电路的输出波形显然要平滑整齐，脉动更小，而且变压器利用率高，更重要的是在大功率输出的情况下不会影响三相电网的平衡。三相桥式整流电路一般用在电解、电镀、电焊以及给直流电动机供电的直流电路中。

思考与练习

1. 本任务安装、测试的整流电路输出的都是正向电压，如果要求输出反向电压，电路应如何改接？

2. 电热毯控制电路如图 1-32 所示，试简述其工作原理。电路中电阻 R 可以省去不用吗？为什么？

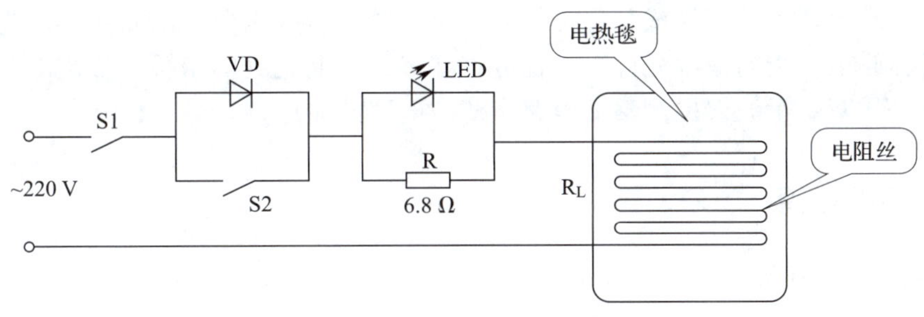

图 1-32　电热毯控制电路

3. 电路板上元器件布局如图 1-33 所示，试将它们接成桥式整流电路，要求接线简洁整齐。

4. 在单相桥式整流电路中，若 4 只二极管的极性全部接反，对输出有何影响？若其中一只二极管断开、短路或接反，对输出有何影响？

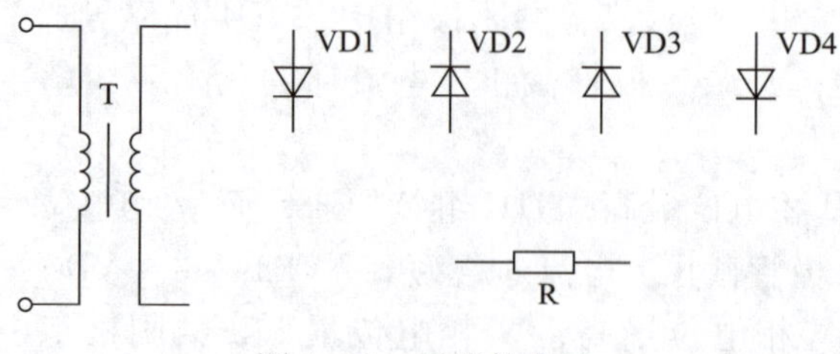

图 1-33　元器件布局

任务 2　单相桥式整流电容滤波电路的安装与检测

学习目标

1. 掌握单相桥式整流电容滤波电路的工作原理。
2. 能识读单相桥式整流电容滤波电路的电路原理图。
3. 能完成电解电容器的检测。
4. 能完成单相桥式整流电容滤波电路的安装。
5. 能使用双踪示波器检测单相桥式整流电容滤波电路的波形。

任务引入

交流电经整流后转换为脉动直流电，其中还含有较大的交流成分，俗称纹波。为了得到平滑的直流电，必须在整流电路之后接入滤波电路，目的是把脉动直流电中的交流成分过滤掉，使负载上得到的直流成分尽可能多，交流成分尽可能少，从而获得较为平滑的直流电。电容器是最常用的滤波元件。本任务将在多孔板上完成单相桥式整流电容滤波电路的安装，并使用双踪示波器检测整流电路和滤波电路的波形。

相关知识

一、电容滤波原理

1. 实验观察

图 1-34 所示为单相桥式整流电容滤波电路。

按图 1-34 所示连接实验电路。接通电源后，用双踪示波器观测输出电压波形（图 1-35b），可以看到接入滤波电容器后输出电压波形得到明显改善。

2. 滤波原理

设接通电源前电容器 C 两端电压为零，当接通电源后，在 u_2 正半周期，二极管 VD1、VD3 导通，电容器 C 迅速充电（同时也向负载供电），电容器 C 两端电压随 u_2 同步上升，

并达到 u_2 的峰值（图 1-36 中的 Oa 段）。

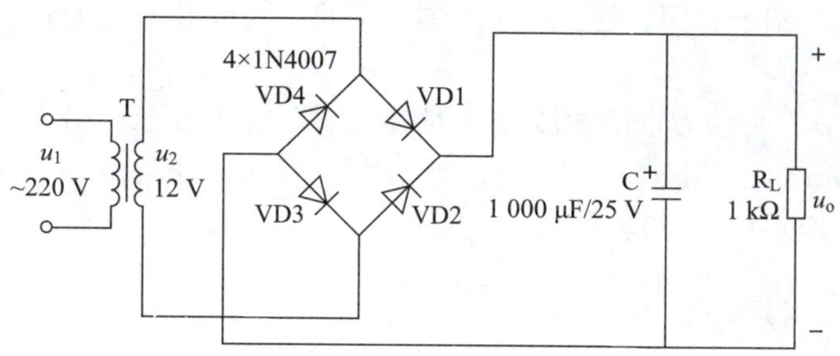

图 1-34　单相桥式整流电容滤波电路

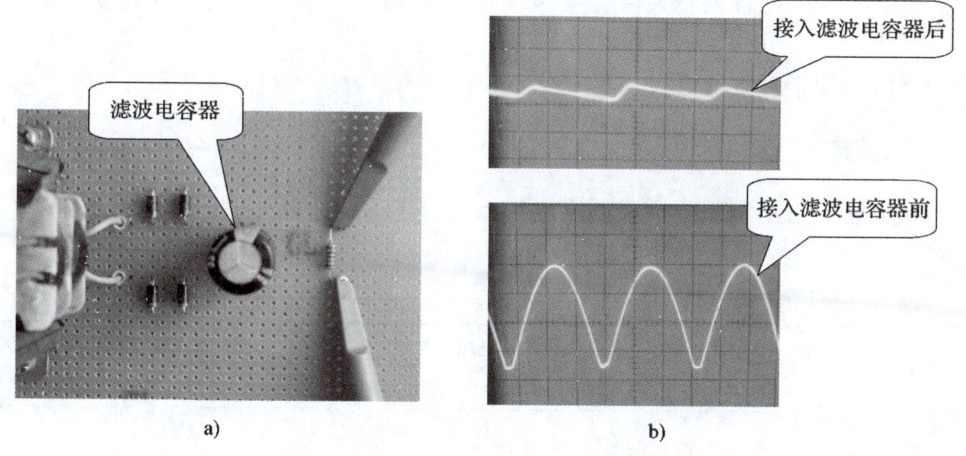

a)　　b)

图 1-35　单相桥式整流电容滤波实验

a）电路连接　b）u_o 实测波形

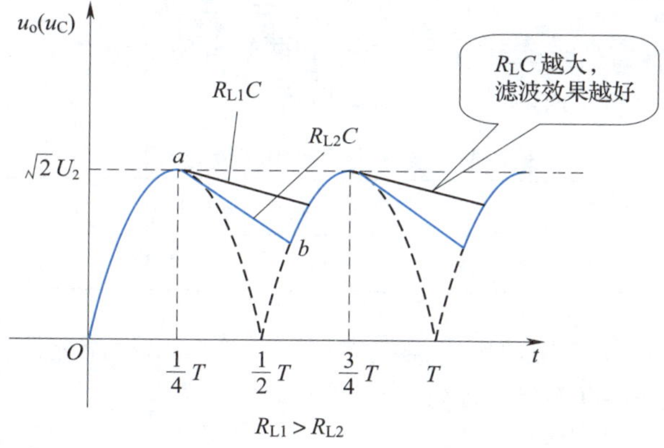

图 1-36　电容滤波电路输出波形图

u_2 由峰值开始下降到 $u_2<u_C$ 时，VD1、VD3 截止（VD2、VD4 仍截止），电容器 C 通

过 R_L 放电，u_o 下降（图 1-36 中的 ab 段）。

当下一个半周期到来，而且达到 $u_2>u_C$ 时，VD2、VD4 导通，电容器又重复上述充放电过程。

图 1-36 中粗虚线所示为未接滤波电容器时的输出电压波形，粗实线所示为电容滤波后的输出电压波形。由于滤波电容器的充放电作用，输出电压的脉动程度大为减弱，波形相对平滑，输出电压平均值也得到提高。

二、电容滤波的特点

R_LC 越大，电容器放电越慢，输出直流电压平均值越大，滤波效果也越好；反之，输出电压低且滤波效果差。

当滤波电容器的电容量较大时，在接通电源的瞬间会有很大的充电电流，称为浪涌电流。

电容滤波适用于负载电流较小且变化不大的场合。

三、滤波电容器的选用

单相半波整流电路和单相桥式整流电路经电容滤波后，有关电压、电流的计算可参考表 1-14。

表 1-14　单相整流电容滤波电路中有关电压、电流的计算

电路形式	输入交流电压有效值	负载两端电压平均值		整流二极管上的电压和电流	
		负载开路时	带负载时	最高反向电压 U_{Rm}	通过的平均电流 I_F
单相半波整流电容滤波电路	U_2	$\sqrt{2}U_2$	约为 U_2	$2\sqrt{2}U_2$	I_L
单相桥式整流电容滤波电路	U_2	$\sqrt{2}U_2$	约为 $1.2U_2$	$\sqrt{2}U_2$	$\frac{1}{2}I_L$

对于单相桥式整流电容滤波电路，当其负载两端电压平均值在 12~36 V 时，可根据负载电流大小，参考表 1-15 选取滤波电容器的电容量。

表 1-15　滤波电容器电容量的选取

负载电流	>1.5~2 A	>1~1.5 A	>0.5~1 A	>0.1~0.5 A	>50~100 mA	50 mA 及以下
滤波电容器的电容量/μF	4 000	2 000	1 000	470	220~470	220

【例 1-3】 采用单相桥式整流电容滤波电路，要求输出直流电源电压为 24 V，负载电流为 50 mA。试选用合适的整流二极管和滤波电容器。

解：（1）整流二极管的选择

电源变压器二次电压有效值为

$$U_2=\frac{U_o}{1.2}=\frac{24}{1.2}\text{ V}=20\text{ V}$$

流过每只二极管的平均电流为

$$I_F=\frac{1}{2}I_L=\frac{1}{2}\times 50\ \text{mA}=25\ \text{mA}$$

每只二极管承受的最高反向电压为

$$U_{Rm}=\sqrt{2}U_2\approx 1.414\times 20\ \text{V}\approx 28\ \text{V}$$

查阅相关手册，可选用整流二极管 2CZ52B（$I_{FM}=100$ mA，$U_{RM}=50$ V）。

（2）滤波电容器的选择

参考表 1-15，可选用电容量为 220 μF、耐压为 50 V 的电解电容器。

四、手工焊接的相关知识

焊接电子电路的主要工具为电烙铁，如图 1-37a 所示。在使用电烙铁之前，需检查其绝缘性；暂时不使用时，应将其置于烙铁架（图 1-37b）上。在焊接过程中，常用的材料有焊锡丝和助焊剂（如松香）等，如图 1-38 所示。

a)　　　b)

图 1-37　电烙铁和烙铁架

a）电烙铁　b）烙铁架

a)　　　b)

图 1-38　焊接使用的材料

a）焊锡丝　b）松香

手工焊接操作应注意以下几点：

1. 电烙铁使用前要上锡，具体方法是将电烙铁通电加热，待刚刚能熔化焊锡丝时，涂上助焊剂，再将焊锡丝均匀地涂在电烙铁头上。

2. 把焊盘和元器件的引脚用细砂纸打磨干净，涂上助焊剂。用电烙铁头同时接触并预热焊盘及引脚，送上焊锡丝，待焊点上的焊锡全部熔化并浸没元器件引脚头后，撤走焊锡丝，再用电烙铁头沿着元器件的引脚轻轻往上一提，离开焊点。

3. 焊接时间不宜过长，否则容易烫坏元器件，必要时可用镊子夹住引脚帮助散热。

4. 质量良好的焊点应具有如下特征：表面平滑且有光泽，无裂纹、针孔、夹渣、漏焊、拉尖、粘连等现象，如图 1-39a 所示。图 1-39b 和图 1-39c 分别为合格焊点和不合格焊点的示意图。

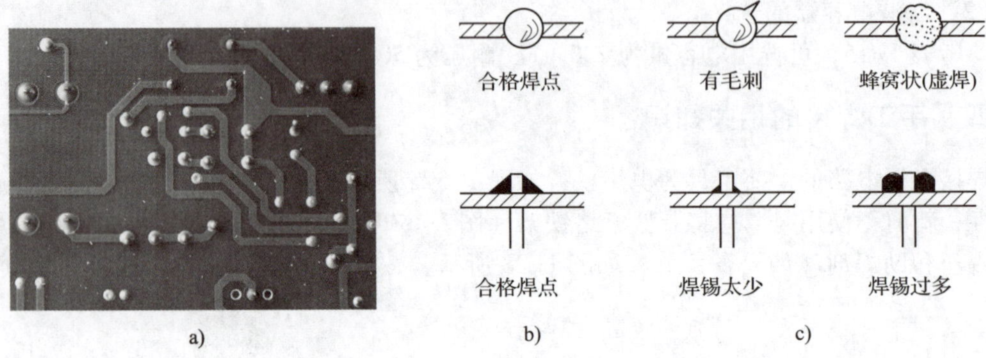

图 1-39　对焊点的质量要求

a）焊点实物图　b）合格焊点　c）不合格焊点

5. 焊接完成后，要用电路板专用洗板水把电路板上残余的助焊剂清洗干净，以防炭化后的助焊剂影响电路正常工作。

6. 集成电路应最后焊接，焊接时电烙铁要可靠接地或断电后利用余热焊接。或者使用集成电路专用插座，焊好插座后再把集成电路插上去。

7. 将电源变压器用螺钉紧固在电路板的元器件面上，一次绕组的引出线向外，二次绕组的引出线向内。变压器一次绕组的两个输入接线端与电源插头线的连接处应用绝缘胶布包住或用套管套紧，以防短路或触电。

8. 安装完成后，认真检查电路板。重点检查如下几项：

（1）电路板是否出现焊接变形、敷铜面翘皮等现象。

（2）电容器、电阻器等有无烧坏现象，变压器的引线有无松动或脱落现象，元器件的焊接高度和引脚位置是否符合整机装配要求等。

（3）电气连接是否可靠，是否有足够的强度和光洁、整齐的外观。

任务实施

一、识读电路

识读图 1-34 所示单相桥式整流电容滤波电路。

二、准备器材

直流稳压电源、双踪示波器各一台，万用表一个，常用电子组装工具一套。本任务所需元器件明细表见表 1-16。

表 1-16　元器件明细表

代号	名称	规格	数量
VD1～VD4	二极管	1N4007	4
R	碳膜电阻器	1 kΩ	1
T	电源变压器	220 V/12 V，10 W	1
C	电解电容器	1 000 μF/25 V	1

1. 识别二极管正、负极，并用万用表测量其正、反向电阻。

2. 识读色环电阻器标称阻值，并用万用表测量其实际阻值。

3. 用万用表测量电源变压器一次、二次绕组的阻值。如果是降压变压器，一般一次绕组的阻值为几百欧，二次绕组的阻值为几欧（图 1-40），如果是升压变压器则相反。

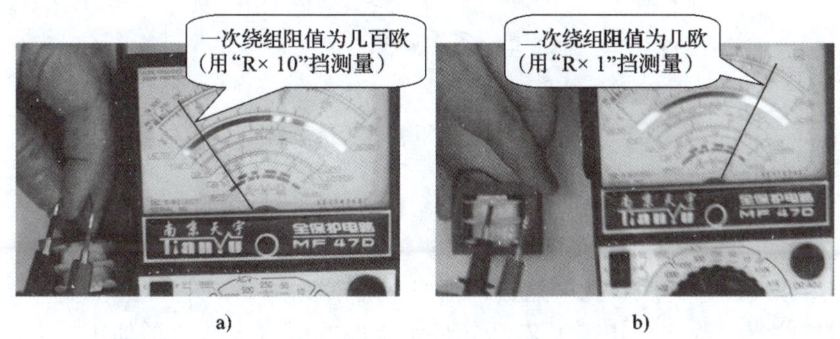

图 1-40　电源变压器的检测

a）测一次绕组阻值　b）测二次绕组阻值

4. 电解电容器的检测

（1）从外观识别极性

电解电容器有两个引脚，一般长引脚为正极，短引脚为负极。还有些在外壳上标明极性，如图 1-41 所示。

图 1-41　电解电容器的正、负极识别

（2）用万用表检测质量

如图 1-42 所示，将万用表置于“R×1 k”电阻挡并调零，将电容器的两引脚短接放电（若电容器的电容量较大，可串联一个限流电阻器），然后用黑表笔接电容器正极，红表笔接电容器负极。表针先向右偏转，然后向左回摆到底（阻值无穷大处），表明电容器质量良好。如果表针向左回摆不到底，而是停留在某一刻度上，该阻值即电容器的漏电阻值。此值越小，说明漏电越严重。

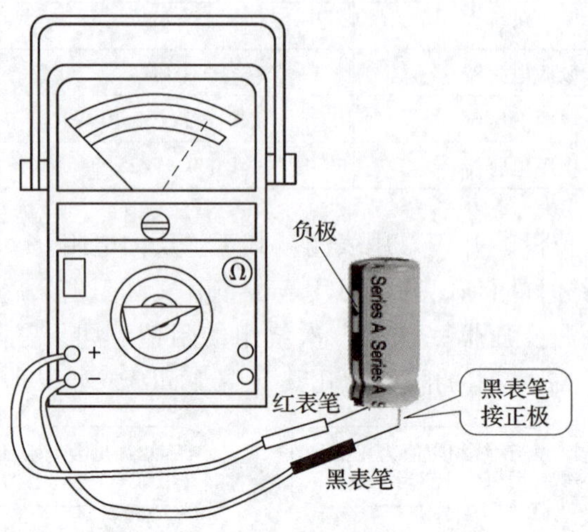

图 1-42　电解电容器质量检测

三、安装调试电路

1. 按电路原理图，对照多孔电路板，画好布局草图。

2. 清理和检测元器件，并按工艺要求对元器件的引脚进行成形加工。常用元器件的成形要求和成形后的安装形式见表 1-17。

表 1-17　常用元器件的成形要求和成形后的安装形式

元器件	成形要求	安装形式
电阻器、电容器	>1.5 mm　r　>1.5 mm　r　2~6 mm 弯曲半径r应大于引脚直径的2倍	C　R　加套管　C R　R　C R　C　C
二极管	二极管引脚不要从根部弯曲，应至少留 3~5 mm	

续表

元器件	成形要求	安装形式
三极管	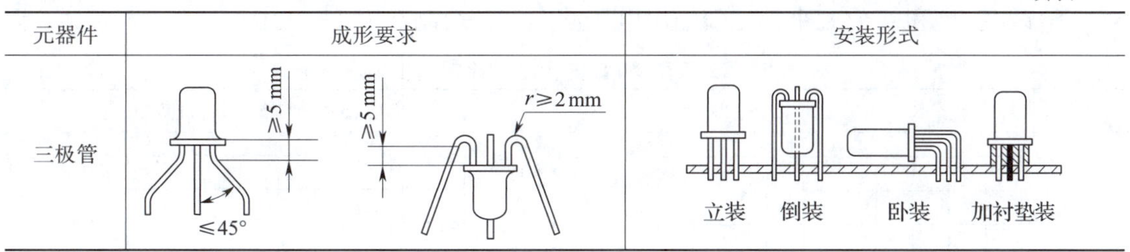	

3. 参考图 1-35a 所示单相桥式整流电容滤波电路实物图，按工艺要求安装、焊接电路。

4. 用双踪示波器观测单相桥式整流电容滤波电路输入、输出电压波形。

按图 1-43a 所示，将双踪示波器的探头连接至电路，测量输入波形。调节双踪示波器，使显示波形稳定，将测得的输入波形绘制在表 1-18 中。双踪示波器各调节开关位置参看图 1-43b。

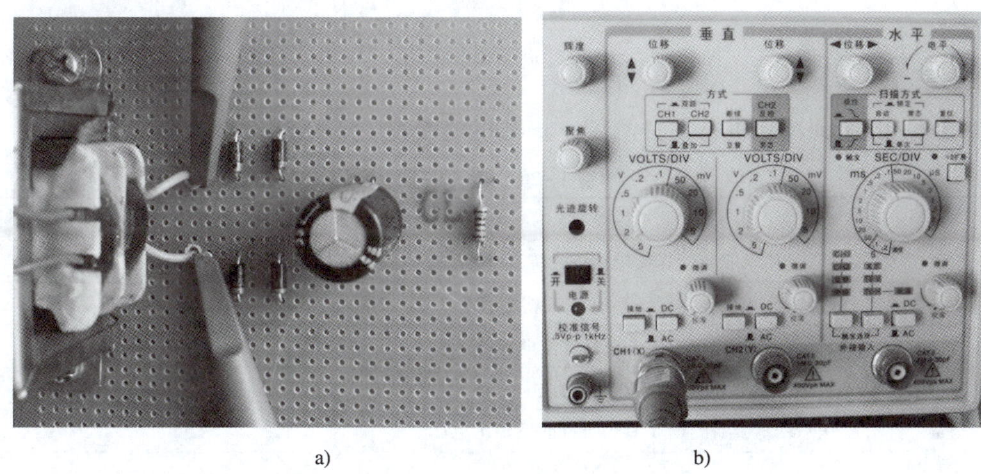

a)　　　　　　　　b)

图 1-43　电路板与双踪示波器的连接及双踪示波器各调节开关位置

a）电路板与双踪示波器的连接　b）双踪示波器各调节开关位置

将双踪示波器探头连接在负载 R_L 两端，用同样的方法测量输出波形，并绘制在表 1-18 中。

表 1-18　单相桥式整流电容滤波电路波形测试记录

输入波形	输出波形

5. 改变 R_L 和 C 的大小，比较输出电压波形，并绘制在表 1-19 中。

表 1-19　改变 R_L 和 C 的大小，比较输出电压波形

R_LC 较小时的输出电压波形	R_LC 较大时的输出电压波形

任务测评

按表 1-20 所列项目进行任务测评，将结果填入表中。

表 1-20　测评记录

序号	考核项目	考核分值	考核得分
1	按工艺要求安装、焊接单相桥式整流电容滤波电路	2	
2	判别电源变压器一次、二次绕组	2	
3	根据电路要求选择滤波电容器	2	
4	用双踪示波器测量单相桥式整流电容滤波电路输入、输出电压波形	2	
5	用双踪示波器测量 R_LC 值不同时的输出电压波形	2	
合计		10	

知识拓展

其他常用整流滤波电路

一、电感滤波电路

电容滤波电路比较适用于负载电流较小且变化不大的场合。在负载电流很大（即负载电阻很小）的情况下，采用电容滤波，则所选电容器的电容量势必很大，这样对整流二极管的短时冲击电流，即浪涌电流也就很大。这时，采用电感滤波电路供电效果较好。

1. 电感滤波原理

单相桥式整流电感滤波电路如图 1-44a 所示，滤波电感器与负载串联。

当负载电流 i_o 发生变化时，电感器两端会产生自感电动势来阻碍电流的变化。当 i_o 增大时，自感电动势的阻碍作用使 i_o 只能缓慢上升；当 i_o 减小时，自感电动势的阻碍作用又使 i_o 只能缓慢下降。所以，i_o 的脉动程度大为减弱，输出电压的波形变得比较平滑，如图 1-44b 所示。

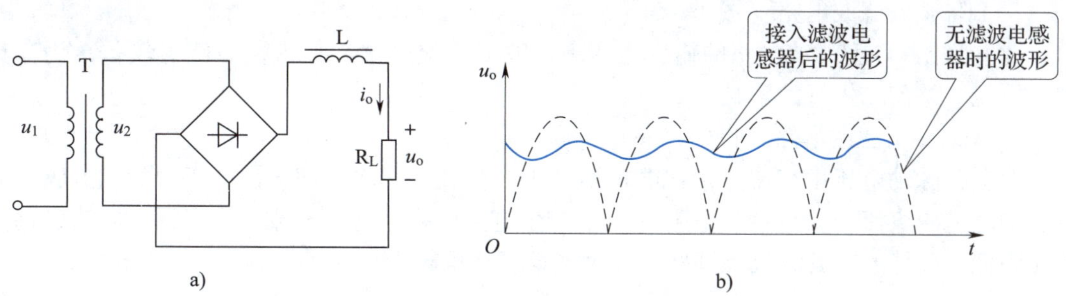

图 1-44　单相桥式整流电感滤波电路及其输出电压波形图
a）电路　b）输出电压波形图

2. 电感滤波特点

电感滤波对整流二极管没有电流冲击。一般来说，电感器感抗 X_L 越大，负载 R_L 越小，滤波效果越好。滤波电感常取几亨到几十亨。为了增大电感，电感器多用带铁芯的线圈，但其体积大、较笨重、成本高，输出电压也会降低。

电感滤波主要用于大电流负载或电流经常变化的场合。有些整流电路的负载是电动机线圈、继电器线圈等感性负载，负载本身就能起到平滑脉动电流的作用，这时可以不再另加滤波电感器。

3. 输出直流电压的计算

由于电感器的直流电阻很小，整流输出脉动电压中直流成分在电感器上降得很少，几乎全部加到负载两端，若电感器感抗 $X_L \gg R_L$，则负载两端电压平均值 $U_o \approx 0.9U_2$。

二、复式滤波电路

为了进一步提高滤波效果，可以将电容器和电感器（或电阻器）组合成复式滤波电路，常用的有 LC 型、LC-π 型、RC-π 型等，电路如图 1-45 所示。

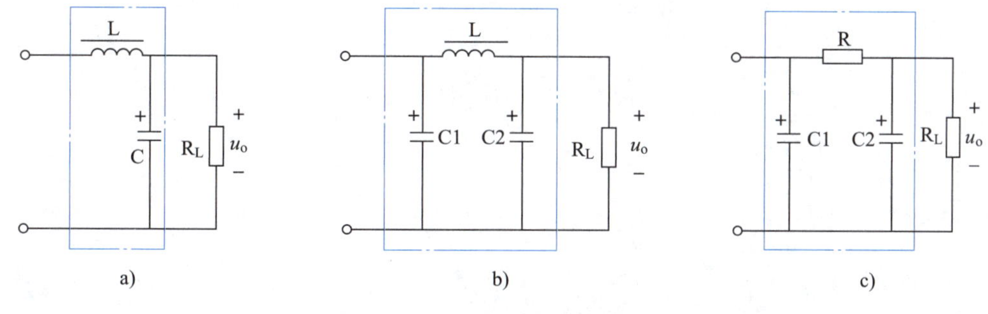

图 1-45　复式滤波电路
a）LC 型滤波电路　b）LC-π 型滤波电路　c）RC-π 型滤波电路

1. LC 型滤波电路（图 1-45a）

LC 型滤波电路带负载能力较强，在负载变化时，输出电压比较稳定。又由于滤波电容器接于电感器之后，因此可使整流二极管免受浪涌电流的冲击。

2. LC-π 型滤波电路（图 1-45b）

此电路比 LC 型滤波电路的输出电压高，波形也更平滑。但带负载能力较差，仍存在浪涌电流对整流二极管的影响。

3. RC-π 型滤波电路（图 1-45c）

此电路脉动电压中交流分量在电阻器 R 上产生较大压降，使输出电压中的交流成分减少，同时电压直流分量也会在电阻器 R 上产生直流压降，造成直流功率损耗，使输出直流电压降低。R 越大，滤波效果越好，同时能量损耗也越大。

三、倍压整流电路

二倍压整流电路如图 1-46 所示，它由两只整流二极管和两只电容器组成。其工作原理分析如下：

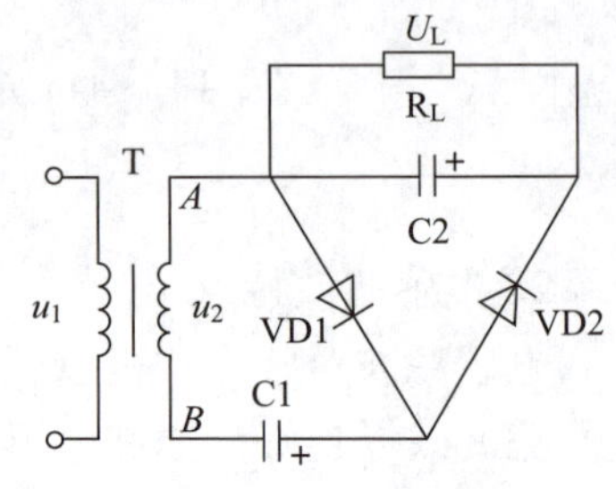

图 1-46　二倍压整流电路

当 u_2 为正半周期，即 A 端为正，B 端为负时，二极管 VD1 导通，VD2 截止；电容器 C1 充电，C1 上电压极性为右正左负，最大值可达$\sqrt{2}U_2$。

当 u_2 为负半周期，即 A 端为负，B 端为正时，C1 上电压与变压器二次电压相加，使 VD2 导通，VD1 截止；电容器 C2 充电，C2 上电压极性为右正左负，最大值可达 $2\sqrt{2}U_2$，C2 上的电压经 R_L 放电，当 R_L 的阻值很大时，R_L 上可获得 $2\sqrt{2}U_2$ 的电压输出。利用同样的原理，可构成多倍压整流电路，如图 1-47 所示。

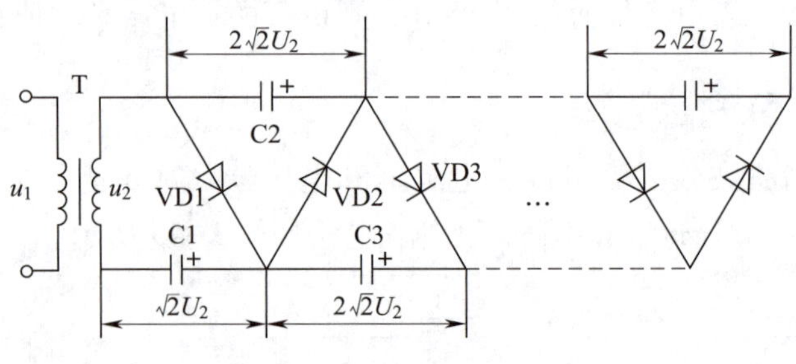

图 1-47　多倍压整流电路

思考与练习

1. 图 1-48 所示为单相桥式整流电路，已知电源变压器一次电压有效值 $U_1=220$ V，变压器变比 $n=22$，负载电阻 $R_L=1$ kΩ。求下列情况下的输出电压 U_L 和负载电流 I_L。

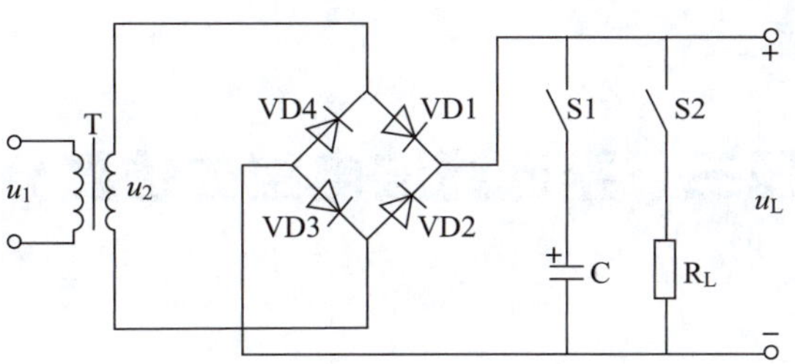

图 1-48　单相桥式整流电路

（1）开关 S1 断开，S2 闭合。

（2）开关 S1 和 S2 都闭合。

（3）开关 S1 闭合，S2 断开。

2. 比较说明电容滤波和电感滤波的工作原理、特点和适用场合，填入表 1-21。

表 1-21　电容滤波和电感滤波的比较

滤波元件	工作原理	特点	适用场合
电容器			
电感器			

3. 电路如图 1-49 所示，判断电路中哪些元件起滤波作用。

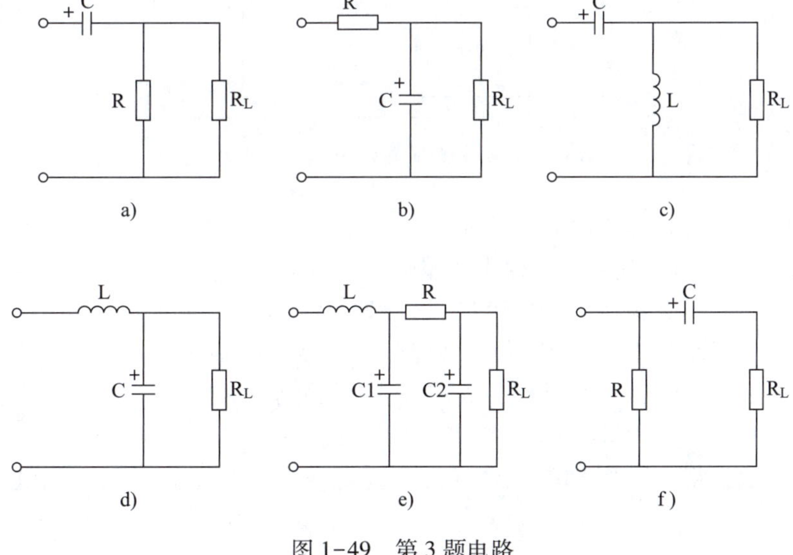

图 1-49　第 3 题电路

课题三　整流滤波电路的仿真分析

学习目标

1. 掌握 Multisim 软件的使用方法。
2. 学会用 Multisim 软件构建电路，并对电路进行测试和分析。

任务引入

Multisim 软件是分析和设计电子电路的有力工具，它可以采用虚拟的元器件搭建各种电路模型，用虚拟的仪表进行各种参数和性能指标的测试。熟悉电路仿真技术，可以大大提高学习效率和专业技能。

本次任务是以单相桥式整流电容滤波电路（图 1-50）为例，学习 Multisim 软件的使用方法，以便在今后的实验项目中进一步应用。设电源变压器二次电压有效值 $U_2=20$ V（仿真时可用交流电源代替），负载电阻 $R_L=200$ Ω，滤波电容 $C=220$ μF。

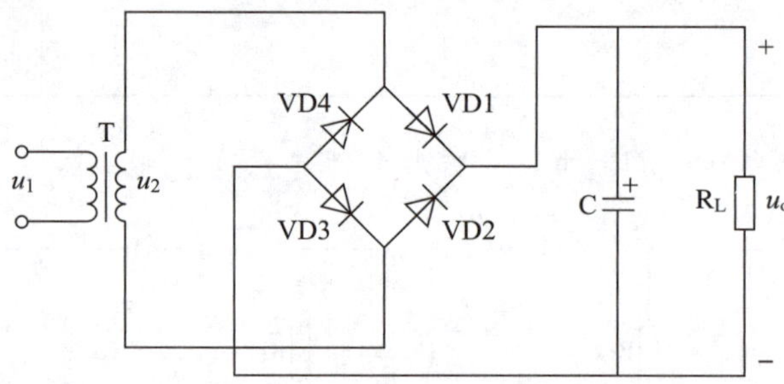

图 1-50　单相桥式整流电容滤波电路

利用 Multisim 软件构建该电路，并完成下列各项测试：

1. 电路正常工作时，利用虚拟仪表测量输出直流电压 U_o。
2. $R_L=200$ Ω，将电容器 C 的电容量改为 22 μF，观察 u_o 波形，测量 U_o。
3. 将负载 R_L 开路，$C=22$ μF 不变，观察 u_o 波形，测量 U_o。
4. $R_L=200$ Ω，将电容器 C 开路，观察 u_o 波形，测量 U_o。
5. $R_L=200$ Ω，$C=220$ μF，将二极管 VD1 开路，观察 u_o 波形，测量 U_o。
6. $R_L=200$ Ω，将二极管 VD1 和电容器 C 同时开路，观察 u_o 波形，测量 U_o。

任务实施

一、启动软件

单击 Windows “开始” 菜单下 “程序” 中的 “Multisim14.0”，就会打开 Multisim14.0 软件的用户界面，并自动建立一个文件名为 “设计 1” 的电路文件，如图 1-51 所示。

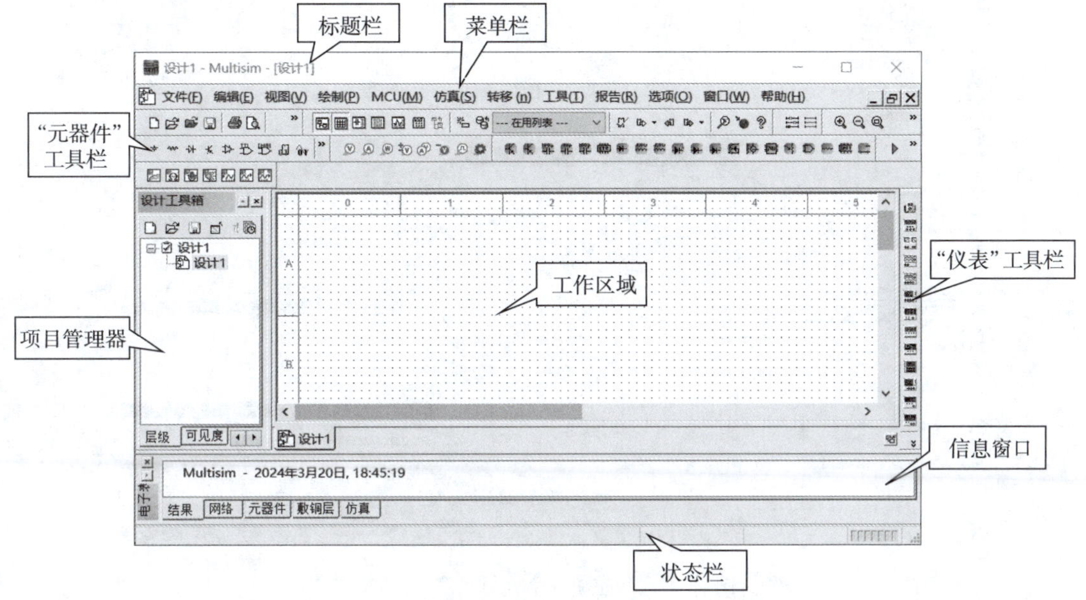

图 1-51　Multisim 14.0 软件的用户界面

该软件用户界面中各部分的功能如下：

1. 标题栏——显示软件的名称及当前文件的名称。
2. 菜单栏——与标准 Windows 应用软件相似，提供设计需要的绝大多数的功能命令。
3. 工具栏——收集了一些常用功能，将它们图标化以方便用户操作使用。包括 “元器件” 工具栏和 “仪表” 工具栏等，其中 “元器件” 工具栏按类型不同提供电路设计所需的全部元器件，“仪表” 工具栏提供电路仿真、测试所需的各种仪表。
4. 项目管理器——可根据需要打开或关闭，显示工程项目的层次结构。
5. 工作区域——用于创建、编辑电路图，也是仿真分析、波形显示的区域。
6. 信息窗口——实时显示文件运行阶段信息。
7. 状态栏——显示操作时的一些相关信息。

二、搭建电路

1. 从元器件库中选择搭建电路所需的元器件

（1）放置电阻器

用鼠标单击 “元器件” 工具栏中的 “放置基本” 按钮 ，弹出 “选择一个元器件”

对话框，如图 1-52 所示，再单击该对话框左侧“系列”窗口中的 RESISTOR 图标，拖动“元器件”窗口的滚动条，找到所需阻值的电阻器，单击“确认（O）”按钮或双击所选电阻器。选中的电阻器会随着鼠标的移动在工作区域移动，移到合适的位置，单击鼠标左键即可。

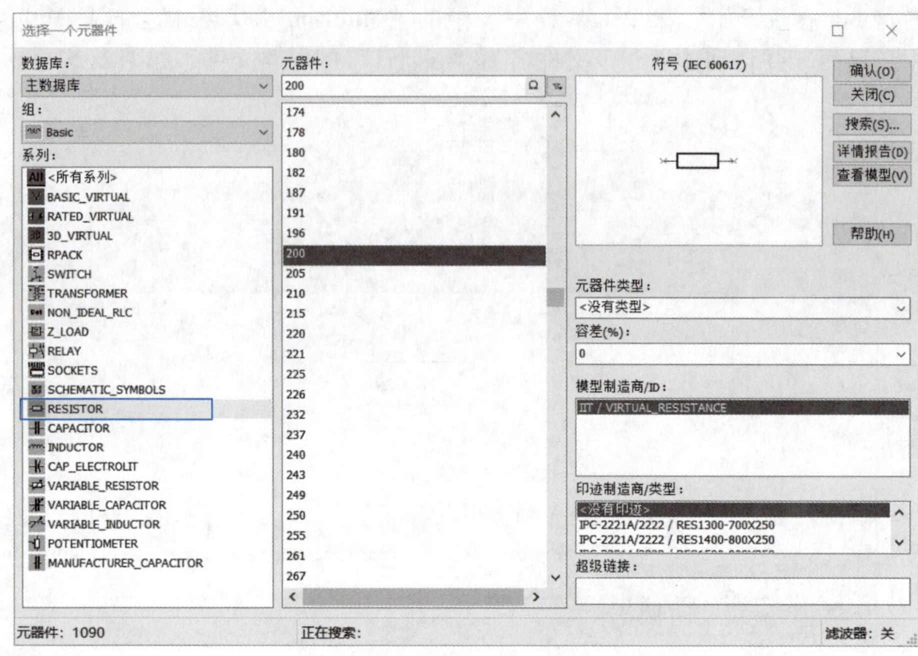

图 1-52 “选择一个元器件”对话框

（2）放置电解电容器

放置电解电容器的过程和放置电阻器的过程基本相似，只需要在弹出的“选择一个元器件”对话框左侧“系列”窗口中单击 CAP_ELECTROLIT 图标，选中相应电解电容器，如图 1-53 所示，并将它放置到合适的位置。

（3）放置二极管

用鼠标单击“元器件”工具栏中的“放置二极管”按钮，弹出“选择一个元器件”对话框，在该对话框左侧“系列”窗口中根据所选用晶体管的类别选中 DIODE 图标，在“元器件”窗口中找到所需二极管型号“1N4001G”，如图 1-54 所示，选中并放置二极管。

（4）放置电源

用鼠标单击“元器件”工具栏中的“放置源”按钮，弹出“选择一个元器件”对话框，在该对话框左侧“系列”窗口中选中 POWER_SOURCES 图标，在“元器件”窗口中找到所需电源“AC_POWER”，如图 1-55 所示，选中并放置电源。

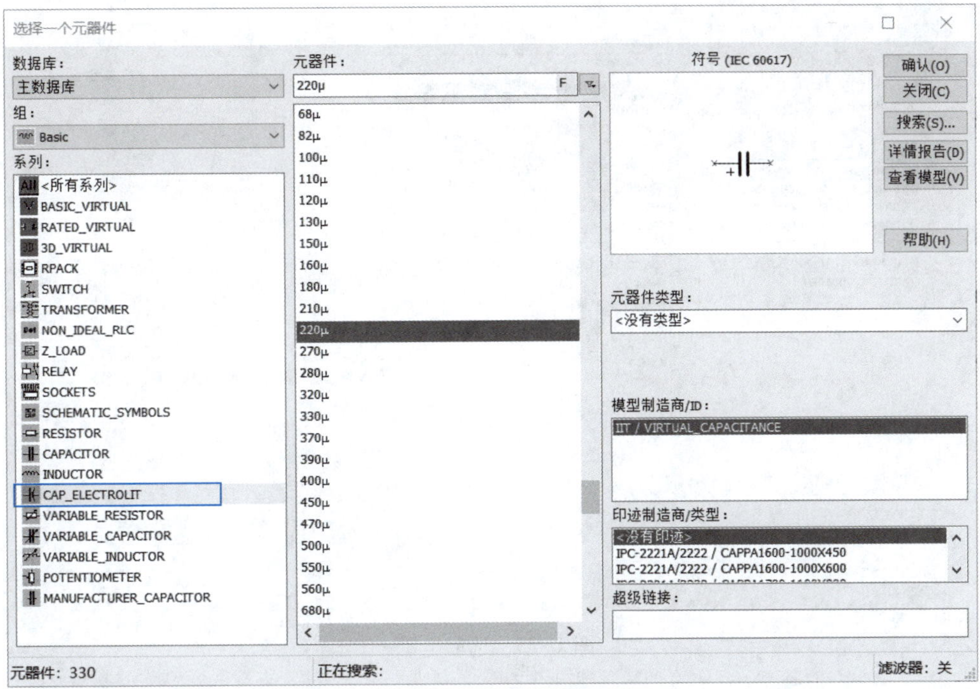

图 1-53　选取电解电容器

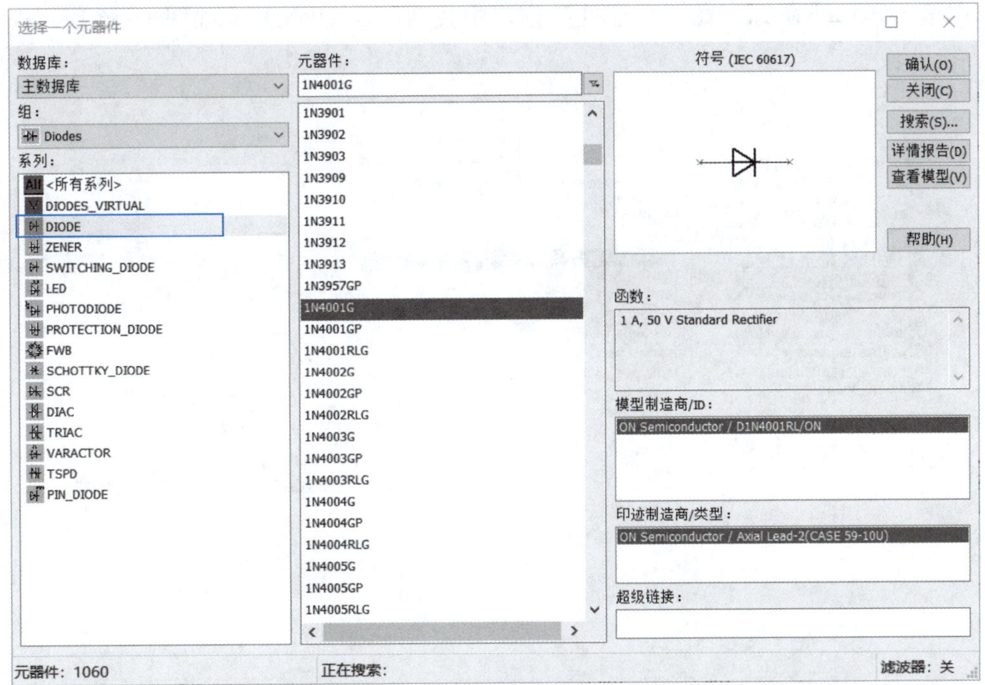

图 1-54　选取二极管

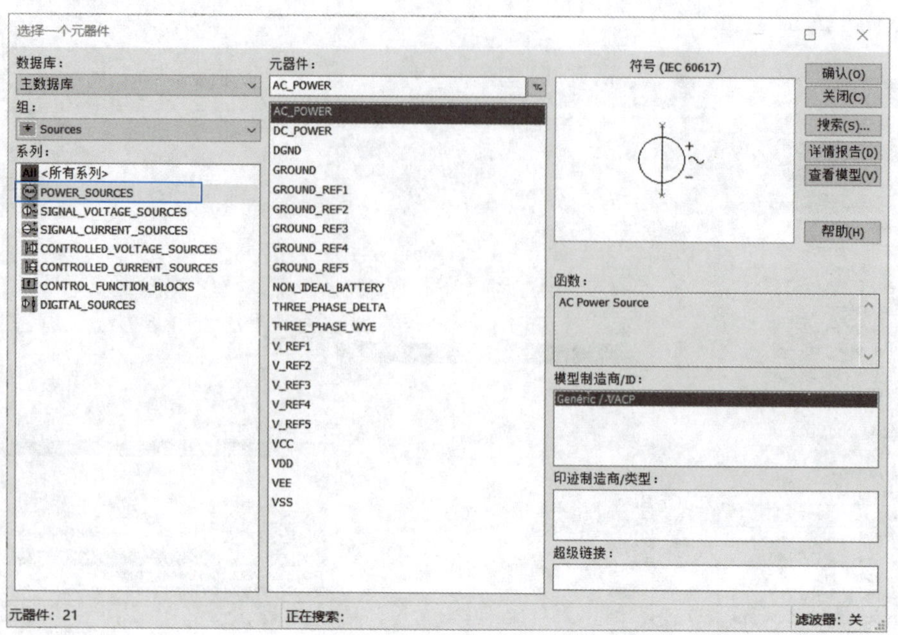

图 1-55　选取电源

（5）放置接地

放置接地的过程和放置电源的过程基本相似，只需要在左侧“系列”窗口中选中 POWER_SOURCES 图标，在“元器件”窗口中找到“GROUND”，如图 1-56 所示，选中并放置接地。

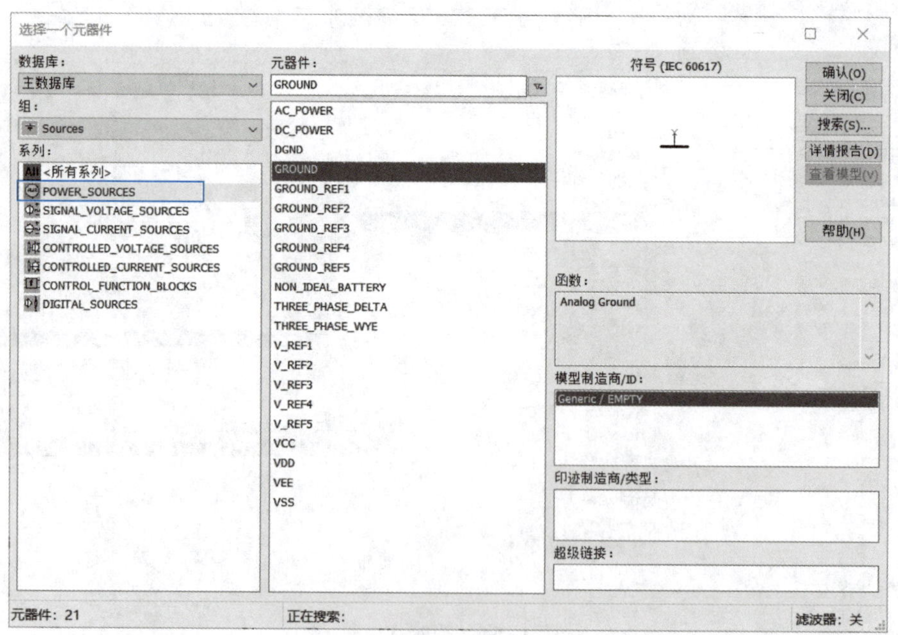

图 1-56　选取接地

2. 编辑元器件

（1）修改元器件的参考标识

用鼠标双击该元器件，在弹出的属性对话框中单击“标签”选项卡，在“RefDes（D）”（参考标识）栏中修改元器件的参考标识，然后单击“确认（O）”按钮完成修改。例如，将电阻器 R1 的参考标识改为 RL，如图 1-57 所示。

图 1-57　修改电阻器的参考标识

用同样的方法，修改其他元器件的参考标识。依次将二极管 D1～D4 的参考标识修改为 VD1～VD4，交流电源的参考标识修改为 U2。

（2）修改元器件的参数值

工作区域中的元器件，其数值大小均为默认值，可通过其属性对话框修改数值大小。例如，已经选取好的交流电源电压的默认值为 120 V，现将其改为 20 V。双击交流电源，在弹出的属性对话框中，将“电压（RMS）”栏中的“120”改为“20”，单击“确认（O）”按钮完成修改，如图 1-58 所示。

3. 连接电路

参照图 1-50 调整各元器件位置，效果如图 1-59 所示。将鼠标移至所要连接元器件的引脚上，光标就会变成中间有黑点的十字，单击鼠标并移动，就会拖出一根虚线，移动到所要连接元器件的引脚，再次单击鼠标，连线完成。若要删除电路中的连接线，用鼠标选

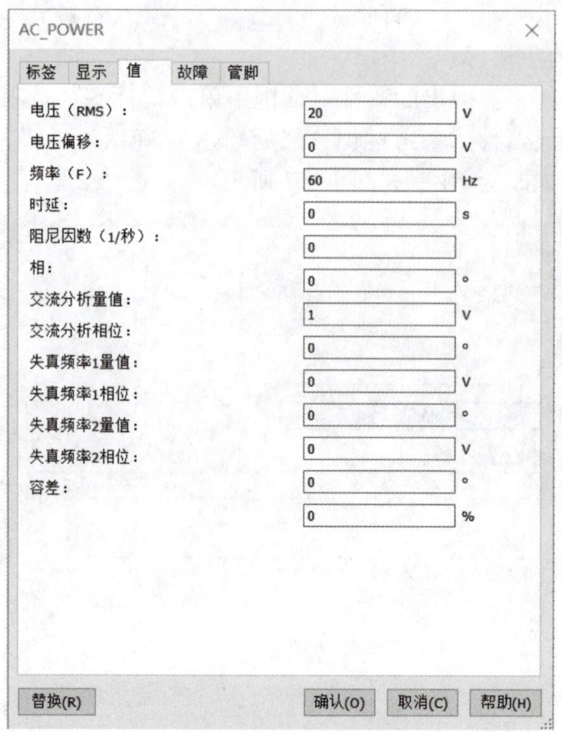

图 1-58　修改交流电源的参数值

中该连接线，按“Delete”键即可。

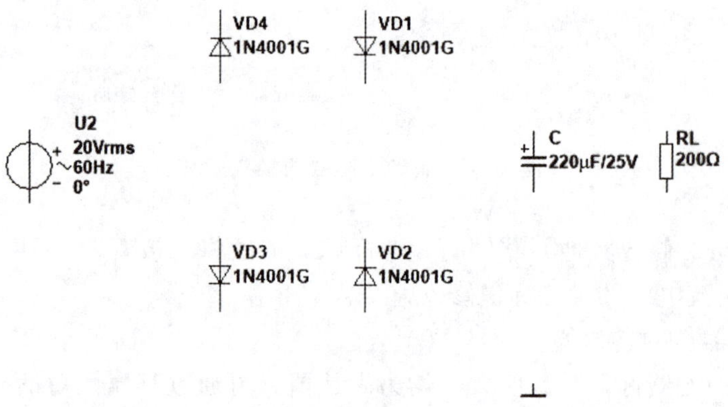

图 1-59　调整各元器件位置

本书采用 Multisim 软件完成电路的仿真，仿真图中部分元器件的文字符号标注和图形符号画法与国家标准略有不同。

完成以上三个步骤即可得到单相桥式整流电容滤波仿真电路，如图 1-60 所示。

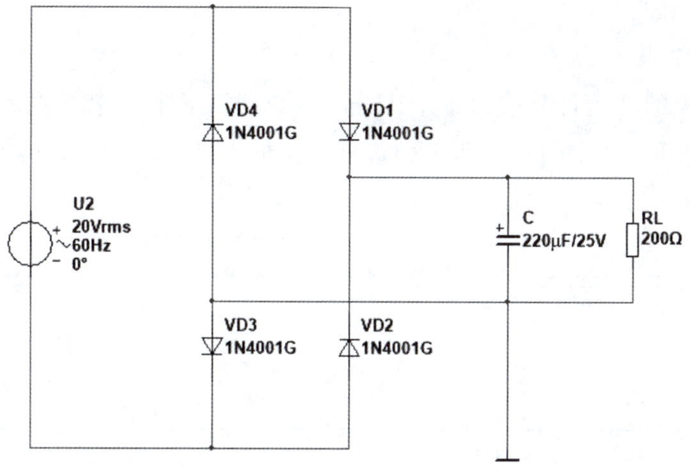

VD4
1N4001G
VD1
1N4001G
U2
20Vrms
60Hz
0°
C
220μF/25V
RL
200Ω
VD3
1N4001G
VD2
1N4001G

图 1-60　单相桥式整流电容滤波仿真电路

三、利用虚拟仪表观察仿真结果

Multisim 软件中提供大量的虚拟仪表，这些仪表的用法与真实的仪表相似。下面以示波器为例，介绍仪表的使用。

1. 连接仪表

单击“仪表”工具栏中的“示波器”按钮，光标处出现一个示波器的图标，移动鼠标到合适的位置，再次单击，就可将示波器放到指定的位置。然后将其 A 或 B 通道的“+”端与输出端相连，“-”端与地相连，如图 1-61 所示。

XMM1
XSC1
Ext Trig
A
B
VD4
1N4001G
VD1
1N4001G
U2
20Vrms
60Hz
0°
C
220μF/25V
RL
200Ω
VD3
1N4001G
VD2
1N4001G

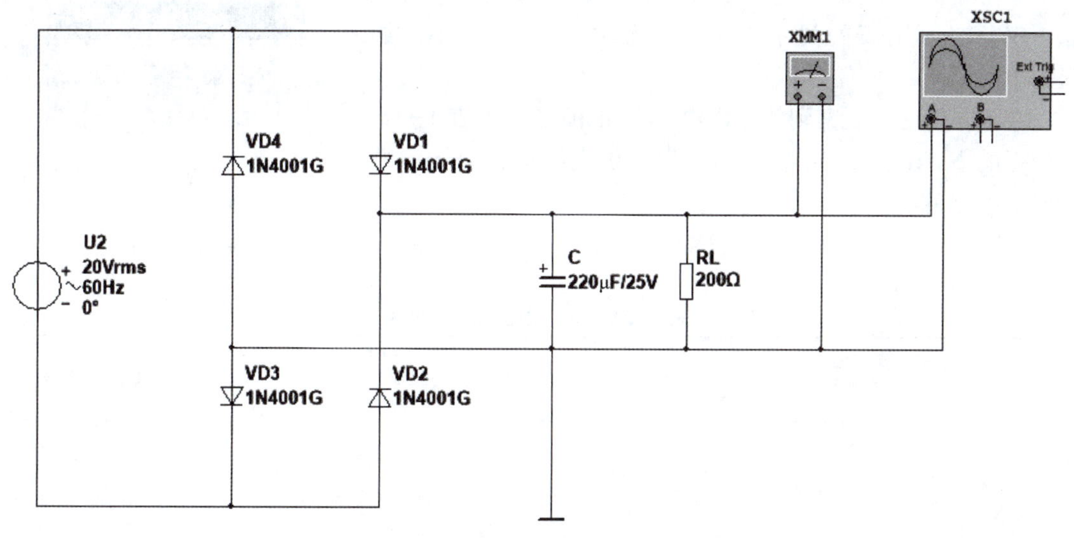

图 1-61　连接仪表

单击“仪表”工具栏中的“万用表”按钮可给电路连接万用表，其操作方法与示波器的操作方法相同。

2. 观察仿真结果

单击工具栏上的“运行”按钮，双击“示波器”图标，就会在示波器的显示屏上显示输出信号的波形，如图 1-62 所示。若显示波形不理想，可通过调整时基的标度、A 或 B 通道的幅值刻度和 Y 轴位移，得到清晰可辨的波形。

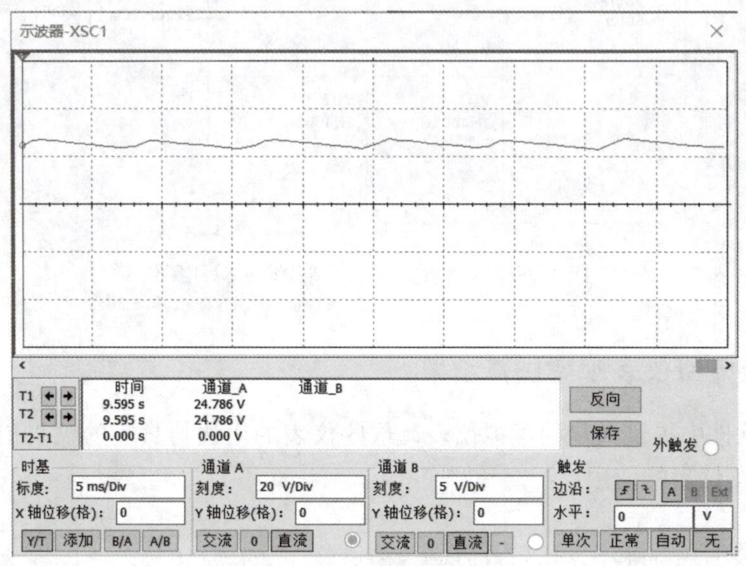

图 1-62　观察仿真结果

单击工具栏上的“运行”按钮，双击“万用表”图标，就会在万用表的显示屏上显示输出信号的大小，如图 1-63 所示。

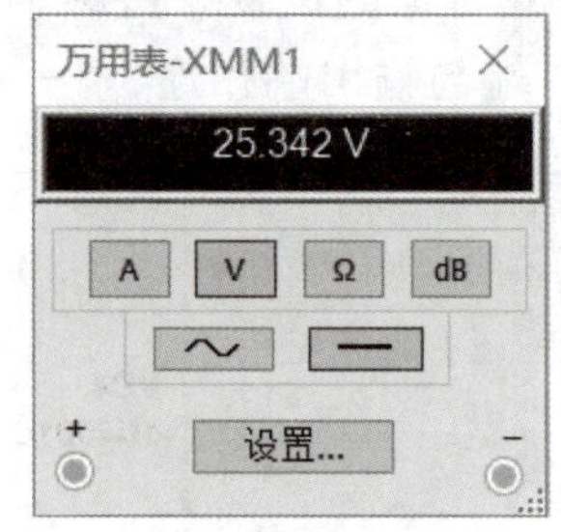

图 1-63　测量电压

在不同情况下观察到的输出电压 u_o 的波形，见表 1-22。将测得的 U_o 值记入表中，并依据以上仿真结果，分析不同情况下电路的特点。

表 1-22　输出电压 u_o 的波形

序号	电路参数变化			输出电压 u_o 的波形	U_o	结果分析
	R_L	C	VD1			
1	200 Ω	220 μF	正常			

续表

序号	电路参数变化			输出电压 u_o 的波形	U_o	结果分析
	R_L	C	VD1			
2	200 Ω	22 μF	正常	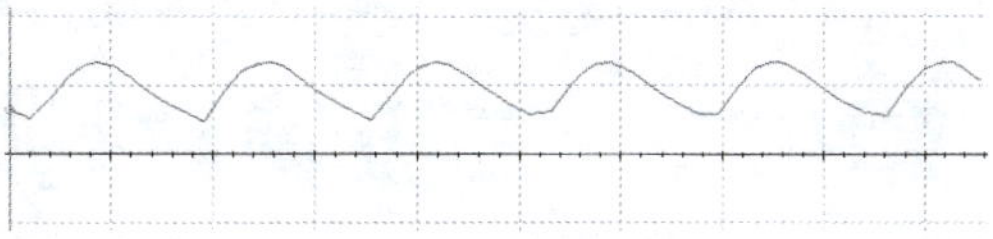		
3	开路	22 μF	正常	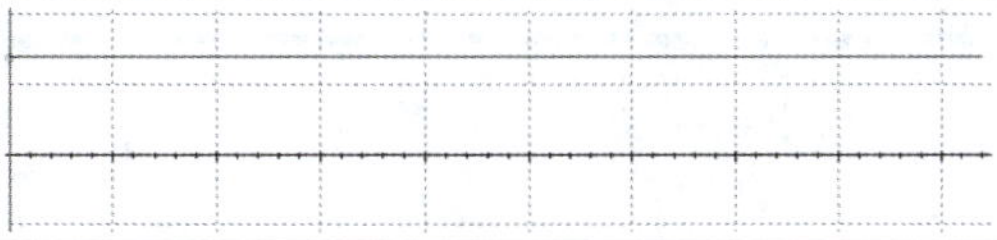		
4	200 Ω	开路	正常	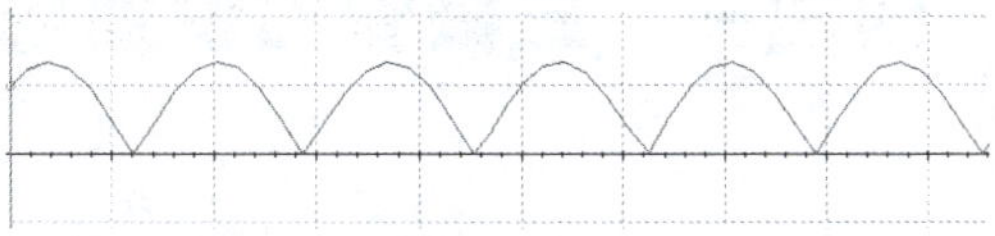		
5	200 Ω	220 μF	开路	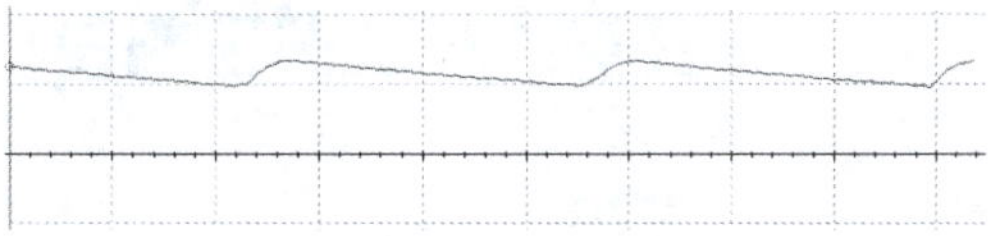		
6	200 Ω	开路	开路	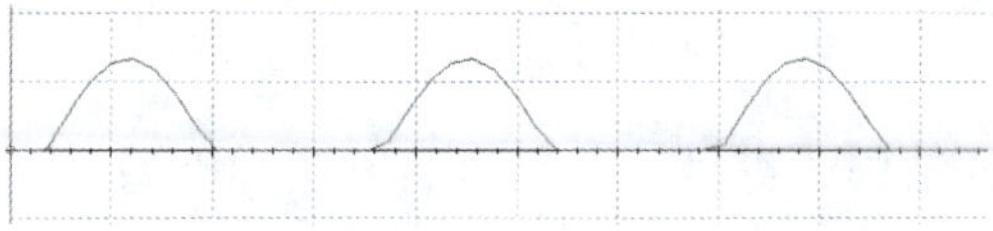		

任务测评

按表 1-23 所列项目进行任务测评，将结果填入表中。

表 1-23　测评记录

序号	考核项目	考核分值	考核得分
1	电路所需元器件的放置和连接	2	
2	元器件参数值和参考标识的修改	2	
3	示波器和万用表的连接	2	
4	实验现象的观察和记录	2	
5	实验结果分析	2	
合计		10	

思考与练习

试用 Multisim 软件构建本模块课题二思考与练习中图 1-48 所示电路，并按原题要求对电路进行测试和分析。

模块二　三极管和基本放大电路

课题一　三极管的识别与检测

任务1　认识三极管

学习目标

1. 了解三极管的结构、符号、型号命名方法和类型。
2. 掌握三极管的放大作用。
3. 能正确判别三极管的引脚，并使用万用表完成三极管的检测。

任务引入

在许多电气设备和电子产品中，经常需要借助放大电路将一些微弱信号增强到所需要的程度。三极管是基本放大电路的核心元件，而基本放大电路是构成各种集成电路的基础。本任务的主要内容就是使用万用表对三极管进行检测，判别其引脚，识别常用三极管的型号，并通过实验观察三极管的电流放大作用。

相关知识

一、三极管的基本结构

三极管的内部结构和图形符号如图 2-1 所示，其文字符号用 VT 或 V 表示。

三极管有两个 PN 结，对应的三个半导体区分别为发射区、基区和集电区，从三个区引出的三个电极分别为发射极、基极和集电极，分别用 E、B、C 或 e、b、c 表示。发射区与基区之间的 PN 结称为发射结，集电区与基区之间的 PN 结称为集电结。

按两个 PN 结的组合方式不同，三极管分为 NPN 型和 PNP 型两大类。

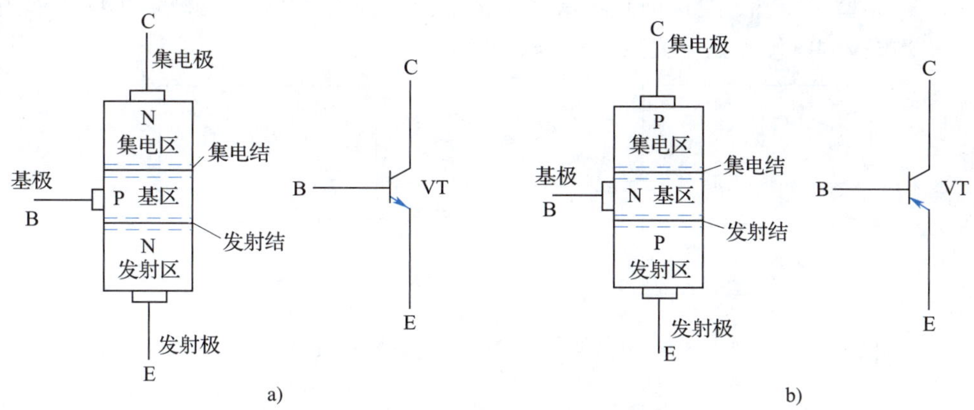

图 2-1　三极管的内部结构和图形符号
a）NPN 型　b）PNP 型

二、三极管的类型

按照三极管导电类型不同，可以分为 NPN 型管和 PNP 型管。

按照半导体材料不同，可以分为硅管和锗管。

按照工作频率不同，可以分为低频管（工作频率低于 3 MHz）、中频管（工作频率为 3~30 MHz）、高频管（工作频率为>30~300 MHz）和超高频管（工作频率高于 300 MHz）。

按照功率不同，可以分为小功率管（耗散功率小于 0.5 W）、中功率管（耗散功率为 0.5~1 W）和大功率管（耗散功率大于 1 W）。

按照用途不同，可以分为普通三极管、开关三极管等。

三、三极管的电流放大作用

将三极管看作一个广义节点，根据基尔霍夫电流定律，可知

$$I_E = I_B + I_C$$

三极管集电极电流 I_C 与相应的基极电流 I_B 之比，称为三极管的共射直流电流放大系数 $\bar{\beta}\left(\bar{\beta}=\dfrac{I_C}{I_B}\right)$，所以三极管三个电极的电流关系又可以表示为

$$I_C = \bar{\beta} I_B$$

$$I_E = I_B + I_C = (1+\bar{\beta})\ I_B$$

$\bar{\beta}$ 值通常要比 1 大得多，$\bar{\beta}$ 的大小反映了三极管放大电流的能力。

四、三极管的工作电压

将 NPN 型三极管和电源按图 2-2 所示电路连接，可实现电流的放大。

发射结加正向偏置电压，集电结加反向偏置电压，这就是三极管电流放大的外部条件。这时三极管三个电极的电位有如下关系：$V_C > V_B > V_E$。

对于 PNP 型三极管，要保证其正常放大，电源极性与 NPN 型三极管相反，如图 2-3 所示。三个电极的电位有如下关系：$V_C<V_B<V_E$。

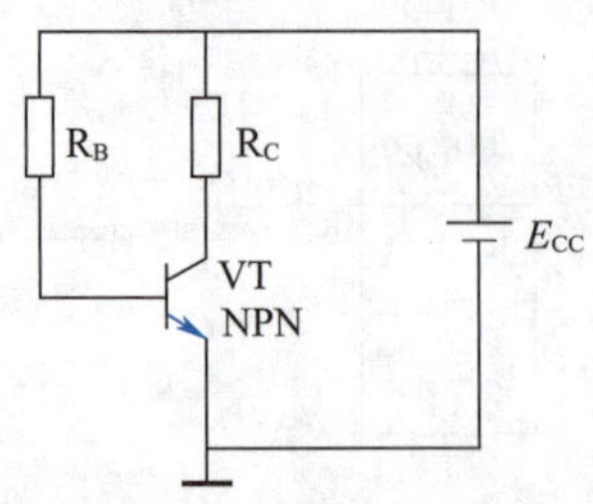

图 2-2　NPN 型三极管放大电路

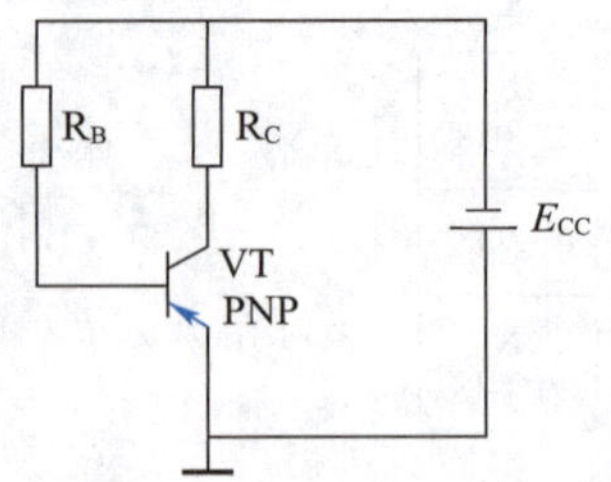

图 2-3　PNP 型三极管放大电路

任务实施

一、判别三极管的引脚

1. 从外形识别

三极管封装形式与引脚排列见表 2-1。

表 2-1　三极管封装形式与引脚排列

类型	图示	引脚排列
大功率金属封装三极管	B E C	将引脚朝向自己，“品”字放正，从左起按顺时针方向依次为 E、B、C
	C E B 安装孔 安装孔	面对管底，使引脚位于左侧，下面的引脚是基极 B，上面的引脚为发射极 E，管壳是集电极 C，管壳上两个安装孔用来固定三极管
小功率金属封装三极管	B E C 定位标志	面对管底，由定位标志起，按顺时针方向，引脚依次为发射极 E、基极 B、集电极 C

续表

类型	图示	引脚排列
中功率塑料封装三极管	B C E	面对管子正面（型号打印面），散热片为管子背面，引脚向下，从左至右依次为基极 B、集电极 C、发射极 E
贴片式三极管	DJ RH　B C E	面对管子正面（型号打印面），引脚向下，从左至右依次为基极 B、集电极 C、发射极 E

2. 用万用表检测

若从外观无法确定三极管的引脚，可使用万用表来判别，方法如下：

（1）确定基极和管型

如图 2-4 所示，万用表置于“R×100”或“R×1k”挡，黑表笔接三极管任一引脚，用红表笔分别接触其余两个引脚，如果两次测得的阻值均较小，则黑表笔所接引脚为基极，管型为 NPN 型。如果两次测得的阻值相差很大，则应调换黑表笔所接引脚再测，直到找出基极为止。

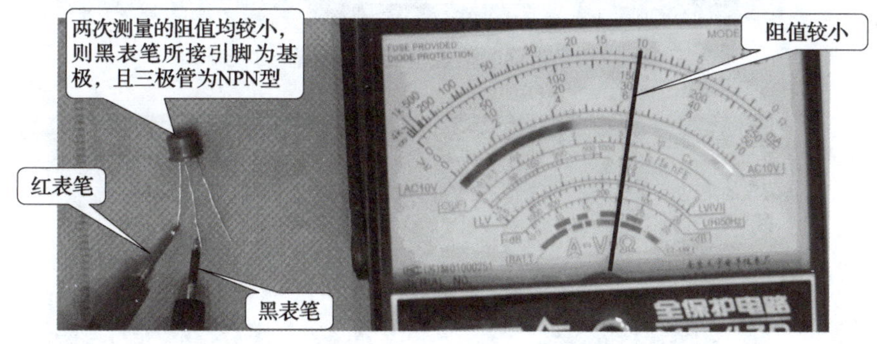

图 2-4　确定三极管的基极

红表笔接三极管任一引脚，用黑表笔分别接触其余两个引脚，如果两次测得的阻值均较小，则红表笔所接引脚为基极，管型为 PNP 型。

（2）确定集电极和发射极

在确定基极后，如果是 NPN 型管，可将红、黑表笔分别接在两个未知电极上，表针应指向无穷大处，如图 2-5 所示。再用手指同时接触基极和黑表笔所接引脚（注意两极不能相碰，即相当于在两极之间并联一个大电阻），如图 2-6 所示，记下此时万用表测得的阻值。然后对调引脚，用同样的方法再测得一个阻值，如图 2-7 所示。比较两次结果，读数较小的一次黑表笔所接的引脚为集电极，红表笔所接为发射极。若两次测试表针均不动，则表明三极管已失去放大能力。

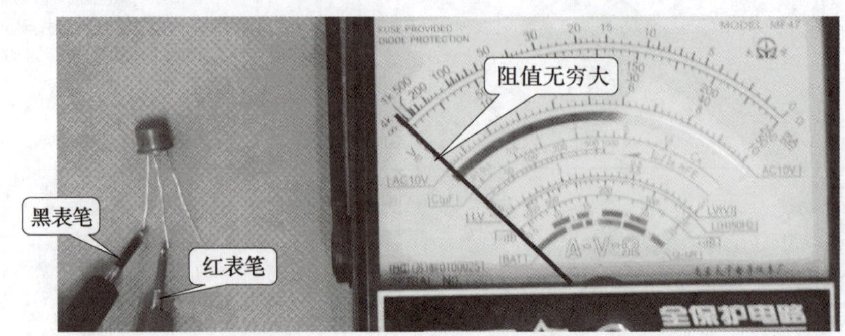

图 2-5　两未知电极间阻值无穷大

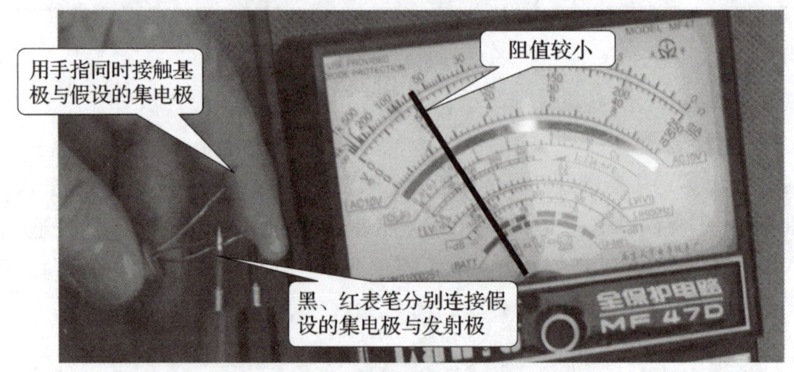

图 2-6　用手指同时接触基极和黑表笔所接引脚

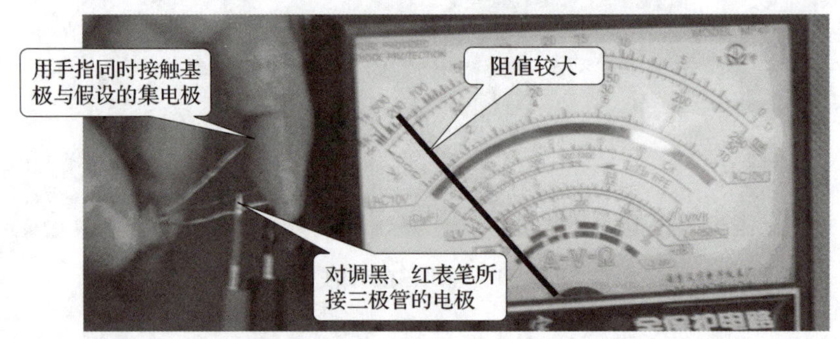

图 2-7　对调三极管引脚再次测量

PNP 型管测试方法与 NPN 型管相似，但在测试时，应用手指同时接触基极和红表笔所接引脚。按上述步骤测两次阻值，则读数较小的一次红表笔所接引脚为集电极，黑表笔所接引脚为发射极。

如果是用数字式万用表测量三极管，可先用“⊣▷|—”挡，通过测量PN结的正向压降（发射结正向压降大，集电结正向压降小），确定三极管的引脚和管型，然后再选择“NPN”或“PNP”挡，把三极管的引脚插入相应插孔，即可显示“h_{FE}”值（即$\bar{\beta}$值）。

练一练：取若干只不同型号的三极管，先从外形特征判别它们的引脚，再用万用表测量验证。

二、识别三极管的型号

1. 国产三极管型号举例

国产三极管的型号命名方法详见附表1。举例说明如下：

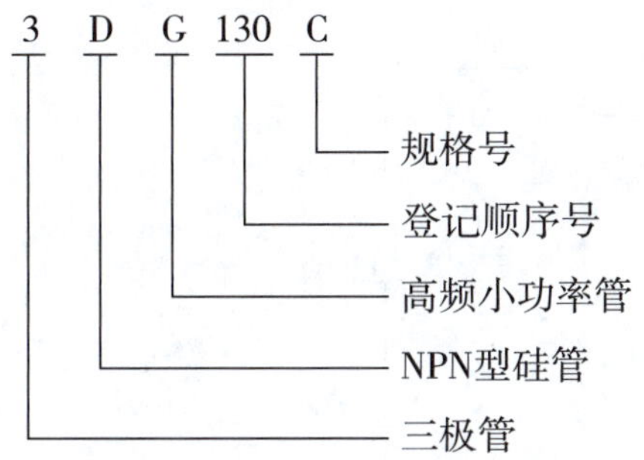

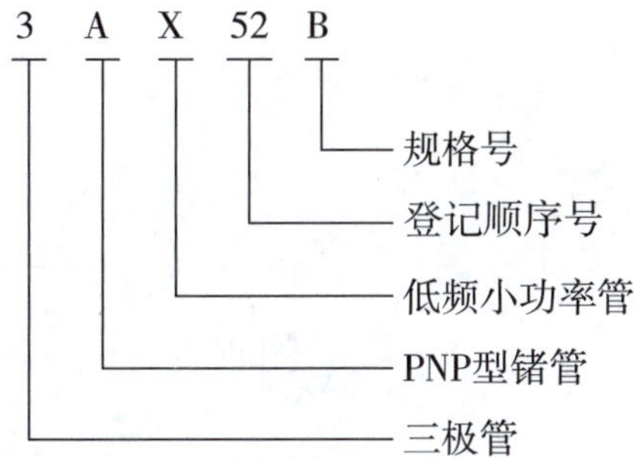

2. 国外三极管型号举例

型号开头的“2”表示两个PN结，第二个字母N和S分别表示美国和日本电子工业协会注册标志。举例说明如下：

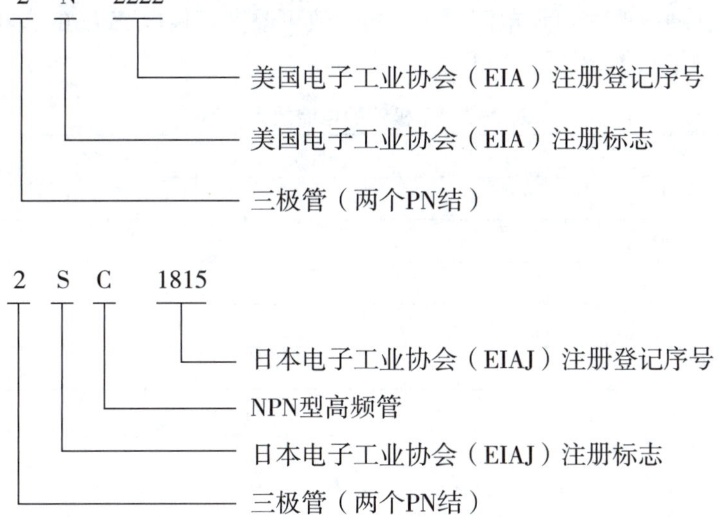

练一练：取若干只不同型号的三极管，识读其型号，判别它们的管型和材料，记入表2-2。

表 2-2　三极管的判别

序号	型号	名称	管型	材料

三、测试三极管的电流放大作用

以 NPN 型三极管为例，按图 2-8 所示连接实验电路。

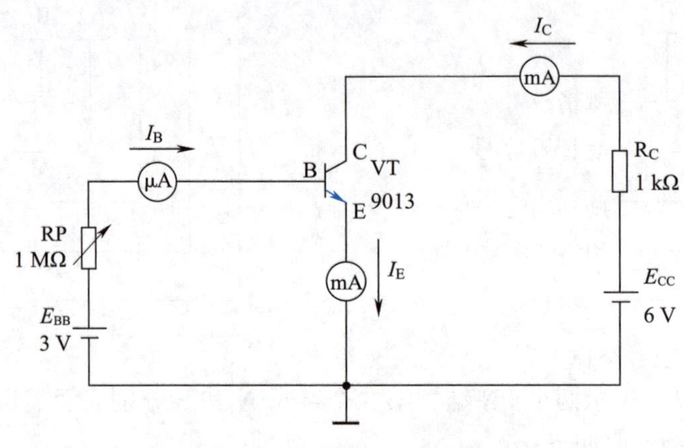

图 2-8　三极管实验电路

接通电源后，通过改变可调电阻器 RP 的阻值可改变基极电流 I_B 的大小，集电极电流也随之变化。将测量数据记入表 2-3。

表 2-3　三极管的电流放大作用

序号	1	2	3	4
基极电流 I_B/μA				
集电极电流 I_C/mA				
发射极电流 I_E/mA				
基极电流变化 ΔI_B/μA				
集电极电流变化 ΔI_C/mA				

由表 2-3 中数据可知：

1. 三个电流 I_B、I_C、I_E 中，＿＿＿＿＿＿最大，＿＿＿＿＿＿最小。
2. ＿＿＿＿＿＿和＿＿＿＿＿＿相差不大，而且它们远比＿＿＿＿＿＿大得多。
3. ＿＿＿＿＿＿ =＿＿＿＿＿＿+＿＿＿＿＿＿。

任务测评

按表 2-4 所列项目进行任务测评，将结果填入表中。

表 2-4　测评记录

序号	考核项目	考核分值	考核得分
1	从外形特征判别三极管引脚	2	
2	用万用表检测三极管	2	
3	表 2-2 的判断结果	2	
4	表 2-3 的测量数据及分析	2	
5	实验仪表的使用	2	
总计		10	

思考与练习

放大电路中有四只正常放大的三极管，测得各极对地电位见表 2-5，试识别出各三极管的 E 极、B 极和 C 极，并判别其是硅管还是锗管，是 NPN 型管还是 PNP 型管。结果记入表 2-5。

表 2-5　三极管各极对地电位

序号	1			2			3			4		
三极管引脚号	1	2	3	1	2	3	1	2	3	1	2	3
对地电位/V	-4	-3.3	-8	2.7	3	6.8	4	9.7	10	3.2	9	3.9
标出 E、B、C 极												
硅管还是锗管												
NPN 型还是 PNP 型												

任务 2　用晶体管特性图示仪检测三极管

学习目标

1. 了解三极管的特性曲线和主要参数。
2. 能正确选用三极管。
3. 能使用晶体管特性图示仪检测三极管的输入、输出特性曲线。

任务引入

三极管的特性可以用特性曲线来描述，也可以用有关参数来表示。晶体管特性图示仪能够直观显示三极管的特性曲线，并可直接读出晶体管的各项参数，这给合理选择和正确使用三极管带来了很大的方便。本任务将使用晶体管特性图示仪对三极管进行检测，观测其输入、输出特性曲线的特点。

相关知识

一、三极管的特性曲线

三极管各极电压和电流之间的关系可以通过伏安特性曲线直观地描述，它包括输入特性曲线和输出特性曲线。

1. 输入特性曲线

输入特性曲线是指在 U_{CE} 一定的条件下，加在三极管基极和发射极之间的电压 U_{BE} 和基极电流 I_B 之间的关系曲线，如图 2-9 所示。

由图 2-9 可知，三极管的输入特性曲线与二极管的正向特性曲线相似，只有当发射结的正向电压 U_{BE} 大于死区电压（硅管约为 0.5 V，锗管约为 0.2 V）时，才产生基极电流 I_B，这时三极管处于正常放大状态，发射结两端电压为 U_{BE}（硅管约为 0.7 V，锗管约为 0.3 V）。

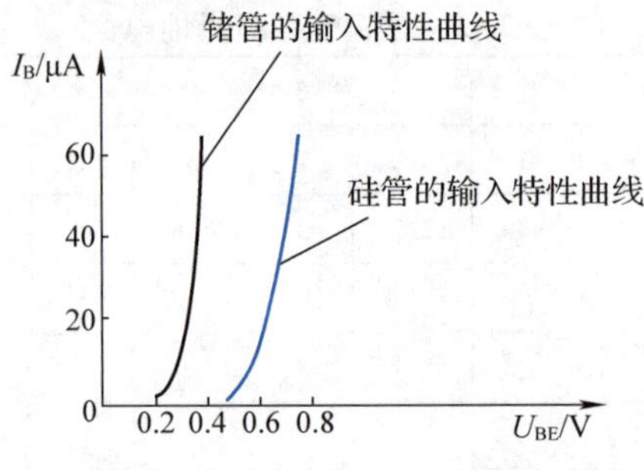

图 2-9　三极管的输入特性曲线

2. 输出特性曲线

输出特性曲线是指在 I_B 一定的条件下，三极管集电极与发射极之间电压 U_{CE} 与集电极电流 I_C 之间的关系曲线，如图 2-10 所示。

由图 2-10 可知，对于某一特定的 I_B，其输出特性曲线只有一条，而每条曲线都可分为上升、弯曲、平坦三部分，对应不同的 I_B 值可得到不同的曲线，从而形成曲线族。若 I_B 取值间隔均匀，则相应的特性曲线在平坦部分间隔也比较均匀，且与横轴平行，随着 U_{CE} 的增大曲线略有上抬。

输出特性曲线可以分为截止区、放大区和饱和区三个区域，对应着三极管截止、放大和饱和三种不同工作状态，具体见表 2-6。

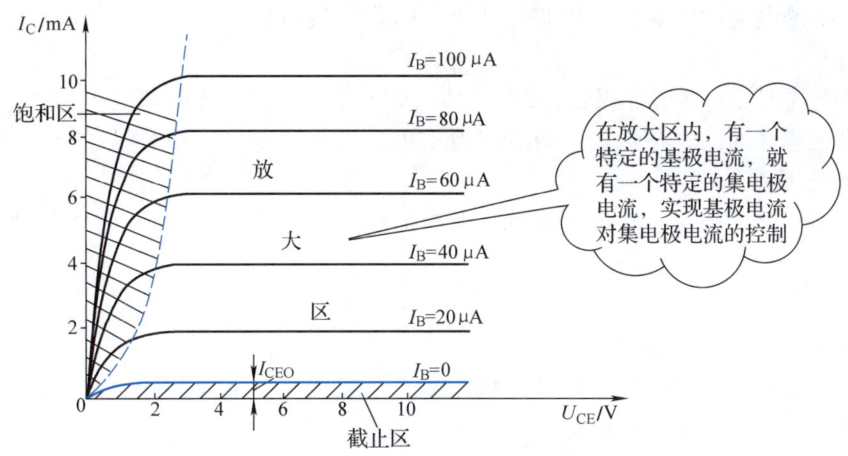

图 2-10　三极管的输出特性曲线

表 2-6　三极管输出特性曲线的三个区域

名称	位置	偏置情况	特点
截止区	$I_B=0$ 曲线以下区域	发射结反偏（或零偏） 集电结反偏	$I_B=0$，$I_C\approx0$ C 极和 E 极之间相当于开关断开
放大区	曲线平坦部分	发射结正偏 集电结反偏	（1）$I_C=\bar{\beta}I_B$，体现电流放大作用和受控特性 （2）当 I_B 一定时，I_C 大小与 U_{CE} 基本无关，体现恒流特性
饱和区	曲线左侧上升和弯曲部分	发射结正偏（或零偏） 集电结正偏	（1）I_C 不再受 I_B 控制 （2）硅三极管饱和管压降 $U_{CES}=0.3$ V 锗三极管饱和管压降 $U_{CES}=0.1$ V （3）C 极和 E 极之间呈现低阻，相当于开关闭合

二、三极管的主要参数

1. 共射电流放大系数

（1）共射直流电流放大系数 $\bar{\beta}$（有时用 h_{FE} 表示）。

（2）共射交流电流放大系数 β（有时用 h_{fe} 表示）。

同一三极管在相同工作条件下 $\bar{\beta}\approx\beta$。

2. 极间反向饱和电流

（1）集电极-基极间反向饱和电流 I_{CBO}

I_{CBO} 是指发射极开路时集电结的反向饱和电流。在常温下一般小功率硅管的 I_{CBO} 在 1 μA 左右。

（2）集电极-发射极间反向饱和电流 I_{CEO}

I_{CEO} 是指基极开路时集电极与发射极之间的穿透电流。I_{CEO} 和 I_{CBO} 有如下关系：

$$I_{CEO}=(1+\bar{\beta})I_{CBO}$$

考虑到穿透电流的影响，三极管在放大区时集电极电流为

$$I_C=\bar{\beta}I_B+I_{CEO}$$

当温度升高时，I_{CBO} 增加很快，I_{CEO} 增加更快，造成 I_C 显著增加。可见 I_{CEO} 大的三极管温度稳定性差，因此，在选用三极管时要求 I_{CEO} 越小越好。

3. 特征频率 f_T

特征频率是指三极管的 β 值下降到 1 时所对应的信号频率，它是三极管高频特性的主要参数。

4. 极限参数

（1）集电极最大允许电流 I_{CM}

集电极电流过大时，三极管的 β 值要降低，一般规定 β 下降到其正常值的 2/3 时的集电极电流为集电极最大允许电流。

（2）集电极-发射极间反向击穿电压 $U_{(BR)CEO}$

$U_{(BR)CEO}$ 是指当基极开路时，加在集电极和发射极之间的反向击穿电压。U_{CE} 大于此值后，I_C 急剧增大，可能造成集电结热击穿。在使用三极管时，其集电极电源电压应低于此值。

（3）集电极最大允许耗散功率 P_{CM}

集电极电流 I_C 流过集电结时会消耗功率而产生热量，使三极管温度升高。根据三极管允许的最高温度和散热条件来规定集电极最大允许耗散功率 P_{CM}，要求 $P_{CM}\geqslant I_C U_{CE}$。

三、三极管的选用与替换

1. 三极管的选用原则

（1）三极管的特征频率 f_T 应为实际工作频率的 3~10 倍。

（2）三极管的 β 值要合理，太大容易引起电路自激振荡，使电路稳定性变差；太小则放大能力差。

（3）集电极-发射极间反向击穿电压 $U_{(BR)CEO}$ 应大于电路电源电压，一般取工作电压的两倍。

（4）集电极最大允许耗散功率 P_{CM} 应根据实际需要选定，并留有一定的余量。

2. 三极管的替换原则

（1）类型相同替换时尽量使用相同规格型号的三极管。

（2）新换的三极管的性能（如 β 和极限参数）不能低于原三极管。

（3）换用管的材料和管型要与原管相同。

（4）在 P_{CM} 允许的情况下，高频管可替代低频管。

（5）开关三极管可替代普通三极管，如 3DK 型可替代 3DG 型，3AK 型可替代 3AG 型等。

任务实施

一、熟悉晶体管特性图示仪

XJ4810 型晶体管特性图示仪如图 2-11 所示。

晶体管特性图示仪使用方法比较复杂，测试前必须认真阅读使用说明书，熟悉测试方法，同时还应知道被测晶体管的性能规格和测试条件，这样才能正确进行测试。

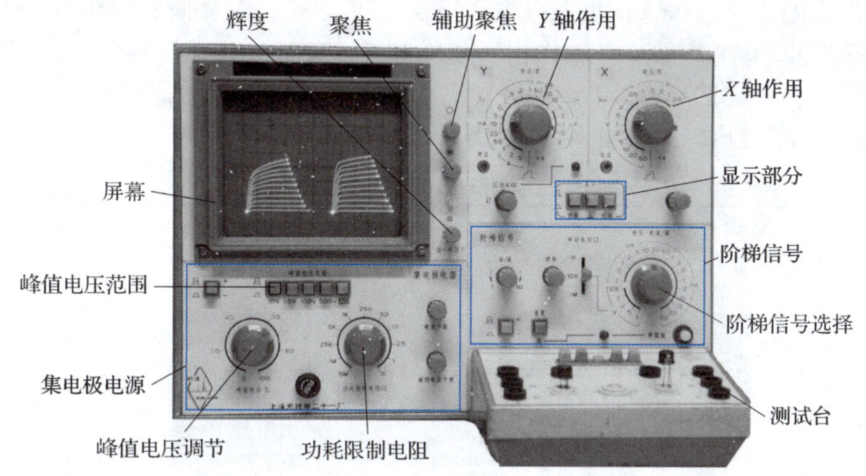

图 2-11　XJ4810 型晶体管特性图示仪

1. 使用前的调整

（1）开启电源开关，指示灯亮，预热 5 min。

（2）调节“辉度”“聚焦”“辅助聚焦”旋钮，使屏幕上显示清晰的光点或线条。

（3）根据被测晶体管的特性和测试条件的要求，把“*X* 轴作用”“*Y* 轴作用”“阶梯信号”各部分开关、旋钮都调到相应的位置上。

（4）进行阶梯信号调零。其目的是使阶梯信号的起始级为零电位，以保证测量的准确度。

调零方法如下：当屏幕上出现阶梯信号后，按下测试台上的“零电压”按钮，观察光点停留在屏幕上的位置，复位后调节“阶梯信号”部分的“阶梯调零”旋钮，使阶梯信号的起始级光点仍在该处，则阶梯信号的零位即被校准。

2. 使用注意事项

（1）对于“阶梯信号选择”“功耗限制电阻”“峰值电压调节”三个旋钮，使用时应特别注意，若使用不当会造成被测晶体管的损坏。

（2）测试晶体管的极限参数、过载参数时，应采用单簇阶梯信号，以防过载而损坏被测器件。

（3）仪表使用完毕，应随即关断电源，并使仪表各开关旋钮复位，以防下次使用时因疏忽而损坏被测器件。此时应将“峰值电压范围”开关置于 0~10 V 挡，“峰值电压调节”旋钮旋到零位，“阶梯信号选择”旋钮置于“关”挡，“功耗限制电阻”旋钮置于 10 kΩ 挡以上位置。

二、测量输入特性曲线

现以三极管 3DG6 为例，用晶体管特性图示仪观测其输入特性曲线。

将三极管插入测试台插座。仪表通电预热后，将光点移至屏幕左下角作为坐标零点，并调整基极阶梯信号，将仪表各开关、旋钮置于如下位置：

峰值电压范围：0~10 V；集电极电源极性：正（+）；功耗限制电阻：100 Ω；*X* 轴作用：基极电压，0.1 V/度；*Y* 轴作用：基极电流，10 μA/度；阶梯信号：重复；阶梯极性：正（+）；阶梯选择：0.1 mA/级。

逐渐加大峰值电压，测得输入特性曲线，并绘制在表 2-7 中。

表 2-7　三极管 3DG6 特性曲线测试记录

输入特性曲线	输出特性曲线

三、测量输出特性曲线

仍以三极管 3DG6 为例，观测其输出特性曲线。连接方法与调整方式同上。仪表各开关、旋钮置于如下位置：

峰值电压范围：0~10 V；集电极电源极性：正（+）；功耗限制电阻：250 Ω；*X* 轴作用：集电极电压，0.5 V/度；*Y* 轴作用：集电极电流，1 mA/度；阶梯信号：重复；阶梯极性：正（+）；阶梯选择：20 μA/级。

逐渐加大峰值电压，测得输出特性曲线，并绘制在表 2-7 中。

任务测评

按表 2-8 所列项目进行任务测评，将结果填入表中。

表 2-8　测评记录

序号	考核项目	考核分值	考核得分
1	正确读出输出特性曲线 *X* 轴、*Y* 轴的单位及数值	2	
2	说出三极管的主要参数	2	
3	根据输出特性曲线指出三极管的放大、截止和饱和区	2	
4	晶体管特性图示仪的使用方法	2	
5	根据晶体管特性图示仪绘制出输入、输出特性曲线	2	
合计		10	

知识拓展

场 效 应 管

在晶体三极管中，基极输入电流的大小直接影响输出电流的大小，这是一种电流控制型器件。场效应管则是一种电压控制型器件，它是利用输入电压产生的电场效应控制输出电流的。

场效应管按其结构不同分为绝缘栅型和结型两大类。其中绝缘栅型由于制造工艺简单，便于实现集成化，应用更为广泛。

一、绝缘栅型场效应管

绝缘栅型场效应管简称 MOS 管，有 N 沟道和 P 沟道两类，每一类又可分为增强型和耗尽型两种，因此，共有四种类型，其图形符号见表 2-9。三个引脚分别为源极（S）、栅极（G）、漏极（D），分别对应于三极管的发射极、基极、集电极。B 表示衬底（有时也用 U 表示），一般与源极 S 相连。衬底箭头向内表示为 N 沟道，反之为 P 沟道。D 极和 S 极之间为三段断续线表示增强型，为连续线表示耗尽型。

场效应管也有三个工作区域：可变电阻区、恒流区和夹断区。当利用场效应管组成放大电路时，应使它工作于恒流区。

表 2-9　绝缘栅型场效应管的分类及图形符号

N 沟道 MOS 管		P 沟道 MOS 管	
耗尽型	增强型	耗尽型	增强型
D B G S	D B G S	D B G S	D B G S

对于增强型场效应管，必须建立一个栅-源电压，只有当栅-源电压值达到开启电压时，才会形成导电沟道，产生漏极电流；对于耗尽型场效应管则不加栅-源电压时已存在导电沟道，只有栅-源电压达到某一值时，才能使漏-源极之间电流为零，此时的栅-源电压称为夹断电压。

二、结型场效应管

结型场效应管采用的是耗尽型工作方式，也分 P 沟道和 N 沟道两种，其图形符号如图 2-12 所示。

三、特殊场效应管

1. CMOS 管

N 沟道 MOS 管和 P 沟道 MOS 管组成互补电路，称为 CMOS 管，其结构如图 2-13 所示。

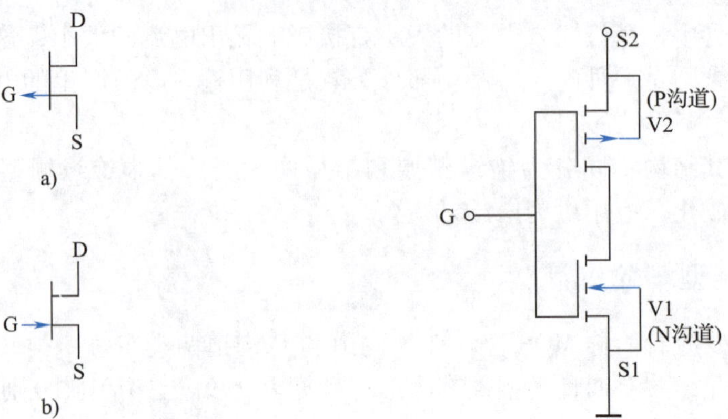

图 2-12　结型场效应管图形符号
a）P 沟道　b）N 沟道

图 2-13　CMOS 管结构

CMOS 管输入电流小，功耗小，允许的电源电压范围宽，连接方便，目前广泛应用于集成电路中。

2. VMOS 管和 UMOS 管

VMOS 管和 UMOS 管分别为采用 V 形槽结构和 U 形槽结构的 MOS 管。这两种 MOS 管的最大特点是耗散功率大，工作速度快，耐压高，转移特性的线性度好，是较理想的大功率器件。而且它们所需驱动功率都不大，可用 CMOS 集成电路驱动，也可用双极型 TTL（晶体管-晶体管逻辑）集成电路驱动。

3. PMOS 管

PMOS 管即功率场效应管，又称电力场效应管，由许多（1×10^4 ~ 1×10^5）个小单元 MOS 管并联而成，这是一种大功率场效应管，多用于可控整流、逆变及变频电路。

四、场效应管的使用注意事项

1. 绝缘栅型场效应管一般不允许用万用表检测，以防高压击穿；结型场效应管可用判定晶体三极管基极的方法来判定栅极，但漏极和源极用此方法不能判定。

2. 场效应管的漏极和源极通常可互换使用，但有些产品的源极与衬底已连在一起，此时漏极和源极不能互换使用。

3. 存放绝缘栅型场效应管时，应将三个极短路，防止栅极击穿。取用场效应管时应注意人体静电对栅极的影响，可在手腕上套一接地的金属箍，以消除静电的影响。

4. 要求一切测试仪表、电烙铁等都有外接地线。焊接时用小功率电烙铁，动作要迅速，或切断电源后利用余热焊接。焊接时应先焊源极，最后焊栅极。

5. 场效应管在使用中要注意电压极性，并注意电压和电流值不能超过最大允许值。

思考与练习

1. 查阅本书附录和相关资料，获取表 2-10 所列三极管的相关信息，并按要求填表。

表 2-10　三极管类型及参数记录

名称和型号	管型	材料	I_{CM}/mA	$U_{(BR)CEO}$/V	P_{CM}/mW	β	I_{CBO}/μA
高频小功率三极管 3DG130C							
低频小功率三极管 3AX52B							
开关三极管 3CK2E							
低频大功率三极管 3DD21C							

2. 用晶体管特性图示仪测得某三极管输出特性曲线如图 2-14 所示，试根据曲线求出 U_{CE}=5 V 时的 β 值（阶梯选择：20 μA/级）。

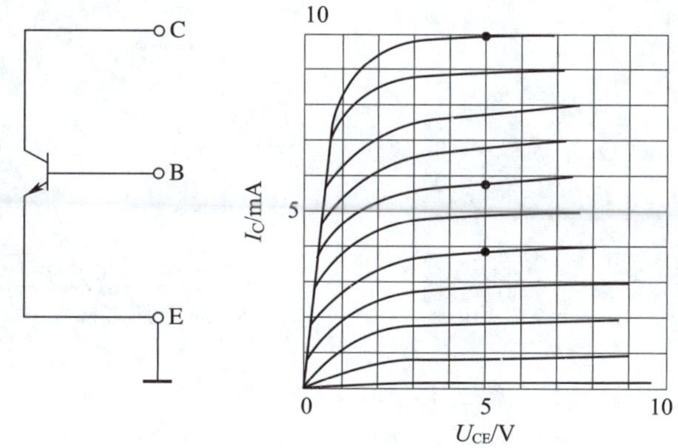

图 2-14　某三极管输出特性曲线

课题二　基本放大电路的安装与检测

任务 1　单级放大电路的安装与检测

学习目标

1. 掌握基本放大电路中各个主要元器件的作用，能识读电路原理图。

2. 掌握放大电路静态工作点的作用，能调试放大电路的静态工作点。
3. 能完成分压式稳定静态工作点偏置电路的安装与检测。

任务引入

图 2-15 所示为一个儿童电子积木游戏中的单级光控灯电路，R_G 是一只光敏电阻器，有光照时阻值小，无光照时阻值大。接通电源后，遮挡住 R_G 的入射光，发光二极管就会点亮；R_G 受到光照后，发光二极管就熄灭。这实际上是一个简单的分压式单级放大电路。

在实际电子产品应用中，这类放大电路有着广泛的应用，为了满足各种不同的工作需求，还会在简单的基本电路基础上增加其他元器件以实现相应的电路功能，本任务将要完成的就是一个分压式稳定静态工作点偏置电路的安装与检测。

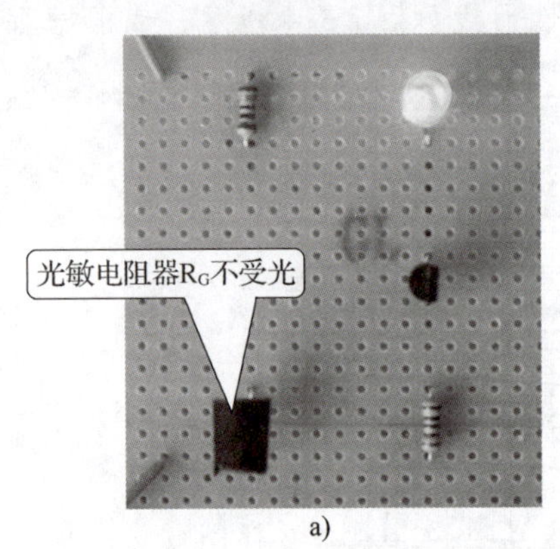

a)

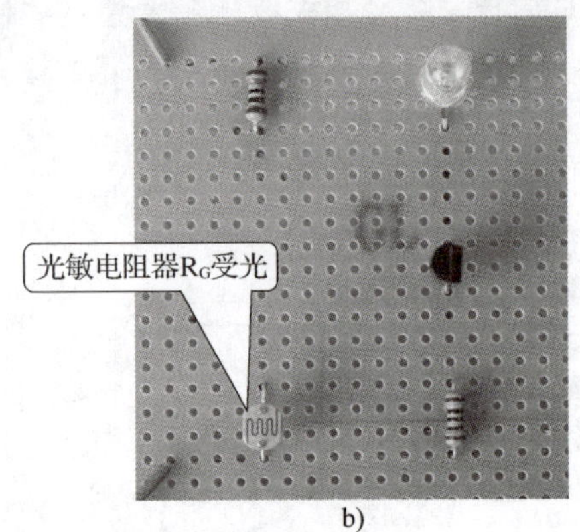

b)

图 2-15 单级光控灯电路
a）光敏电阻器不受光时 b）光敏电阻器受光时

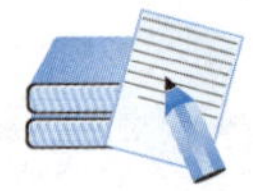

相关知识

一、共射极基本放大电路

用三极管组成放大电路时，根据公共端（电路中各点电位的参考点）的不同，有三种连接方法，即共发射极电路、共集电极电路和共基极电路。

图 2-16 所示为应用最广泛的共发射极放大电路（简称共射极放大电路）。

1. 放大电路的组成及各元器件的作用

（1）三极管 VT

它是放大电路的核心，起电流放大作用，

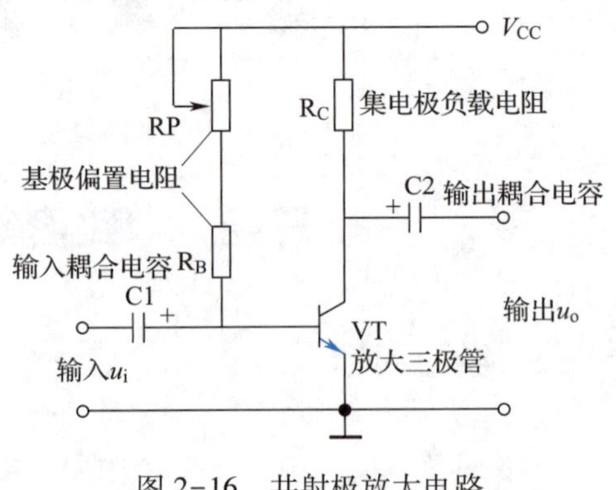

图 2-16 共射极放大电路

可将微小的基极电流变化量转换成较大的集电极电流变化量。

电路中，基极→发射极为输入回路，集电极→发射极为输出回路，以发射极为公共端，所以称为共射极放大电路。

（2）直流电源 V_{CC}

为三极管和负载提供能源，同时为三极管提供实现电流放大的外部条件，即发射结正偏，集电结反偏。

（3）基极偏置电阻 RP 和 R_B

这两个电阻配合直流电源 V_{CC} 为三极管提供一个合适的静态偏置电流 I_B，使三极管能不失真地放大交流信号。

（4）集电极负载电阻 R_C

该电阻将集电极电流的变化量转换成集电极电压的变化量，从而实现电压放大。

（5）耦合电容 C1、C2

耦合电容起“隔直通交”的作用。

隔直——隔离直流电源对信号和负载的影响，同时也隔离信号源和负载对三极管直流工作状态的影响。

通交——当 C1、C2 足够大时，它们的容抗很小，可近似看作短路，这样可让交流信号顺利通过。

2. 静态工作点的设置

（1）静态工作点

静态指的是放大电路在没有交流信号输入（即 $u_i=0$）时的工作状态。这时三极管的基极电流 I_B、集电极电流 I_C、基极与发射极间的电压 U_{BE} 和集电极与发射极间的电压 U_{CE} 的值称为静态值。这些静态值分别在输入、输出特性曲线上对应着一点 Q，如图 2-17 所示，称为静态工作点，简称 Q 点。由于 U_{BE} 基本是恒定的，所以在讨论静态工作点时主要考虑 I_B、I_C 和 U_{CE} 三个量，并分别用 I_{BQ}、I_{CQ} 和 U_{CEQ} 表示。

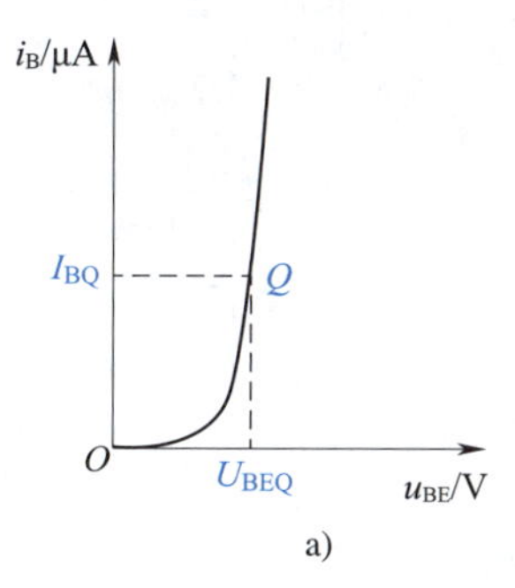

a)

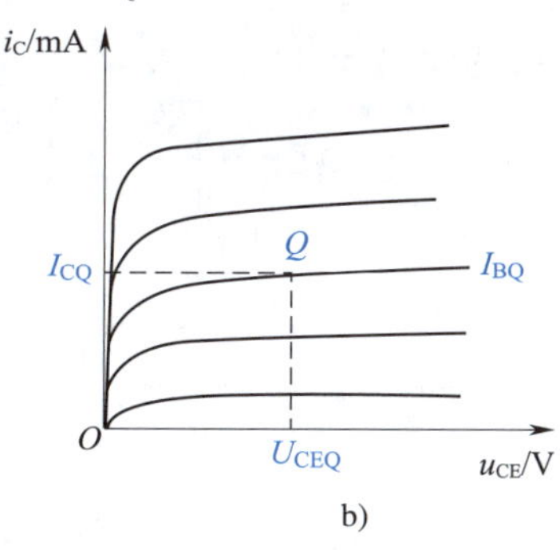

b)

图 2-17　静态工作点

a）输入特性曲线上的 Q 点　b）输出特性曲线上的 Q 点

（2）静态工作点的作用

由三极管基本特性可知，当发射结的电压小于死区电压时，三极管处于截止状态，那么若输入信号是正弦波，在正半周期信号电压小于死区电压的区间和整个负半周期，三极管都处于截止状态，输出的信号将是不完整的，即出现严重失真，如图 2-18 所示。

设置了合适的静态工作点，可使三极管在静态时工作于放大状态，如图 2-19 所示。这时 u_i 与静态时基极与发射极间的电压 U_{BEQ} 叠加在一起加在发射结两端，发射结电压始终大于三极管的死区电压，在输入信号的整个周期内三极管都处于导通状态，i_B 随输入信号 u_i 的变化而变化。这样，电路就能不失真地放大输入信号了。

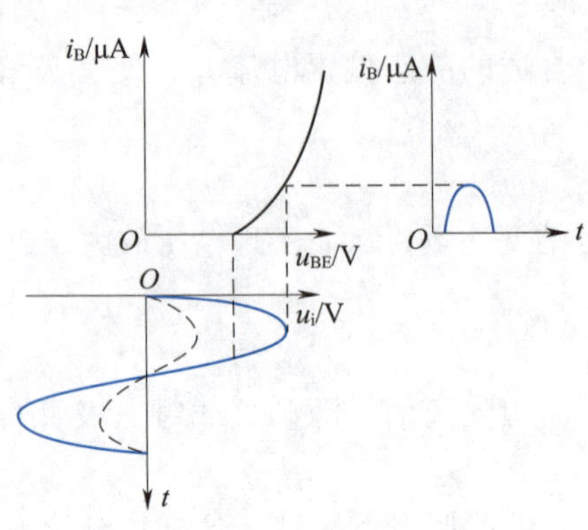

图 2-18　未设静态工作点时的信号波形

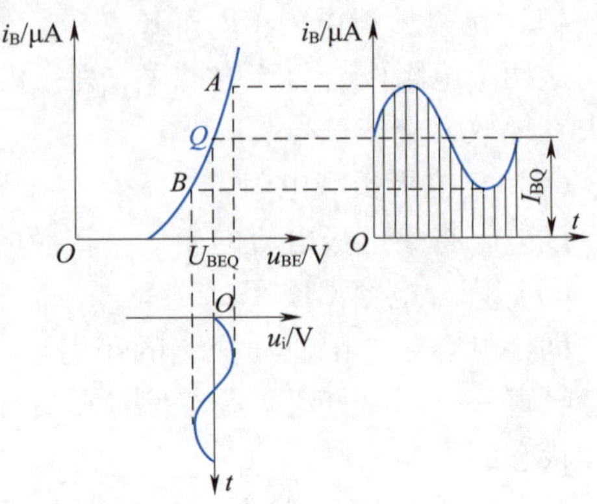

图 2-19　设静态工作点后的信号波形

3. 静态工作点的近似估算

（1）直流通路

估算静态工作点应以放大电路的直流通路为依据，所谓直流通路就是放大电路处于静态时，直流电流的流通路径。所以在画直流通路时，要将电路中的电容视为开路，电感视为短路。图 2-20b 所示电路即图 2-20a 所示放大电路的直流通路。

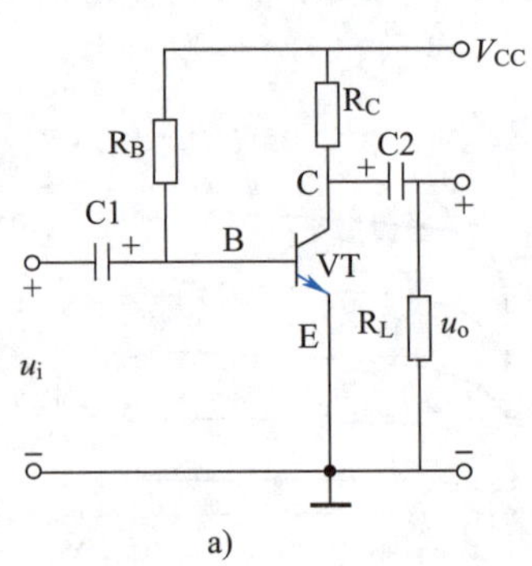

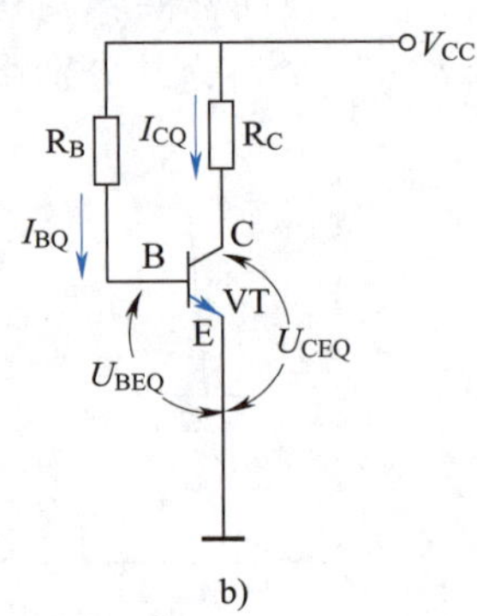

图 2-20　共射极放大电路及其直流通路

a）共射极放大电路　b）直流通路

（2）估算公式为

$$I_{BQ}=\frac{V_{CC}-U_{BEQ}}{R_B}$$

忽略 U_{BEQ}，则

$$I_{BQ} \approx \frac{V_{CC}}{R_B}$$

$$I_{CQ} = \beta I_{BQ}$$

$$U_{CEQ} = V_{CC} - I_{CQ} R_C$$

（3）静态工作点的调整

在图 2-16 所示电路中，调节 RP，改变基极偏置电阻的值，即可起到调节静态工作点的作用。例如，$R_P \downarrow \rightarrow I_{BQ} \uparrow \rightarrow I_{CQ} \uparrow \rightarrow U_{CEQ} \downarrow$，$I_{CQ}$ 一般取集电极最大电流（V_{CC}/R_C）的一半左右即可，但由于测量 I_{CQ} 需要切断集电极回路，所以通常都是通过测量 U_{CEQ} 来调整 Q 点的。

4. 放大电路的交流参数

分析放大电路的放大过程和交流参数，必须以交流通路为依据。所谓交流通路就是只允许交流信号流通的路径，所以在画交流通路时，小容抗的电容以及内阻小的电源，忽略其交流压降，都可以视为短路。图 2-21 所示电路即图 2-20a 所示放大电路的交流通路，图 2-22 所示为其输入、输出电阻。

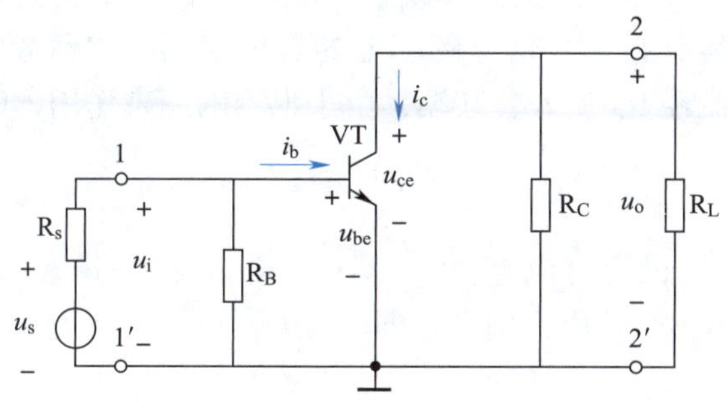

图 2-21　共射极放大电路的交流通路

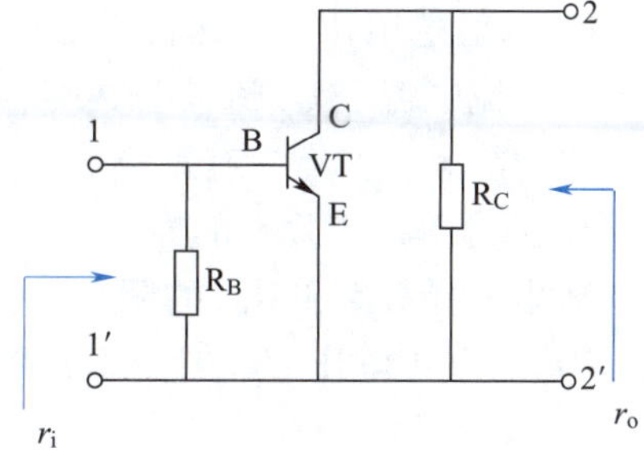

图 2-22　共射极放大电路的输入、输出电阻

（1）输入电阻 r_i

从放大电路的输入端看进去的交流等效电阻（注意：不包括信号源内阻），称为放大电路的输入电阻，用 r_i 表示。由图 2-22 可知：$r_i = R_B // r_{be}$。

上式中，r_{be} 为三极管的输入电阻，因为一般低频小功率管的 r_{be} 约为 1 kΩ，而 R_B 常在几百千欧以上，所以 $r_i \approx r_{be}$。

（2）输出电阻 r_o

从放大电路输出端看进去的交流等效电阻（注意：不包括负载电阻），称为放大电路的输出电阻，用 r_o 表示。由图 2-22 可知：$r_o = R_C // r_{ce}$。

因为当三极管处于放大状态时，集电极与发射极之间的交流等效电阻 r_{ce} 很大，一般为几十千欧到几百千欧，而 R_C 一般为几千欧，所以 $r_o \approx R_C$。

对于负载来说，放大电路是向负载提供信号的信号源，而它的输出电阻就是信号源的内阻。信号源内阻越小，当负载变化时，输出电压的变化越小，即放大电路带负载能力越强。

（3）电压放大倍数 A_u

放大电路的电压放大倍数定义为输出电压 u_o 与输入电压 u_i 的比值，即 $A_u=\frac{u_o}{u_i}$。图 2-21 所示交流通路的电压放大倍数为

$$A_u=\frac{u_o}{u_i}=\frac{-i_c\ (R_C//R_L)}{i_b r_{be}}=-\frac{\beta R_L'}{r_{be}}$$

式中的负号表示输出信号电压与输入信号电压的相位相反。$R_L'=R_C//R_L$，当不接负载时，电压放大倍数 $A_u=-\frac{\beta R_C}{r_{be}}$。

二、分压式稳定静态工作点偏置电路

半导体材料对光、热、电场非常敏感，工作环境温度升高或自身功耗引起的温升都会影响三极管的工作状态，容易造成静态工作点发生偏移，使电路工作不稳定，甚至无法正常工作。因此，必须设法稳定三极管的工作点，通常使用分压式偏置电路来实现静态工作点的稳定，如图 2-23 所示。

在图 2-23 中，R_{B1} 为上偏置电阻，R_{B2} 为下偏置电阻，C_E 为发射极电阻 R_E 的旁路电容。C_E 一般选用几十到几百微法的电解电容，在低频信号频率上的容抗很小，故称旁路电容。交流电流经 C_E 流入公共端，直流电流经 R_E 流入公共端，由于电容的隔直作用，C_E 对电路的静态工作点没有影响。

1. 稳定静态工作点的原理

适当选择 R_{B1} 和 R_{B2} 的阻值，使 R_{B1} 上流过的直流电流 I_1 远大于 I_{BQ}（一般选 5 ~ 10 倍）。这时基极电压 U_{BQ} 就由 V_{CC} 和 R_{B1} 与 R_{B2} 的分压比确定，即

$$U_{BQ}=\frac{R_{B2}}{R_{B1}+R_{B2}}V_{CC}$$

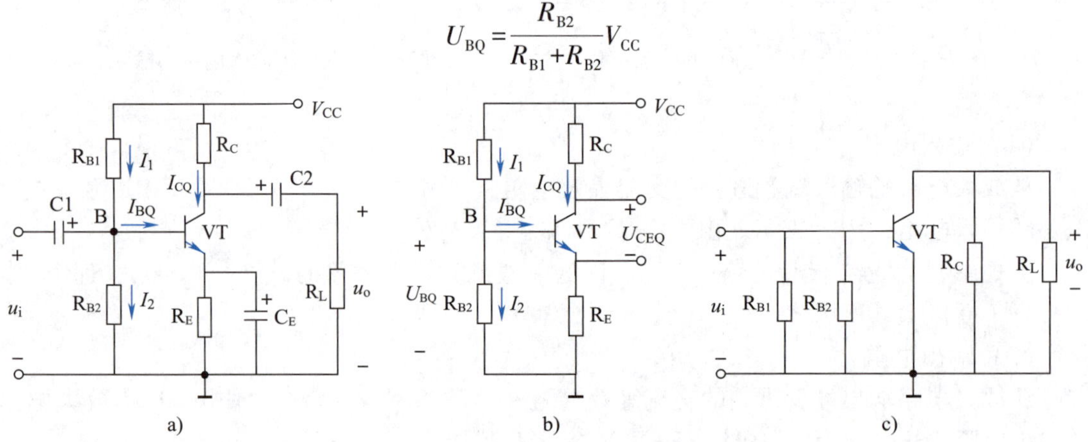

图 2-23　分压式偏置电路

a）电路结构　b）直流通路　c）交流通路

由于接入了发射极电阻 R_E，发射极直流电流 I_{EQ} 在其上产生直流电压，加到发射结的

直流电压则为

$$U_{BEQ}=U_{BQ}-U_{EQ}$$

当温度升高而引起 I_{CQ} 增大时，I_{EQ} 和 U_{EQ} 也相应增大。由于 U_{BQ} 基本不变，由上式可知，U_{BEQ} 就减小，I_{BQ} 随之减小，从而抑制了 I_{CQ} 的增大，最终使静态工作点趋于稳定。

上述过程可表示为

$$\text{温度}T\uparrow\rightarrow I_{CQ}\uparrow\rightarrow I_{EQ}\uparrow\rightarrow U_{EQ}\uparrow\rightarrow U_{BEQ}\downarrow$$

$$I_{CQ}\downarrow\leftarrow I_{BQ}\downarrow\leftarrow$$

由以上分析可知，主要是由于 R_E 对 I_{CQ} 变化的抑制作用，才使放大电路的静态工作点得到稳定。

2. 静态工作点的估算

通过图 2-23b 所示直流通路可求出电路的静态工作点，见表 2-11。

表 2-11　估算电路的静态工作点

静态工作点		说明
静态基极电压	$U_{BQ}\approx\frac{R_{B2}}{R_{B1}+R_{B2}}V_{CC}$	因为 $I_1\gg I_{BQ}$
静态发射极电流	$I_{EQ}=\frac{U_{BQ}-U_{BEQ}}{R_E}\approx\frac{U_{BQ}}{R_E}$	因为 $U_{BQ}\gg U_{BEQ}$
静态集电极电流	$I_{CQ}\approx I_{EQ}$	$I_{BQ}+I_{CQ}=I_{EQ}$，$I_{BQ}\ll I_{CQ}$
静态偏置电流	$I_{BQ}=\frac{I_{CQ}}{\beta}$	根据三极管电流放大原理 $I_{CQ}=\beta I_{BQ}$
静态集电极-发射极电压	$U_{CEQ}=V_{CC}-I_{CQ}（R_C+R_E）$	根据基尔霍夫电压定律

3. 估算输入电阻、输出电阻和电压放大倍数

如图 2-23c 所示，由于发射极电阻 R_E 已被电容 C_E 交流旁路，所以在交流通路中，发射极仍为直接接地。即该交流通路与共射极基本放大电路的交流通路相似，其中 $R_B=R_{B1}/\!/R_{B2}$。因此，输入电阻、输出电阻和电压放大倍数的估算公式完全相同。

【例 2-1】图 2-23a 所示电路中，$R_{B1}=30\ \text{k}\Omega$，$R_{B2}=10\ \text{k}\Omega$，$r_{be}=1\ \text{k}\Omega$，$R_C=2\ \text{k}\Omega$，$R_E=1\ \text{k}\Omega$，$R_L=8\ \text{k}\Omega$，$\beta=50$，$V_{CC}=12\ \text{V}$，$U_{BEQ}=0.7\ \text{V}$。求：（1）放大电路的静态工作点；（2）放大电路的输入电阻、输出电阻和电压放大倍数。

解：（1）估算静态工作点

$$U_{BQ}\approx V_{CC}\frac{R_{B2}}{R_{B1}+R_{B2}}=12\times\frac{10}{30+10}\ \text{V}=3\ \text{V}$$

$$I_{CQ}\approx I_{EQ}=\frac{U_{BQ}-U_{BEQ}}{R_E}=\frac{3-0.7}{1}\ \text{mA}=2.3\ \text{mA}$$

$$I_{BQ}=\frac{I_{CQ}}{\beta}\approx\frac{2.3\ \text{mA}}{50}=46\ \mu\text{A}$$

$$U_{CEQ}=V_{CC}-I_{CQ}(R_C+R_E)=12\ \text{V}-2.3\times(2+1)\ \text{V}=5.1\ \text{V}$$

（2）估算输入电阻、输出电阻和电压放大倍数

$$r_i \approx r_{be}=1\ \text{k}\Omega$$

$$r_o \approx R_C=2\ \text{k}\Omega$$

$$A_u=-\frac{\beta R'_L}{r_{be}}=-\frac{50\times\frac{2\times 8}{2+8}}{1}=-80$$

任务实施

一、识读电路

分压式稳定静态工作点偏置电路如图 2-24 所示。

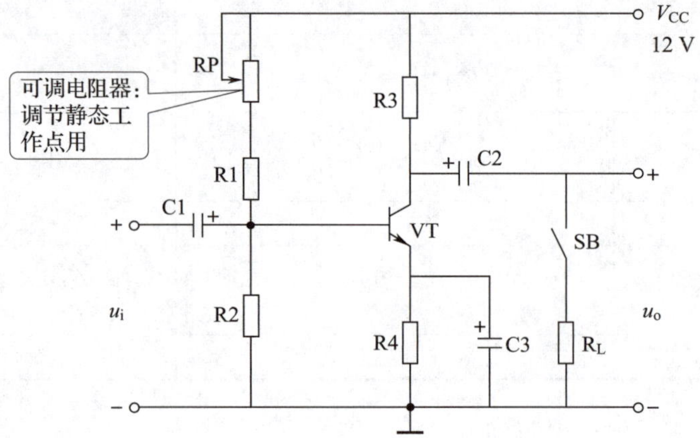

图 2-24　分压式稳定静态工作点偏置电路

二、准备器材

直流稳压电源、低频信号发生器、双踪示波器各一台，万用表一个，常用电子组装工具一套。本任务所需元器件明细表见表 2-12。

表 2-12　元器件明细表

代号	名称	规格	数量	代号	名称	规格	数量
R1	碳膜电阻器	12 kΩ	1	C1、C2	电解电容器	10 μF/16 V	2
R2	碳膜电阻器	10 kΩ	1	C3	电解电容器	100 μF/16 V	1
RP	可调电阻器	100 kΩ	1	VT	三极管	9013 或 3DG6	1
R3、R_L	碳膜电阻器	2 kΩ	2	SB	开关	按钮开关	1
R4	碳膜电阻器	1 kΩ	1				

三、安装调试电路

1. 按电路原理图画出装配布局图。

2. 对电路中使用的元器件进行检测。

3. 安装电路

（1）电阻器及可调电阻器等紧贴电路板水平安装，如图 2-25a 所示。

（2）电容器垂直安装，电容器底部离开电路板 5 mm。安装时注意正、负极性，如图 2-25b 所示。

（3）三极管垂直安装，三极管底部离开电路板 10 mm，安装时注意引脚极性，如图 2-25c 所示。

a)

b)

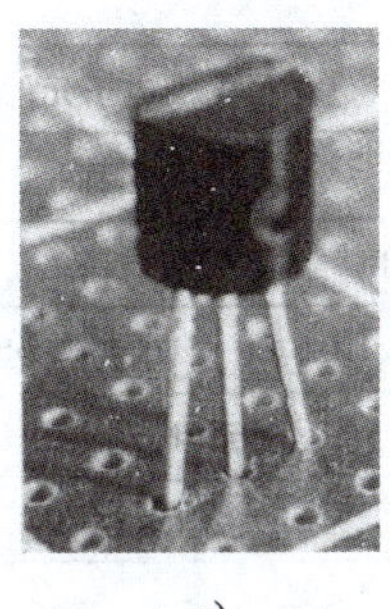

c)

图 2-25　元器件安装工艺要求

a）可调电阻器紧贴电路板水平安装　b）电容器垂直安装（底部离电路板 5 mm）
c）三极管垂直安装（底部离电路板 10 mm）

安装好的实物图如图 2-26 所示。调节可调电阻器 RP 的阻值，可使三极管 VT 处于正常放大工作状态。

图 2-26　安装好的实物图

4. 调试静态工作点

接通直流稳压电源（12 V），按表 2-13 调整 RP 阻值，即调整基极偏置电阻，如图 2-27

所示。

用万用表直流电压挡测量三极管基极和集电极对地的直流电位 V_B、V_C，并估算 I_C，记入表 2-13 中。

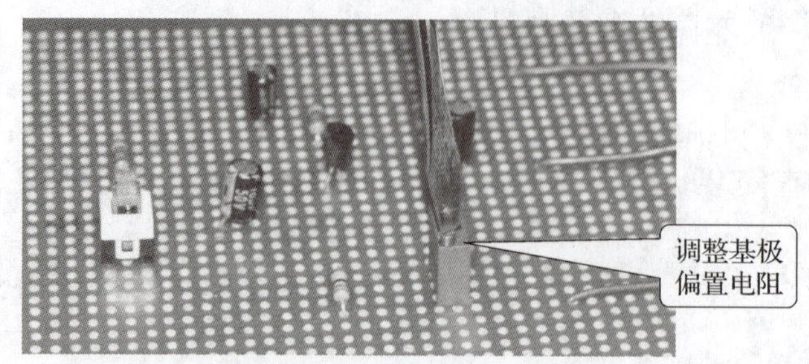

图 2-27　静态工作点调试

表 2-13　静态工作点调试记录

RP 阻值	V_B/V	V_C/V	估算电流 I_C/mA
最大			
适当位置		6	3
最小			

5. 观察输入、输出信号波形

（1）调节电路静态工作点，使电路工作在放大状态。参考图 2-28a 所示实验接线图连接电路板和仪表，给实验电路输入适当的正弦波信号，使双踪示波器屏幕显示最大幅度不失真的信号波形，如图 2-28b 所示。

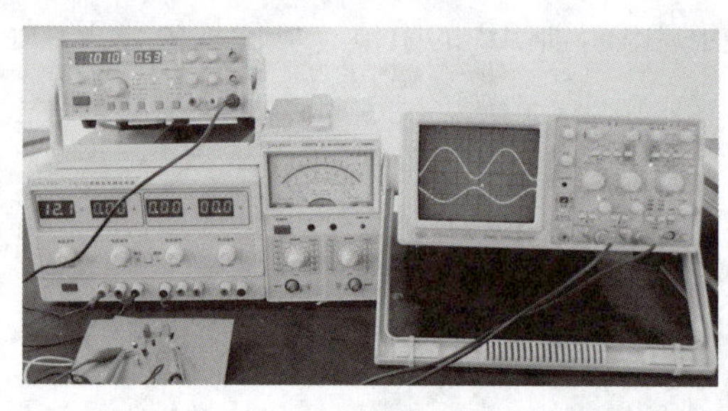

a)

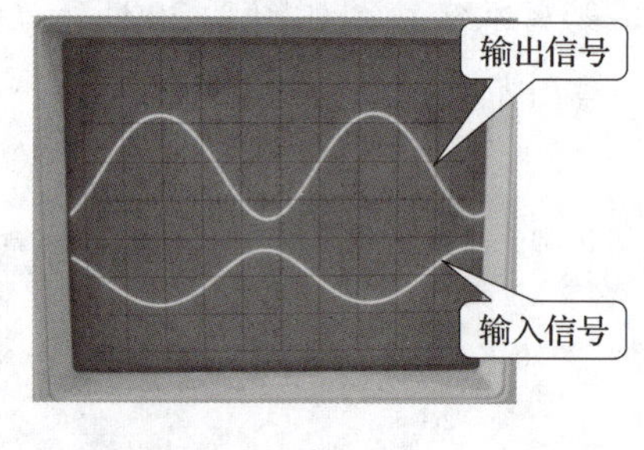

b)

图 2-28　检测实验电路

a）实验接线图　b）最大不失真信号波形

（2）在最大不失真输出的基础上保持 u_i 不变，将 RP 的阻值调大或调小。

增大 R_P，使上偏置电阻 R_{B1}（R_1+R_P）$\uparrow \rightarrow I_B \downarrow \rightarrow I_C \downarrow \rightarrow U_{CE} \uparrow$，$Q$ 点下移，输入信号的负半周期有一部分进入截止区，使输出信号的正半周期被部分削平，这一现象称为截止失真。

减小 R_P，使上偏置电阻 $R_{B1} \downarrow \rightarrow I_B \uparrow \rightarrow I_C \uparrow \rightarrow U_{CE} \downarrow$，$Q$ 点上移，输入信号的正半周期有一部分进入饱和区，使输出信号的负半周期被部分削平，这一现象称为饱和失真。

用双踪示波器观察波形变化，并将失真波形记入表 2-14 中。

表 2-14　失真波形测试记录

RP 阻值	最 大 时	最 小 时
输出波形		
失真类型		

任务测评

按表 2-15 所列项目进行任务测评，将结果填入表中。

表 2-15　测评记录

序号	考核项目	考核分值	考核得分
1	实验元器件的检测	2	
2	按工艺要求安装电路	2	
3	调试静态工作点	2	
4	观察、分析失真波形	2	
5	实验仪表的使用	2	
合计		10	

知识拓展

射极输出器

射极输出器电路如图 2-29a 所示，图 2-29b、图 2-29c 分别为其直流通路和交流通路。

由交流通路可知，输入信号是从三极管的基极与集电极之间输入，从发射极与集电极之间输出。集电极为输入与输出电路的公共端，因此称为共集电极放大电路。由于信号从发射极输出，所以又称射极输出器。

一、静态工作点的估算

分析该电路的直流通路可知

$$V_{CC}=I_{BQ}R_B+U_{BEQ}+(1+\beta)I_{BQ}R_E$$

由此可得

$$I_{BQ}=\frac{V_{CC}-U_{BEQ}}{R_B+(1+\beta)R_E}$$

$$I_{CQ}=\beta I_{BQ}$$

$$U_{CEQ}=V_{CC}-I_{EQ}R_E\approx V_{CC}-I_{CQ}R_E$$

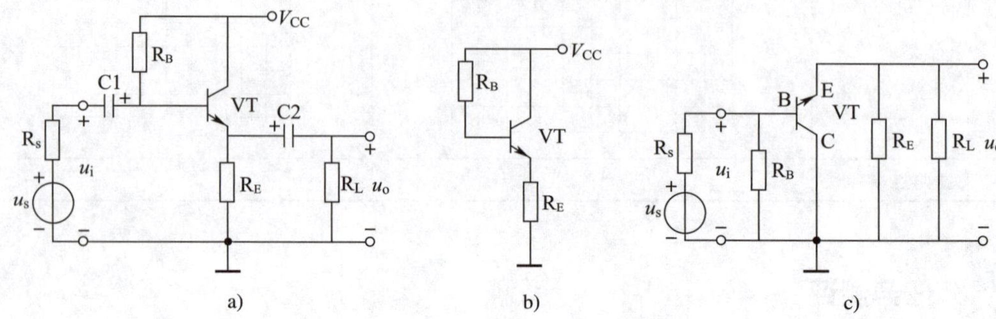

图 2-29 射极输出器

a）电路 b）直流通路 c）交流通路

二、电压放大倍数的估算

由交流通路可知，输出电压 u_o 和输入电压 u_i 及三极管发射结电压 u_{BE} 三者之间有如下关系：

$$u_o=u_i-u_{be}$$

通常 $u_{be}\ll u_i$，可认为 $u_o\approx u_i$，所以射极输出器的电压放大倍数总是小于 1 而且接近于 1。这表明射极输出器没有电压放大作用，但发射极电流是基极电流的 $1+\beta$ 倍，故它有电流放大作用，同时也有功率放大作用。

三、输入电阻和输出电阻的估算

1. 输入电阻的估算

在图 2-29c 中，若不考虑 R_B 的作用，则输入电阻为

$$r_i'=\frac{u_i}{i_B}=\frac{i_Br_{be}+(1+\beta)i_BR_L'}{i_B}$$

$$=r_{be}+(1+\beta)R_L'$$

式中，$R_L'=R_E//R_L$。

若考虑 R_B 的作用，则输入电阻应为

$$r_i=R_B//r_i'=R_B//[r_{be}+(1+\beta)R_L']$$

显然，射极输出器的输入电阻比共射极放大器的输入电阻大得多。

2. 输出电阻的估算

根据输出电阻的定义，由交流通路可得

$$r_o=R_E//\frac{r_{be}+R'_s}{1+\beta}$$

式中 $R'_s=R_s//R_B$，R_s 为信号源内阻，考虑到 $R_B \gg R_s$，所以 $R'_s \approx R_s$，若 $r_{be} \gg R_s$，则上式可简化为

$$r_o \approx R_E//\frac{r_{be}}{1+\beta}$$

若 $R_E \gg \frac{r_{be}}{1+\beta}$，则

$$r_o \approx \frac{r_{be}}{1+\beta}$$

显然，射极输出器的输出电阻比共射极放大器的输出电阻小得多。

四、射极输出器的特点

综合以上分析可知，射极输出器的特点如下：

1. 电压放大倍数小于 1 且接近于 1。
2. 输出电压与输入电压相位相同。
3. 输入电阻大。
4. 输出电阻小。

由于射极输出器的输出电压 u_o 和输入电压 u_i 相位相同且数值近似相等，可近似看作 u_o 随 u_i 的变化而变化，所以射极输出器又称为射极跟随器，或简称射随器。

五、射极输出器的应用

射极输出器具有电压跟随作用和输入电阻大、输出电阻小的特点，且有一定的电流和功率放大作用，因而无论是在分立元件多级放大器还是在集成电路中，都有十分广泛的应用。

1. 用作输入级，因其输入电阻大，可以减轻信号源的负担。
2. 用作输出级，因其输出电阻小，可以提高带负载的能力。
3. 用在两级共射极放大器之间作为隔离级（或称缓冲级），因其输入电阻大，对前级影响小；因其输出电阻小，对后级的影响也小。所以可以有效地提高总的电压放大倍数。

思考与练习

1. 判断图 2-30 所示各电路能否正常放大，并简单说明理由。

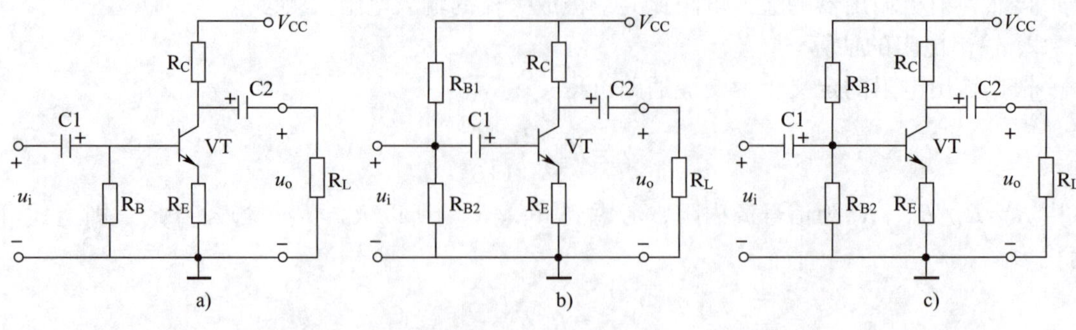

图 2-30　第 1 题图

2. 放大电路如图 2-31a 所示。

(1) 在信号源电压为正弦波时，测得输出波形如图 2-31b～d 所示，说明电路分别产生了什么失真。

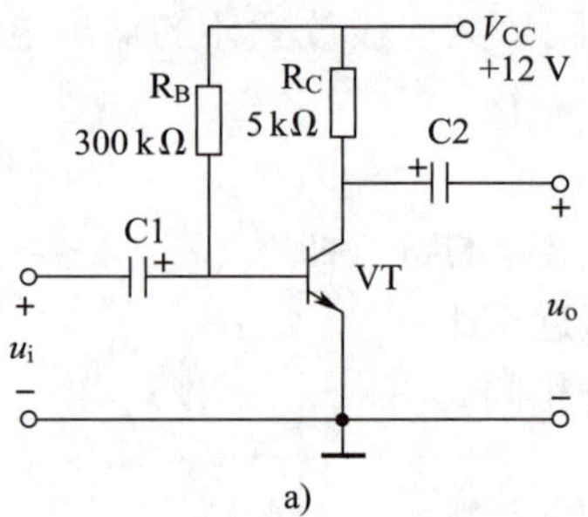

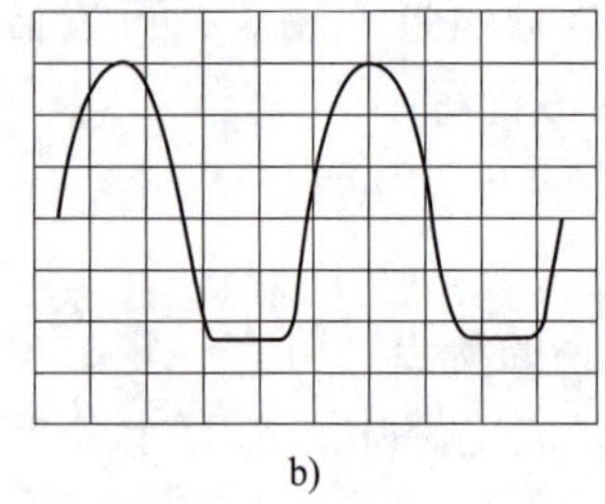
b)

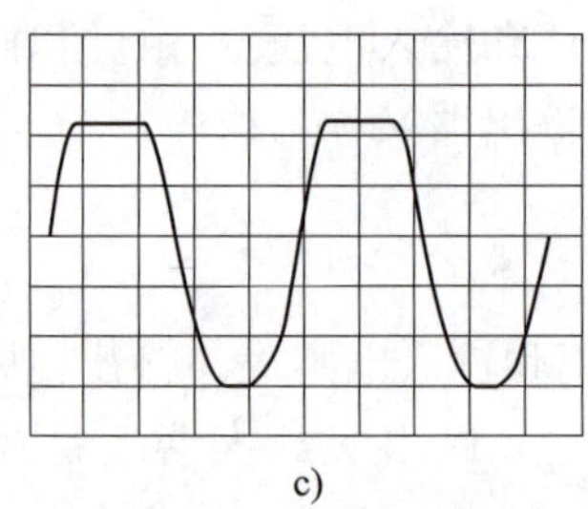
c)

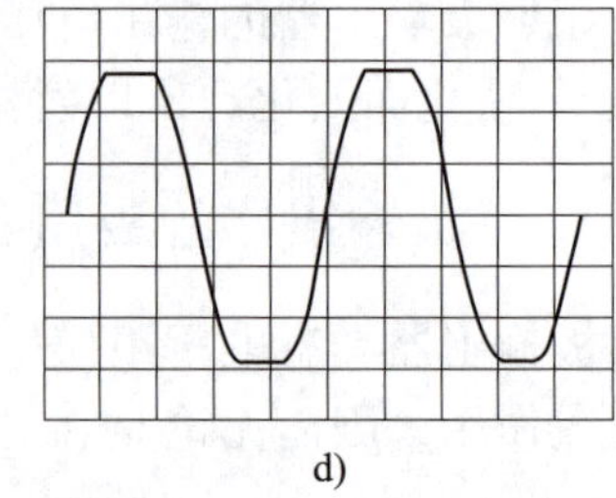
d)

图 2-31　第 2 题图

(2) 改变 R_B 的大小，测得 U_{CEQ} 分别为 5 V、0. 35 V、12 V，估算此时的 I_{CQ} 值，判断电路的工作状态，填入表 2-16。

表 2-16　静态工作点

U_{CEQ}/V	I_{CQ}/mA	判断工作状态
5		
0. 35		
12		

任务 2　两级放大光控灯电路的安装与检测

学习目标

1. 了解多级放大电路的耦合方式和特点。
2. 了解多级放大电路的电压放大倍数、输入电阻、输出电阻、频率特性等基本知识。
3. 能安装与检测两级放大光控灯电路。

任务引入

图 2-15 所示光控灯电路是一个最简单的单级放大电路，放大能力有限，控制效果不够灵敏，如果采用两级放大，其控制性能可得到显著提高。而实际应用的电子设备往往要将一个微弱的电信号放大到几千倍或几万倍，甚至更大，这就需要采用更多级的放大电路。本任务将完成两级放大光控灯电路的安装与检测。

相关知识

多级放大电路由多个单级放大电路连接而成，其组成如图 2-32 所示。多级放大电路的第一级为输入级，也称为前置级；最后一级为输出级，也称为功放级。

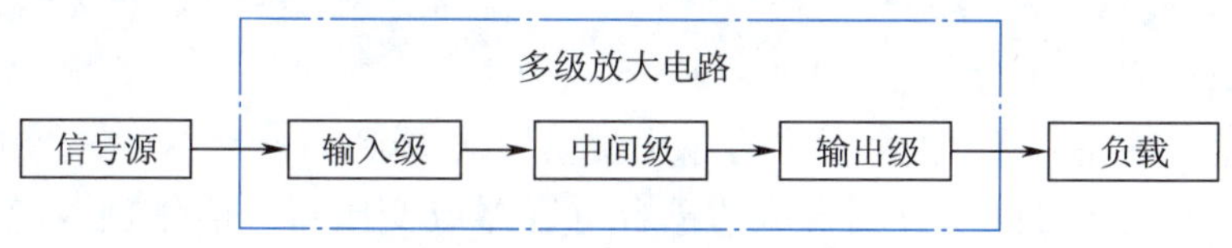

图 2-32　多级放大电路的组成

一、级间耦合方式

多级放大电路中各单级放大电路之间的连接称为耦合。实际应用中，应根据不同放大电路的要求，选择合适的级间耦合方式。

1. 阻容耦合

图 2-33 所示为两级阻容耦合放大电路。第一级的输出信号通过 R_{C1} 和 C2 加到第二级的输入电阻上，即信号是通过电阻和电容传递的，故称为阻容耦合。由于耦合电容的隔直作用，前后级放大器的静态工作点互不影响。但它不适宜传输缓慢变化的直流信号，更不能传输恒定的直流信号。

2. 变压器耦合

图 2-34 所示为变压器耦合的两级放大电路。耦合变压器的作用是隔断前后级的直流

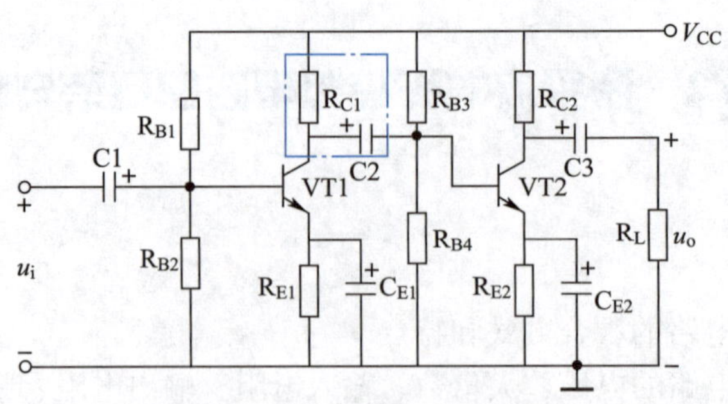

图 2-33　两级阻容耦合放大电路

联系，同时把前级输出的交流信号通过电磁感应传送到后级。此外，在某些放大电路中，还利用耦合变压器在传递信号的同时实现阻抗变换。但它的低频特性较差，不能传输直流信号，而且体积较大，主要应用于调谐放大器或由分立元件组成的功率放大器中。

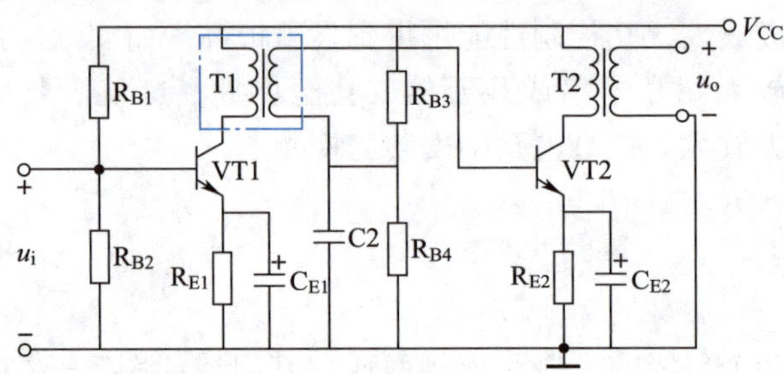

图 2-34　变压器耦合的两级放大电路

3. 直接耦合

直接耦合就是把前一级放大电路的输出端直接连接到后一级放大电路的输入端，如图 2-35 所示。前后级之间没有隔直流的耦合电容器或变压器，信号直接传递，因此它可以放大变化缓慢的信号。但前后级静态工作点相互影响，这给电路的设计、调试带来一定困难。直接耦合便于电路集成化，故在集成电路中得到了广泛应用。

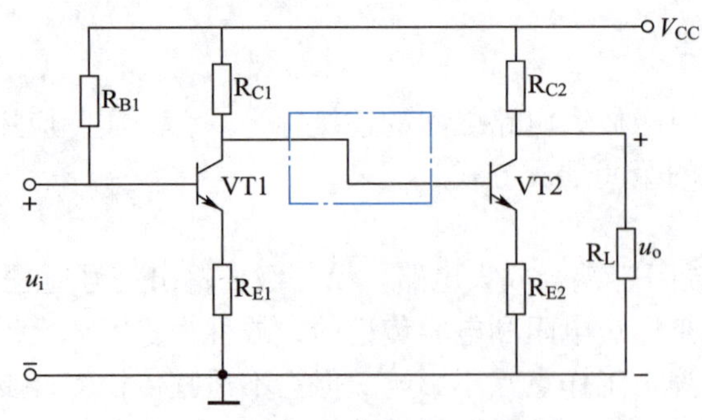

图 2-35　直接耦合放大电路

4. 光电耦合

图 2-36a 所示为光电耦合两级放大电路。它是以光电耦合器为媒介来实现信号的耦合和传输的。光电耦合器简称光耦，其外形如图 2-36b 所示。光耦的基本结构是将光发射器（红外发光二极管）和光敏器（光敏三极管）的芯片封装在同一外壳内。当输入端加电信号时，光发射器发出光信号，光敏器接收后又转换成电信号输出，从而实现了电→光→电信号的转换和传输，并在电气上完全隔离。光电耦合既可传输交流信号又可传输直流信号，而且抗干扰能力强，易于实现集成化。

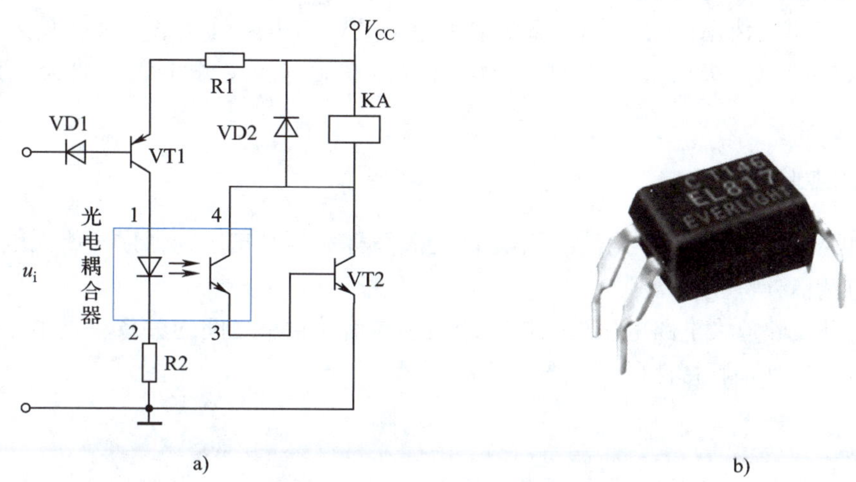

图 2-36　光电耦合两级放大电路及光耦外形

a）光电耦合两级放大电路　b）光耦外形

二、电压放大倍数和输入、输出电阻

1. 电压放大倍数

下面以三级放大电路为例，用图 2-37 所示框图来说明总的电压放大倍数与各级电压放大倍数的关系。

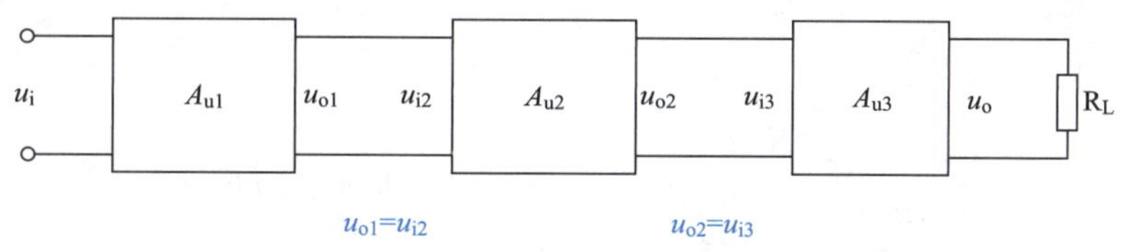

图 2-37　三级放大电路框图

第一级电压放大倍数为 $A_{u1}=\dfrac{u_{o1}}{u_i}$，第二级电压放大倍数为 $A_{u2}=\dfrac{u_{o2}}{u_{o1}}$，第三级电压放大倍数为 $A_{u3}=\dfrac{u_o}{u_{o2}}$。

多级放大电路总的电压放大倍数为

$$A_u=\frac{u_o}{u_i}=\frac{u_o}{u_{o2}}\frac{u_{o2}}{u_{o1}}\frac{u_{o1}}{u_i}=A_{u1}A_{u2}A_{u3}$$

即多级放大电路总的电压放大倍数等于各单级放大电路电压放大倍数的乘积。但必须注意，计算各单级放大电路的电压放大倍数时应考虑后一级放大电路对前一级放大电路的负载效应。

2. 输入电阻和输出电阻

由图 2-37 所示框图可以看出，多级放大电路的输入电阻就是第一级（输入级）放大电路的输入电阻，多级放大电路的输出电阻就是最后一级（输出级）放大电路的输出电阻。

三、频率特性

放大电路电压放大倍数与信号频率之间的关系称为频率响应，也称为放大电路的频率特性。它包括幅频特性和相频特性。

幅频特性反映放大电路电压放大倍数的大小与信号频率之间的关系。以单级阻容耦合放大电路为例，其幅频特性曲线如图 2-38a 所示。

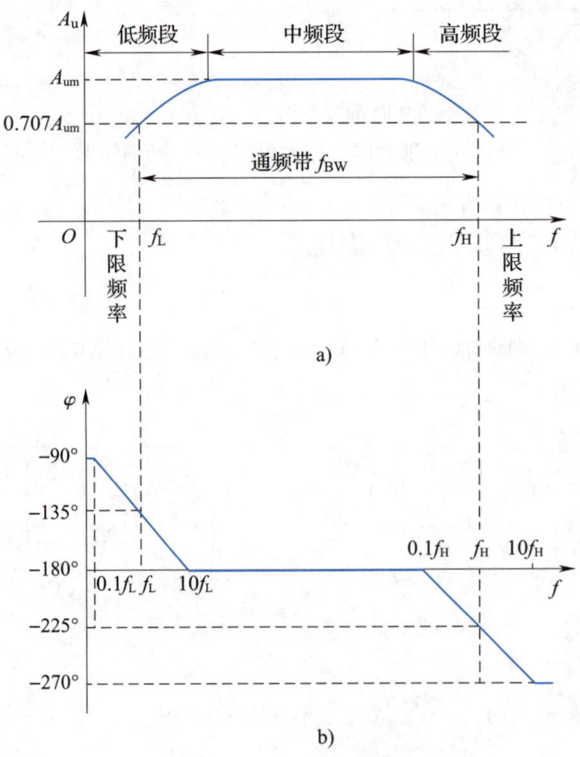

图 2-38　单级阻容耦合放大电路的频率特性

a）幅频特性曲线　b）相频特性曲线

放大倍数基本相同的一段频率范围称为中频段。频率过高或者过低都会使放大倍数下降，当放大倍数下降到中频段的$\frac{1}{\sqrt{2}}$（约 0.707）时所对应的低端频率称为下限频率，用f_L表示；所对应的高端频率称为上限频率，用f_H表示。在f_H和f_L之间的频率范围称为通频带（简称通带），用f_{BW}表示，即

$$f_{BW}=f_H-f_L$$

在集成电路中，一般都采用直接耦合方式，其下限频率趋于零，因此通频带为f_H。

放大电路输出电压与输入电压之间的相位差也与信号频率有关，称为相频特性。以单级阻容耦合放大电路为例，其相频特性曲线如图 2-38b 所示。

当两个单级放大电路连接成一个多级放大电路时，根据$A_u=A_{u1}\times A_{u2}$的关系可知，中频段电压放大倍数的$\frac{1}{\sqrt{2}}$所对应的下限频率f_L将升高，上限频率f_H将降低，因此通频带变窄（图 2-39）。

由于放大电路对不同频率分量放大倍数不同而引起的输出信号波形失真，称为幅度失真；由于不同频率分量产生不同附加相移而引起的失真称为相位失真。幅度失真和相位失真总称为频率失真。显然，为了避免频率失真，放大电路必须有与信号频率相适应的通频带。

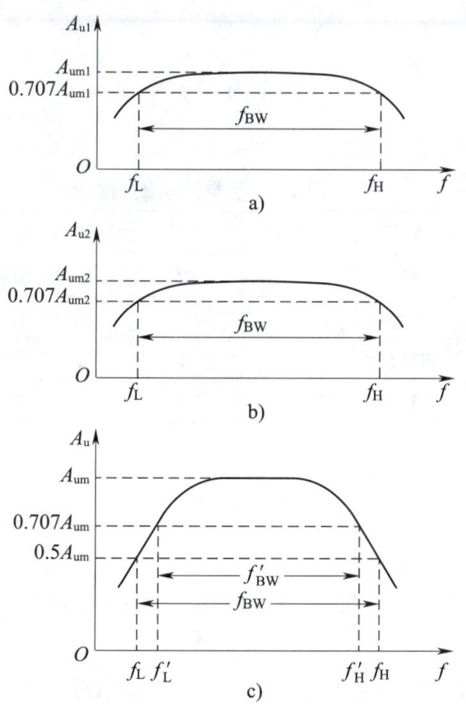

图 2-39　单级和两级放大电路的幅频特性（设两个放大电路通频带相同）
a）第一级放大电路的幅频特性　b）第二级放大电路的幅频特性
c）两级放大电路的幅频特性

任务实施

一、识读电路

两级放大光控灯电路如图 2-40 所示。

该电路为采用直接耦合方式的两级放大电路，而且都是采用的分压式偏置方式。电路中 R_G 为光敏电阻器，有光照时阻值小，无光照时阻值大。

当有光照射在光敏电阻器上时，R_G 的阻值小（几千欧），R_G 上分得的电压少，R1 上分得的电压多，使 VT1 饱和导通，导致 VT2 基极电位较低，VT2 处于截止状态，发光二极管不亮。

当无光照射在光敏电阻器上时，R_G 的阻值增大（达几百千欧），VT1 的基极电位降低，VT1 趋向截止状态，集电极电位升高，VT2 基极电位也升高，VT2 进入放大工作状态，使发光二极管发光。

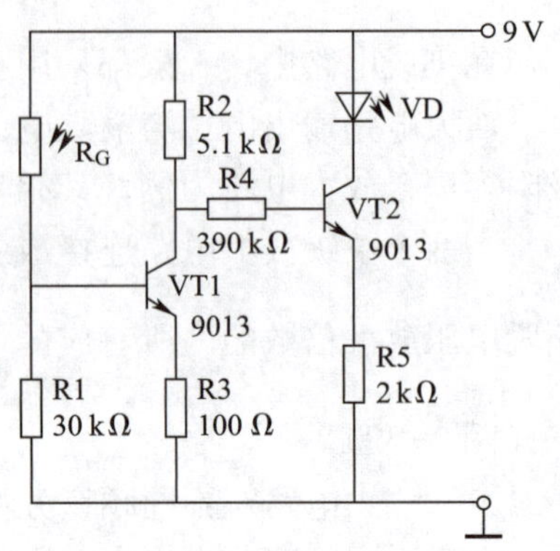

图 2-40　两级放大光控灯电路

二、准备器材

直流稳压电源一台，万用表一个，常用电子组装工具一套。本任务所需元器件明细表见表 2-17。

表 2-17　元器件明细表

代号	名称	规格	数量	代号	名称	规格	数量
VT1、VT2	三极管	9013 或 3DG6	2	R3	碳膜电阻器	100 Ω	1
R_G	光敏电阻器	5516	1	R4	碳膜电阻器	390 kΩ	1
R1	碳膜电阻器	30 kΩ	1	R5	碳膜电阻器	2 kΩ	1
R2	碳膜电阻器	5. 1 kΩ	1	VD	发光二极管	ϕ5 mm	1

三、检测元器件

1. 检测光敏电阻器。

（1）将万用表置于“R×1 k”挡，测光敏电阻器有光照时的阻值（亮阻），亮阻 R_G = ________ kΩ。

（2）将万用表置于“R×10 k”挡，测光敏电阻器无光照时（可用黑胶布套住光敏电阻器受光面）的阻值（暗阻），暗阻 R_G = ________ kΩ。

一般情况下，当亮阻约为几千欧，暗阻大于几百千欧时，该光敏电阻器视为正常。

2. 检测电路中使用的其他元器件。

四、安装调试

1. 参考图 2-41 所示两级放大光控灯电路安装实物图安装电路。

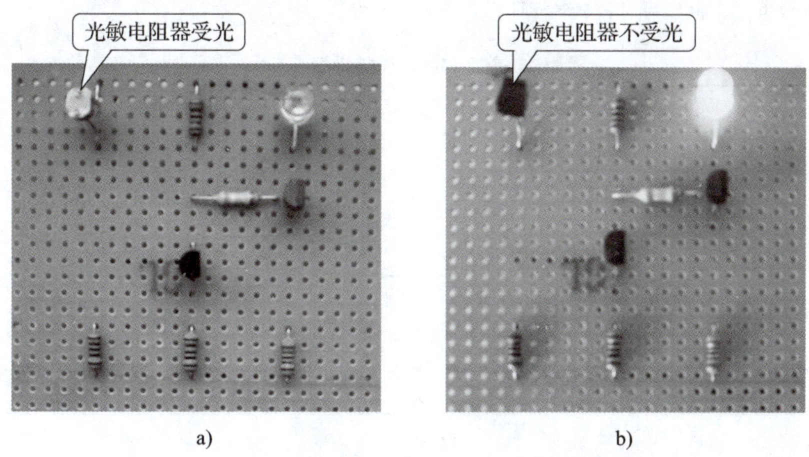

图 2-41　两级放大光控灯电路安装实物图
a）光敏电阻器受光时　b）光敏电阻器不受光时

2. 焊接完成并经检查确认无误后，接通 9 V 直流电源。

（1）在光敏电阻器 R_G 有光照的情况下：

1）观察发光二极管 VD 的工作状态。

2）检测电路相应的电压值，并根据所测电压值，判断 VT1、VT2 的工作状态。估算 R_G 两端电压值，记入表 2-18。

（2）在光敏电阻器 R_G 无光照的情况下：

1）观察发光二极管 VD 的工作状态。

2）检测电路相应的电压值，并判断三极管的工作状态，估算 R_G 两端的电压值，记入表 2-18。

3）将 R4 短接，重复第 2)步。

表 2-18　光控灯电路测试记录

电路状态	U_{B1}/V	U_{CE1}/V	VT1 工作状态	U_{B2}/V	U_{CE2}/V	VT2 工作状态	R_G 两端电压/V
有光照							
无光照（R_4 = 390 kΩ）							
无光照（R4 短接）							

任务测评

按表 2-19 所列项目进行任务测评，将结果填入表中。

表 2-19　测评记录

序号	考核项目	考核分值	考核得分
1	检测光敏电阻器	2	
2	按工艺要求安装电路	2	
3	检测电路相应的电压值	2	
4	判断 VT1、VT2 的工作状态	2	
5	完成表 2-18 的测试记录	2	
合计		10	

知识拓展

光电开关的应用

光电开关通常由红外发光二极管和光敏三极管组成，适用于各种光电控制、扫描定位等自动控制系统。光电开关大致可分为透过型和反射型两大类。图 2-42 所示为 GP2S22 反射型光电开关，可用来检测发光元器件（如 LED）的反射光是否受到阻挡。

图 2-43 所示为用 GP2S22 反射型光电开关实现的门防盗报警器电路。

光敏电阻器 R_G 与光敏三极管并联。白天光敏电阻器阻值小，三极管 VT1 导通，VT2 截止，压电蜂鸣器 B 不会发声。夜间，门被打开时，反射光被遮断，光敏三极管处于截止状态，三极管 VT1 也处于截止状态，VT2 基极电位上升，变为导通状态，压电蜂鸣器 B 发出报警声。

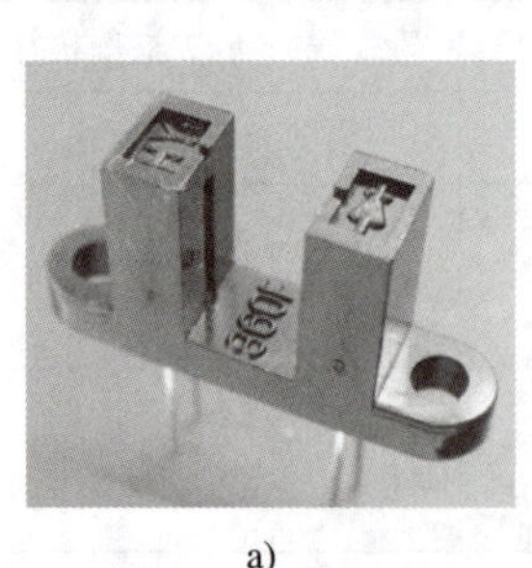

a)

红外发光二极管　光敏三极管

反射物

b)

图 2-42　GP2S22 反射型光电开关

a）外形　b）原理图

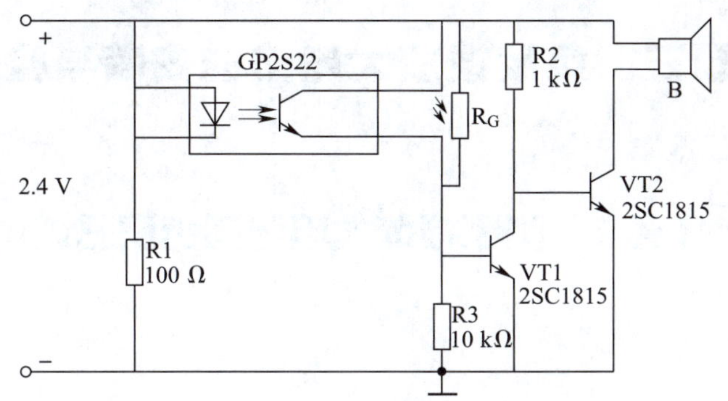

图 2-43　用 GP2S22 反射型光电开关实现的门防盗报警器电路

思考与练习

1. 在图 2-15 所示单级光控灯电路中，光敏电阻 R_G 用作放大电路的下偏置电阻，但是在图 2-40 所示的两级放大光控灯电路中，R_G 用作放大电路的上偏置电阻，这是为什么？

2. 根据图 2-44 回答下列问题：

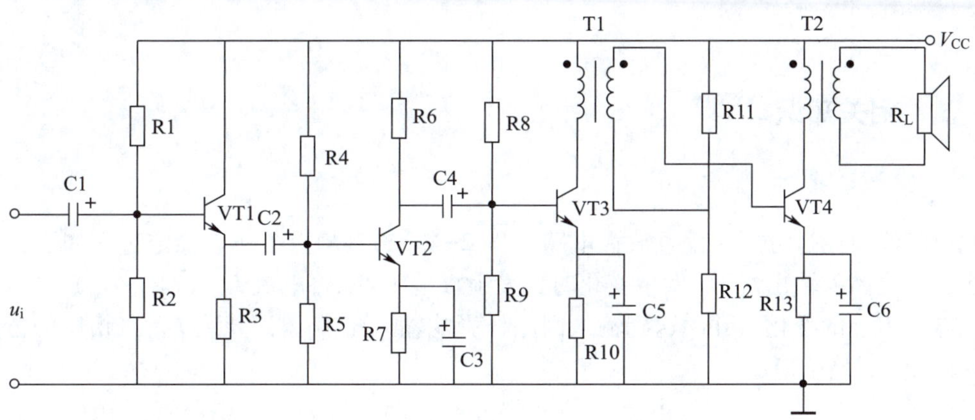

图 2-44　第 2 题图

（1）电路由几级放大器构成？

（2）各级之间采用何种耦合方式？

（3）各级放大器分别采用哪类偏置电路？

课题三　负反馈放大电路的安装与检测

任务1　负反馈放大电路的仿真分析

学习目标

1. 掌握反馈的概念，能正确判断反馈类型。
2. 掌握负反馈对放大电路性能的影响。
3. 能使用 Multisim 软件分析负反馈放大电路。

任务引入

反馈是改善放大电路性能的重要手段，也是自动控制系统中的重要环节，实际应用电路中几乎都要引入不同类型的反馈。

本任务将利用 Multisim 软件，对基本放大电路和负反馈放大电路的性能指标进行分析和比较。

相关知识

一、反馈的概念

此前已经讨论过分压式偏置放大电路（图 2-45），其静点工作点稳定过程如下：

当放大电路的输出量 I_{CQ} 发生变化时，发射极电阻 R_E 将电流 I_{EQ}（$I_{EQ} \approx I_{CQ}$）的变化量转换成电压 U_{EQ} 的变化，并回送到输入回路，影响输入量 U_{BEQ}，导致 I_{BQ} 向相反的方向变化，从而使 I_{CQ} 趋于稳定。

像这样将输出量（电压或电流）的一部分或全部通过一定的电路形式送回到输入回路，并对输入量产生影响的过程称为反馈。

引入了反馈的放大电路称为反馈放大电路，它由基本放大电路和反馈电路（反馈网络）两部分组成。图 2-46 所示为反馈放大电路框图。图中⊗称为比较环节，将输入量与反馈量相加，形成基本放大电路的净输入量，加到基本放大电路的输入端，而反馈量则由基本放大电路的输出端取出，经过反馈电路回送到输入端。基本放大电路可以是单级，也可以是多级，或是集成放大电路；反馈电路可以由电阻、电容、电感、三极管等元器件组成。反馈电路与基本放大电路组成一个闭环系统，所以把引入反馈的放大电路称为闭环放大电路，而未引入反馈的放大电路则称为开环放大电路。

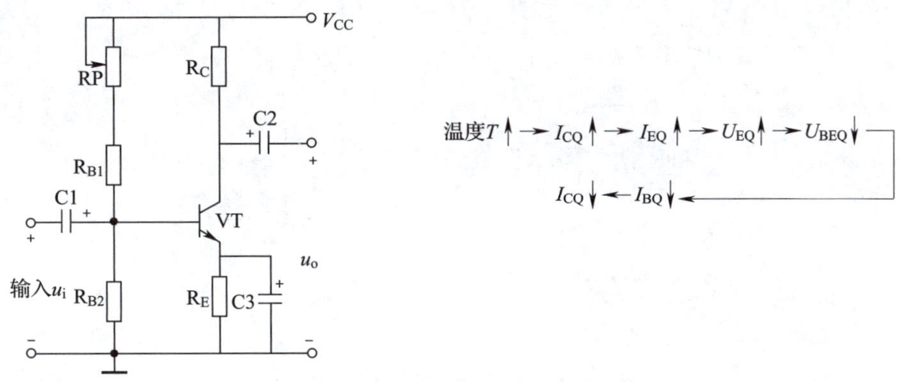

图 2-45　分压式偏置放大电路

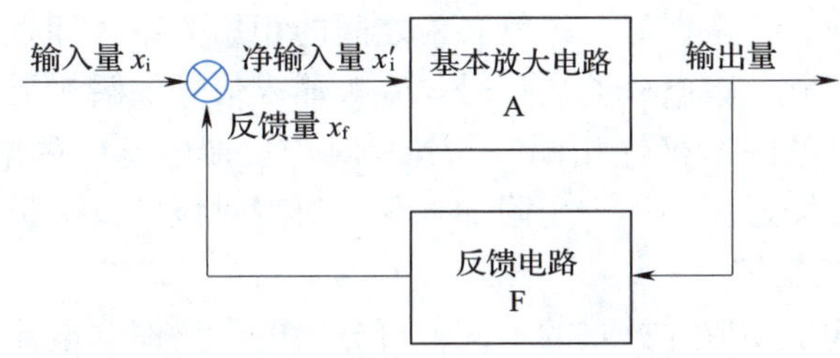

图 2-46　反馈放大电路框图

二、反馈的类型

1. 正反馈和负反馈

根据反馈极性的不同，可将反馈分为正反馈和负反馈。使放大电路净输入量增大的反馈称为正反馈，使放大电路净输入量减小的反馈称为负反馈，如图 2-47 所示。放大电路中主要采用负反馈，正反馈多用于振荡电路中。

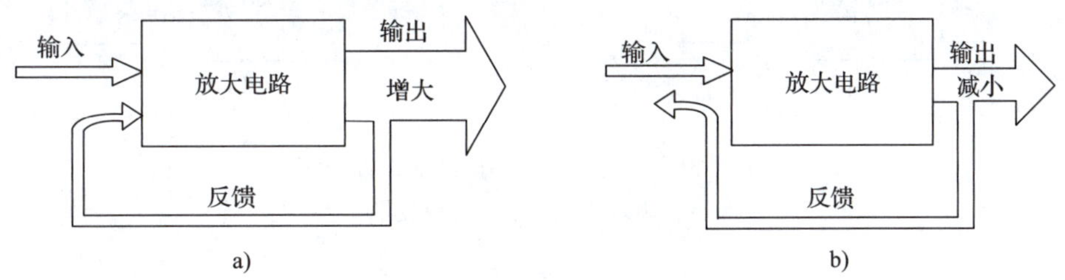

图 2-47　反馈极性的判断

a）正反馈　b）负反馈

判别反馈极性通常采用瞬时极性法。假设加到三极管基极的输入信号瞬时极性为“+”，若送回基极的反馈信号瞬时极性为“⊖”，则为负反馈；反之，则为正反馈，如图 2-48a 所示。若送到发射极的反馈信号瞬时极性为“⊕”，则为负反馈；反之，则为正反馈，如

图 2-48b 所示。

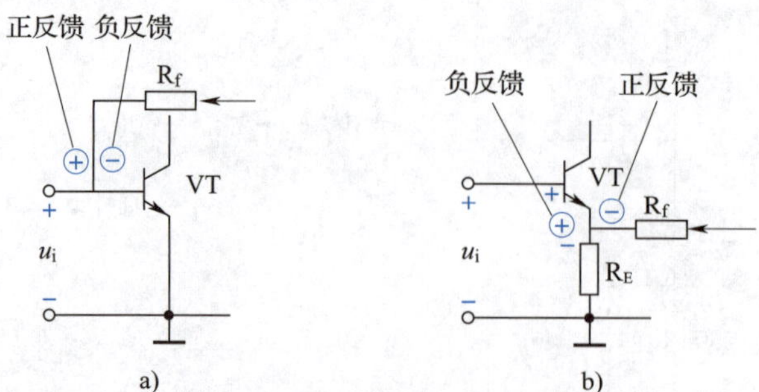

图 2-48　判断反馈极性的一般方法

a）反馈加到基极　b）反馈加到发射极

在运用瞬时极性法时要掌握好三极管各极之间的相位关系，即发射极输出信号与基极输入信号的瞬时极性相同，集电极输出信号与基极输入信号的瞬时极性相反，集电极输出信号与发射极输入信号的瞬时极性相同。此外，对于反馈电路中的电阻、电容等元器件，一般认为它们在信号传输过程中不产生附加相移，对瞬时极性没有影响。

2. 电压反馈和电流反馈

根据反馈信号从输出端取样方式的不同，可分为电压反馈与电流反馈。如果反馈信号取自放大电路的输出电压，称为电压反馈；如果反馈信号取自放大电路的输出电流，称为电流反馈。电压反馈的取样环节与放大电路输出端并联，电流反馈的取样环节与放大电路输出端串联，如图 2-49 所示。

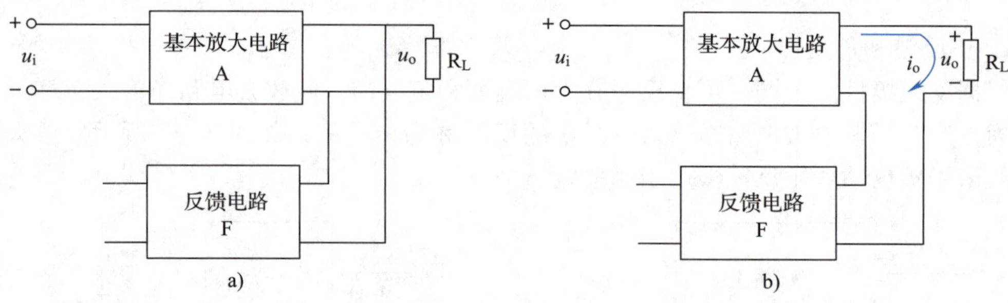

图 2-49　反馈电路在输出端的取样分析

a）电压反馈　b）电流反馈

判别电压反馈与电流反馈可采用输出短路法，即将负载短路，使输出电压为零，若反馈信号也为零，则为电压反馈，否则便是电流反馈。

3. 串联反馈和并联反馈

根据反馈信号与输入信号连接方式（也称比较方式）的不同，可分为串联反馈与并联反馈。如果反馈信号在输入端是与输入信号串联的称为串联反馈，如果反馈信号在输入端是与输入信号并联的称为并联反馈，如图 2-50 所示。在串联反馈中，反馈信号以电压形式出现，净输入电压 $u_i'=u_i-u_f$；在并联反馈中，反馈信号以电流形式出现，净输入电流 $i_i'=i_i-i_f$。一般当放大电路的输入信号由内阻很低的电压源提供时，应采用串联反馈；当放大电路的输入信号由内阻很高的电流源提供时，应采用并联反馈。

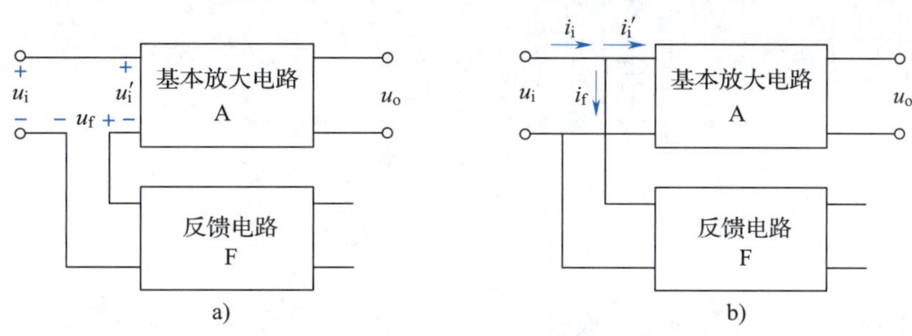

图 2-50　反馈信号与输入信号的连接方式

a）串联反馈　b）并联反馈

判别串联反馈与并联反馈可采用输入短路法，即将输入端短路，如反馈信号同时被短路，即净输入信号为零，则为并联反馈；否则为串联反馈。也可以从反馈电路在输入端的连接方式来判别，若输入信号和反馈信号分别从不同端引入，为串联反馈；若二者从同一端引入则为并联反馈。例如，图 2-50a 所示为串联反馈，图 2-50b 所示则为并联反馈。

4. 直流反馈与交流反馈

如果反馈量只含有直流量，称为直流反馈；如果反馈量只含有交流量，称为交流反馈。在分压式偏置放大电路中，如果发射极电阻 R_E 接有交流旁路电容，则 R_E 只对直流量有反馈作用，而对交流量没有反馈作用，即引入的是直流反馈。如果去掉交流旁路电容，则 R_E 引入的就是交、直流反馈。

直流负反馈主要用于稳定放大电路的静态工作点，交流负反馈可以改善放大电路的动态特性。

三、反馈类型的判别

根据反馈电路与基本放大电路连接方式的不同，负反馈放大电路有四种基本类型，即电压串联负反馈、电流串联负反馈、电压并联负反馈和电流并联负反馈。

【例 2-2】 判断图 2-51 所示电路的反馈类型。

解： 1. 先看输出端，判别是电压反馈还是电流反馈。

当输出端被分别短路后，图 2-51a 所示电路中 u_f 即消失，图 2-51b 所示电路中 i_{E2} 和 i_f 却依然存在，所以图 2-51a 所示电路是电压反馈，图 2-51b 所示电路是电流反馈。

2. 再看输入端，判别是串联反馈还是并联反馈。

图 2-51a 所示电路中，净输入 $u_i'=u_i-u_f$，当输入端短路后，u_f 依然存在，所以是串联反馈。图 2-51b 所示电路中，净输入 $i_i'=i_i-i_f$，当输入端短路后，净输入为零，所以是并联反馈。

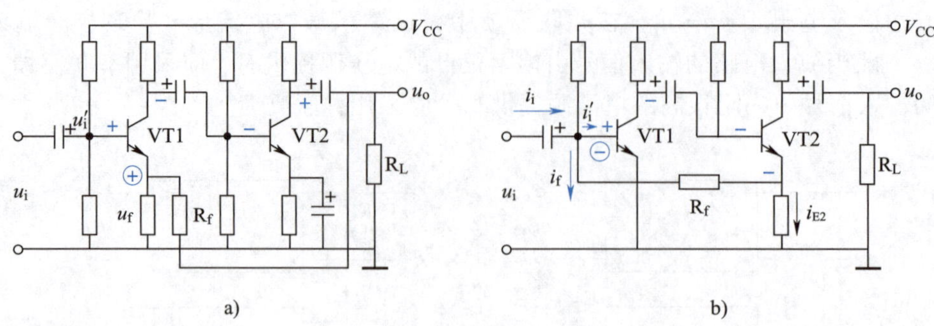

图 2-51　判断反馈类型

3. 最后用瞬时极性法判别反馈极性。

假设输入信号 u_i 瞬时极性为“+”，依信号流向标出各点极性，可知图 2-51a 所示电路中反馈到发射极的信号 u_f 极性为“⊕”，净输入 u_i'为 u_i 与 u_f 同极性相减，即 $u_i'=u_i-u_f$，净输入量减小，所以是负反馈。在图 2-51b 所示电路中，反馈到基极的信号极性为“⊖”，i_f 增大，净输入 i_i' 减小，所以也是负反馈。

综上所述，图 2-51a 电路中 R_f 引入的是电压串联负反馈，图 2-51b 电路中 R_f 引入的是电流并联负反馈。

四、负反馈对放大电路性能的影响

1. 放大倍数下降，但稳定性能提高

为了便于分析，假设负反馈放大电路工作于中频段，信号无附加相移。图 2-52 所示为负反馈放大电路框图，图中 A 为基本放大电路，F 为负反馈电路。x_i 为输入量，x_f 为反馈量，x_i'为净输入量，x_o 为输出量。

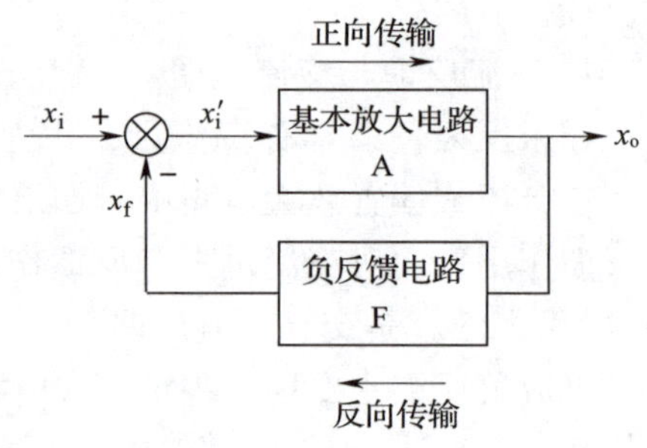

图 2-52　负反馈放大电路框图

基本放大电路的放大倍数称为开环放大倍数，用 A 表示。

$$A=\frac{x_o}{x_i'}$$

反馈量与输出量的比值称为反馈系数，用 F 表示。

$$F=\frac{x_f}{x_o}$$

负反馈放大电路的放大倍数称为闭环放大倍数，用 A_f 表示，由图可得

$$A_f=\frac{A}{1+AF}$$

由上式可知，引入负反馈后，放大电路的闭环放大倍数 A_f 衰减为开环放大倍数 A 的 $\frac{1}{1+AF}$。通常将 $1+AF$ 称为反馈深度。当（$1+AF$）≫1 时，称为深度负反馈。此时：

$$A_f \approx \frac{1}{F}$$

上式表明，在深度负反馈条件下，放大电路的闭环放大倍数已与开环放大倍数无关，它不再受放大电路各种参数的影响，而只由反馈系数 F 决定。此时，只要采用高稳定性的反馈元件，闭环放大倍数 A_f 也就能获得很高的稳定性。

2. 减小了非线性失真

当放大电路输入正弦信号时，由于三极管的输入与输出非线性特性，有可能使放大电路输出信号的波形正、负半周期幅度不一致，即产生非线性失真，如图 2-53a 所示。

图 2-53a 所示是没有负反馈的情况，输出的失真波形正半周期大，负半周期小。引入负反馈后如图 2-53b 所示，负反馈信号 u_f 与输入信号 u_i 进行叠加后使净输入信号 u_i'正半周期小，负半周期大。这样的预失真信号经过放大后恰好得到补偿，使输出信号正、负半周期幅度接近相等，从而减小了非线性失真。应当注意的是，引入负反馈并不能彻底消除非线性失真。此外，如果输入信号本身就有失真，引入负反馈也无法改善，因为负反馈所能改善的只是放大电路所引起的非线性失真。

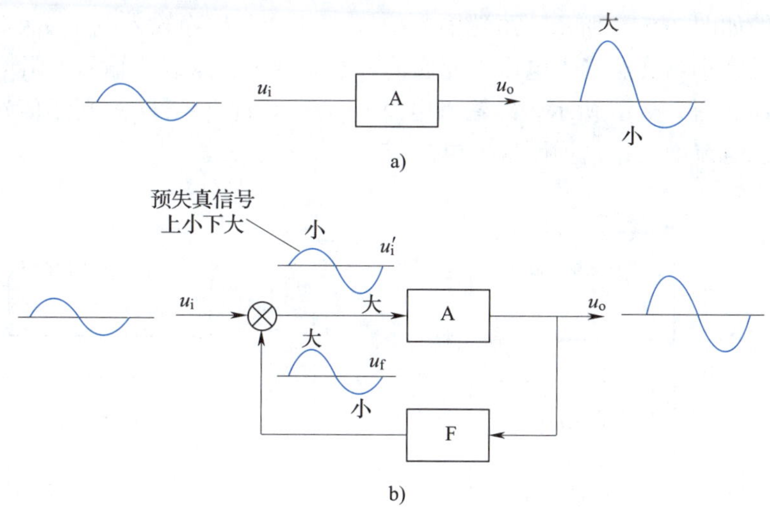

图 2-53 负反馈减小非线性失真

a）输出信号产生非线性失真 b）引入负反馈减小输出信号非线性失真

3. 拓宽了通频带

放大电路引入负反馈后，放大倍数下降，但放大倍数的稳定性得以提高，由于频率不同而引起的放大倍数的变化也因此而减小。在不同频段的放大倍数下降幅度不同，中频段原放大倍数最大，但反馈信号也相应较大，所以放大倍数下降较多；而在高频段和低频段，由于原放大倍数较小，反馈信号相应较小，所以放大倍数下降也较小，结果使放大电路的幅频特性趋于平缓，即通频带拓宽了（图 2-54）。

可以证明：

$$f_{BWf}=(1+AF)f_{BW}$$

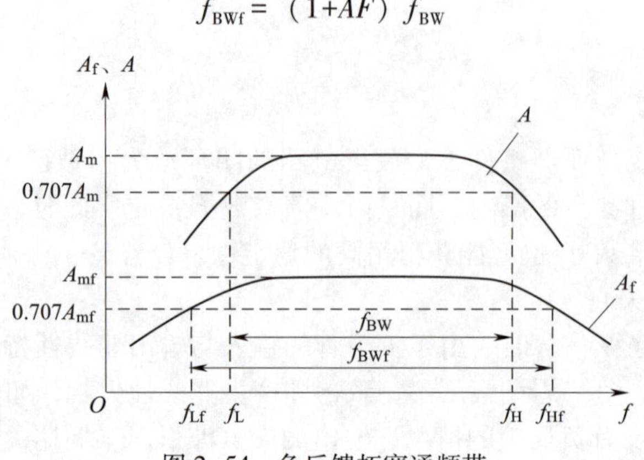

图 2-54　负反馈拓宽通频带

4. 改变了放大电路的输入、输出电阻

（1）对输入电阻的影响

负反馈对放大电路输入电阻的影响取决于反馈信号在输入端的连接方式。串联负反馈使输入电阻增大，并联负反馈使输入电阻减小。

串联负反馈如图 2-55a 所示，虽然输入信号 u_i 不变，但净输入电压 $u_i'=u_i-u_f$ 减小了，输入电流也随之减小。既然输入电压不变而输入电流减小，这说明输入电阻增大了。

并联负反馈如图 2-55b 所示，净输入电流 $i_i'=i_i-i_f$，即 $i_i=i_i'+i_f$。既然信号电压不变而信号源提供的总电流增大，这说明输入电阻减小了。

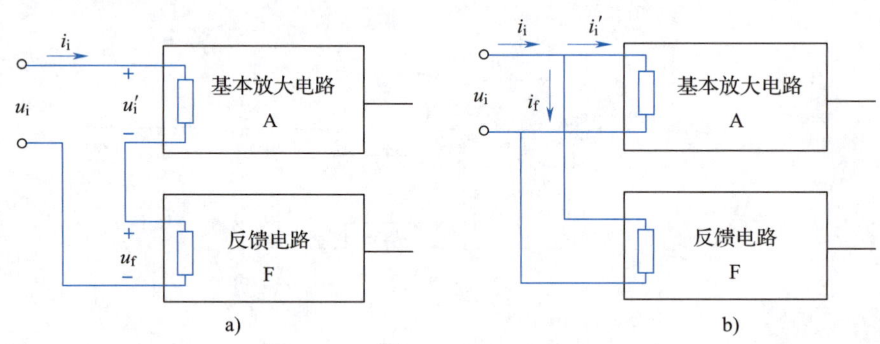

图 2-55　负反馈对输入电阻的影响

a）串联负反馈　b）并联负反馈

（2）对输出电阻的影响

负反馈对放大电路输出电阻的影响取决于反馈信号从输出端取样的方式。电压负反馈使输出电阻减小，电流负反馈使输出电阻增大。

电压负反馈具有稳定输出电压的作用，即当负载变化时，输出电压的变化很小，这相当于输出端等效电源的内阻减小了，也就是输出电阻减小了。

电流负反馈具有稳定输出电流的作用，即当负载变化时，输出电流的变化很小，这相当于输出端等效电源的内阻增大了，也就是输出电阻增大了。

五、深度负反馈

放大电路中引入的负反馈大多为深度负反馈，掌握深度负反馈的特点，会对负反馈放大电路的分析和计算带来很大方便。

如前所述，当（1+*AF*）≫1 时，称为深度负反馈，此时闭环放大倍数为

$$A_f \approx \frac{1}{F}$$

由于

$$F=\frac{x_f}{x_o}$$

所以

$$A_f \approx \frac{1}{F}=\frac{x_o}{x_f}$$

又由于

$$A_f=\frac{x_o}{x_i}$$

说明 $x_i \approx x_f$，并有 $x_i'=x_i-x_f \approx 0$。

可见深度负反馈的实质是在近似分析中可忽略净输入量。当引入深度串联负反馈时，可忽略净输入电压 u_i'，即

$$u_i \approx u_f$$

当引入深度并联负反馈时，可忽略净输入电流 i_i'，即

$$i_i \approx i_f$$

通常将忽略净输入电压称为虚拟短路，简称“虚短”；将忽略净输入电流称为虚拟断路，简称“虚断”。利用“虚短”和“虚断”特性，可以大大简化对深度负反馈放大电路放大倍数的计算。

任务实施

一、构建仿真电路并进行仿真测量

打开 Multisim14. 0 软件，建立带电压串联负反馈的两级阻容耦合放大电路，如图 2-56 所示。首先调节静态工作点，调节 RP 使 VT2 集电极对地电位为 5. 9 V 左右，然后在输入端接入频率为 1 kHz、幅度为 50 mV 的正弦波信号，用示波器观察输出为不失真的放大信号后，在 U_s、U_i、U_o 端并接数字式万用表，分别测量闭环状态下空载和有载时输入、输出电压的有效值，如图 2-57、图 2-58 所示。

在分析反馈电路对放大电路性能的影响时，需要测量基本放大电路的动态参数，大多数仿真分析只是简单地断开反馈电路，但是要实现无反馈而得到基本放大电路动态参数的方法是要去掉反馈作用，还要考虑反馈电路的影响（负载效应），这里采用的方法如下：

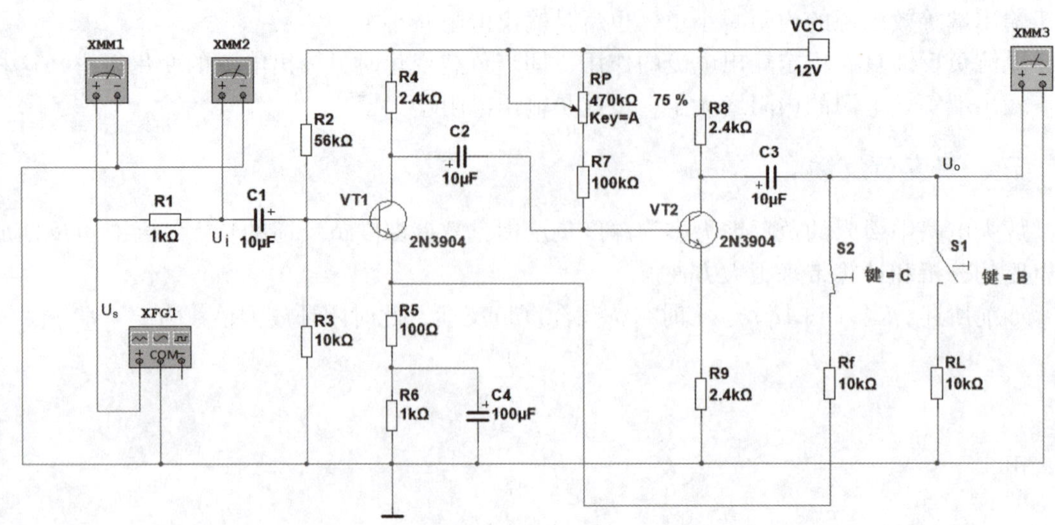

图 2-56　带电压串联负反馈的两级阻容耦合放大电路

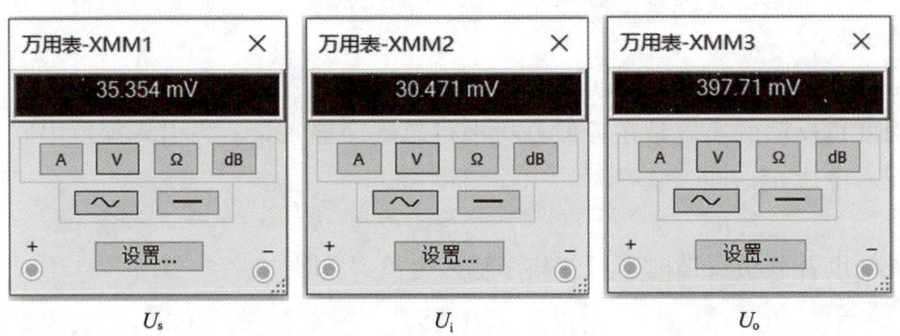

图 2-57　闭环状态下空载时输入、输出电压的有效值

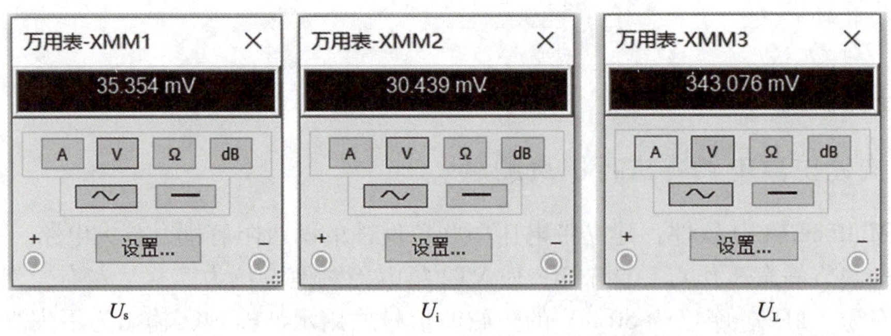

图 2-58　闭环状态下有载时输入、输出电压的有效值

1. 对于输入回路，由于是电压负反馈，因此将负反馈放大电路的输出端交流短路，令 $U_o=0$，此时 R_f 相当于并联在 R5 上。

2. 对于输出回路，由于输入端是串联负反馈，因此将负反馈放大电路的输入端（VT1

的发射极）开路，此时相当于 R_f+R_5（即图 2-59 中 $R_{f1}+R_{10}$）并接在输出端。

根据以上分析，得到图 2-59 所示的基本放大电路（这时基本放大电路处于开环状态）。采用与闭环时相同的测试方法，可以分别测量出开环状态下空载和有载时输入、输出电压的有效值，如图 2-60、图 2-61 所示。

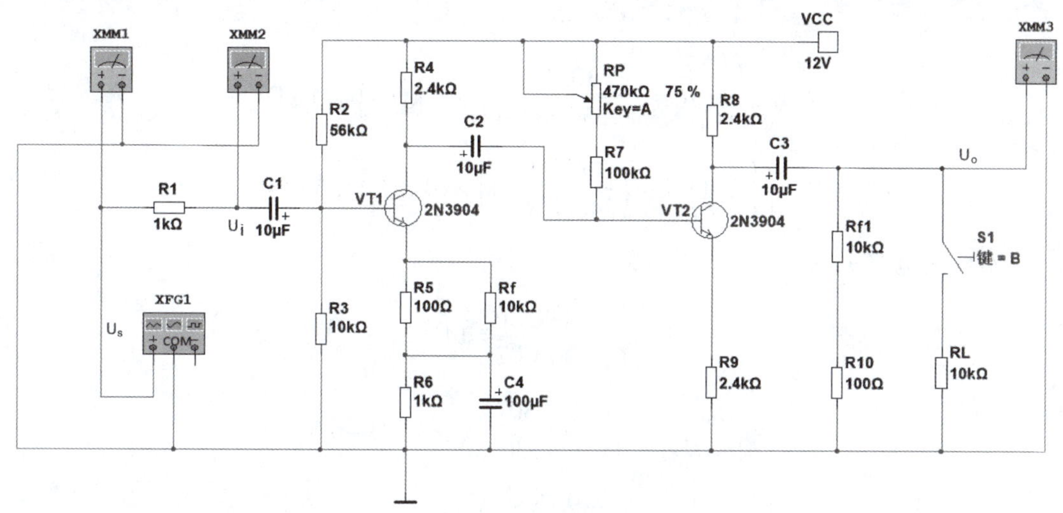

图 2-59　基本放大电路

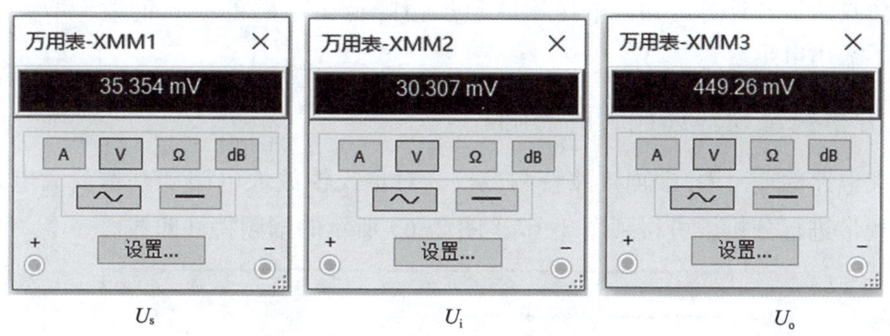

图 2-60　开环状态下空载时输入、输出电压的有效值

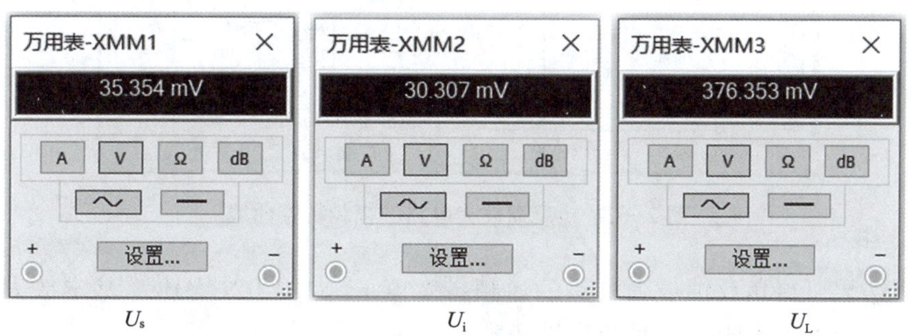

图 2-61　开环状态下有载时输入、输出电压的有效值

二、计算放大倍数和输入、输出电阻

负反馈放大电路：

$$A_u=\frac{U_o}{U_i}=\frac{397.71}{30.471}=13.05$$

$$R_i=\frac{U_i}{U_s-U_i}R_1=\frac{30.471}{35.354-30.471}\times 1\ \text{k}\Omega=6.24\ \text{k}\Omega$$

$$R_o=\left(\frac{U_o}{U_L}-1\right)R_L=\left(\frac{397.71}{343.076}-1\right)\times 10\ \text{k}\Omega=1.59\ \text{k}\Omega$$

基本放大电路：

$$A_u=\frac{U_o}{U_i}=\frac{449.26}{30.307}=14.82$$

$$R_i=\frac{U_i}{U_s-U_i}R_1=\frac{30.307}{35.354-30.307}\times 1\ \text{k}\Omega=6\ \text{k}\Omega$$

$$R_o=\left(\frac{U_o}{U_L}-1\right)R_L=\left(\frac{449.26}{376.353}-1\right)\times 10\ \text{k}\Omega=1.94\ \text{k}\Omega$$

根据仿真测量和计算可知，电压串联负反馈降低了电路的放大倍数，增大了输入电阻，减小了输出电阻。

三、分析负反馈对通频带的影响

在放大电路的 U_i、U_o 端连接波特测试仪，对负反馈放大电路和基本放大电路负载开路时的通频带进行分析，可得到图 2-62、图 2-63 所示的幅频特性曲线。

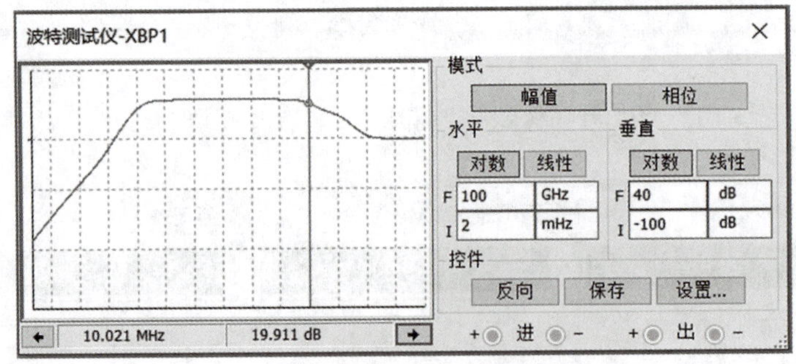

图 2-62　负反馈放大电路的幅频特性曲线

由仿真结果可得负反馈放大电路的通频带宽度 $f_{BW}=10.021$ MHz，基本放大电路的通频带宽度 $f_{BW}=9.086$ MHz，可见负反馈拓宽了通频带。

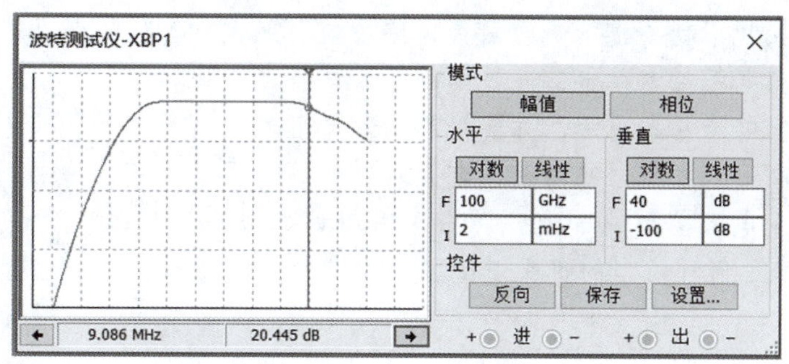

图 2-63　基本放大电路的幅频特性曲线

任务测评

按表 2-20 所列项目进行任务测评，将结果填入表中。

表 2-20　测评记录

序号	考核项目	考核分值	考核得分
1	负反馈放大电路和基本放大电路的搭建	2	
2	静态工作点的调节	2	
3	示波器、万用表和波特测试仪等的连接	2	
4	实验现象的观察和记录	2	
5	实验结果分析	2	
合计		10	

思考与练习

1. 判断图 2-64 所示电路的反馈类型（只判断级间反馈类型）。设图中所有电容对交流信号均可视为短路。

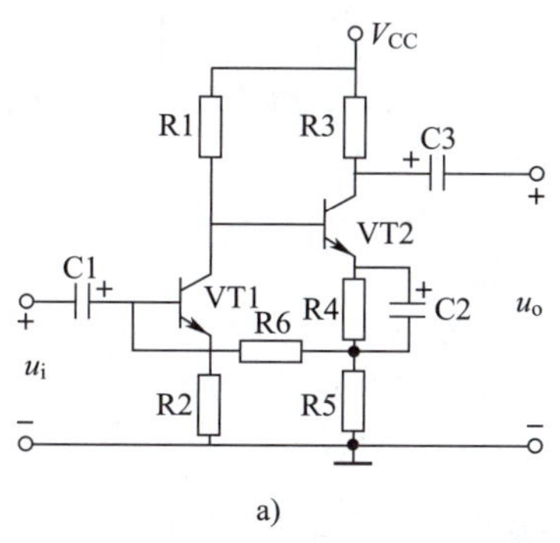

a)

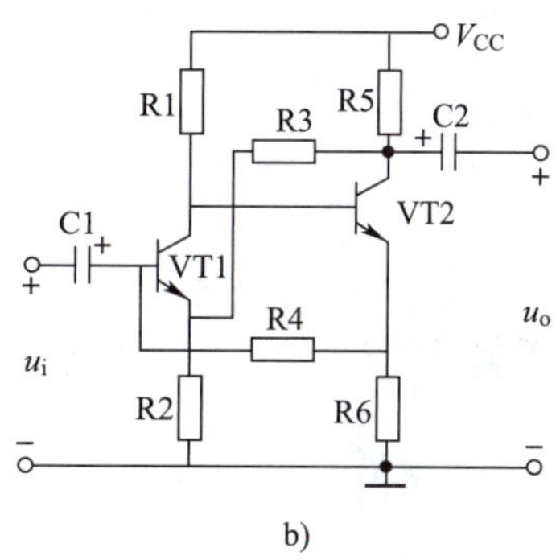

b)

图 2-64　第 1 题图

2. 如果需要实现下列要求，交流放大电路中应引入哪种类型的负反馈？

（1）要求输出电压基本稳定，并能提高输入电阻。

（2）要求输出电流基本稳定，并能提高输入电阻。

（3）要求提高输入电阻，减小输出电阻。

3. 为获得一个电压控制的电流源，应采用何种类型的负反馈？为获得一个电流控制的电流源，又应采用何种类型的负反馈？

任务2　负反馈放大电路的安装与检测

学习目标

1. 能完成负反馈放大电路的安装。
2. 能使用相关仪表观测负反馈对放大电路放大倍数的影响。

任务引入

如前所述，实际应用电路中几乎都要引入各种各样的反馈。本任务将要完成图 2-65 所示负反馈放大电路的安装与检测，以进一步掌握负反馈环节对放大电路性能的影响。

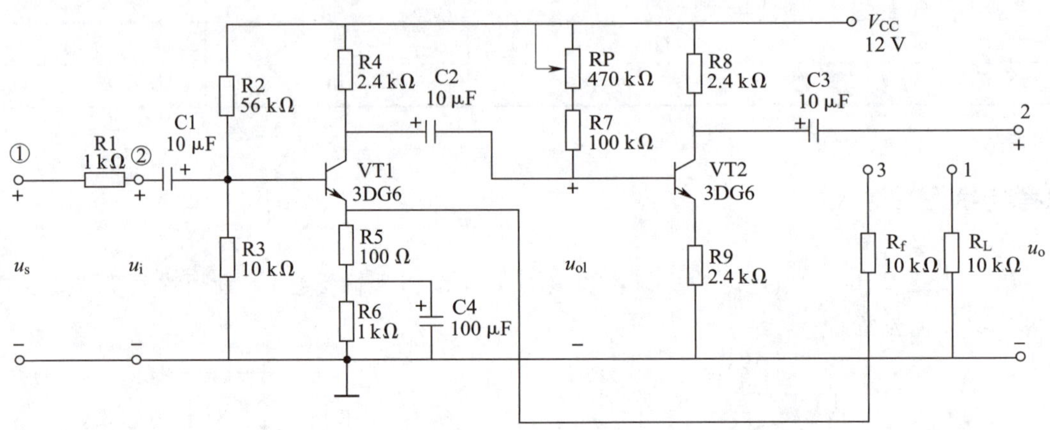

图 2-65　负反馈放大电路

任务实施

一、识读电路

分析负反馈环节对放大电路性能影响的实验电路如图 2-65 所示。

二、准备器材

低频信号发生器、双踪示波器、毫伏表、直流稳压电源各一台，常用电子组装工具一套。本任务所需元器件明细表见表 2-21。

表 2-21　元器件明细表

代号	名称	规格	数量	代号	名称	规格	数量
R1、R6	碳膜电阻器	1 kΩ	2	R7	碳膜电阻器	100 kΩ	1
R2	碳膜电阻器	56 kΩ	1	RP	可调电阻器	470 kΩ	1
R3、R_f、R_L	碳膜电阻器	10 kΩ	3	C1、C2、C3	电解电容器	10 μF/16 V	3
R4、R8、R9	碳膜电阻器	2.4 kΩ	3	C4	电解电容器	100 μF/16 V	1
R5	碳膜电阻器	100 Ω	1	VT1、VT2	三极管	3DG6	2

三、安装调试电路

1. 检测元器件
2. 安装电路

参考图 2-66 所示安装实物图进行插装焊接，检查无误后接通 12 V 直流稳压电源。

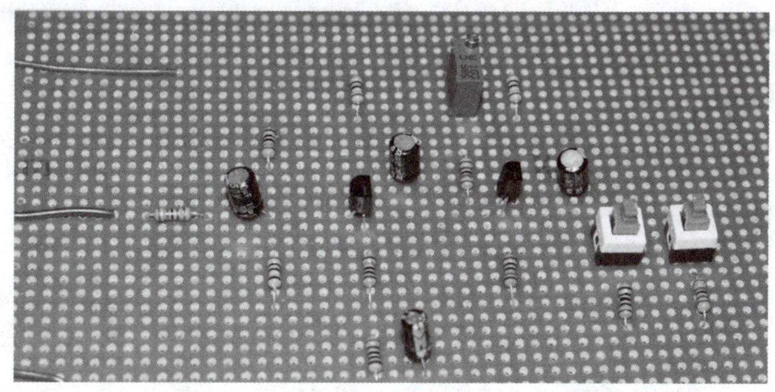

图 2-66　负反馈放大电路安装实物图

3. 调整静态工作点

调节可调电阻器 RP，使 VT2 集电极电流为 1.5 mA。测量 VT1、VT2 的静态工作点电压或电流，记入表 2-22 中。

表 2-22　VT1、VT2 的静态工作点电压或电流

三极管	U_B	U_E	U_C	I_E
VT1				
VT2				

4. 观测负反馈对放大电路放大倍数的影响

设置低频信号发生器，给电路输入幅度为 50 mV、频率为 1 kHz 的正弦信号。按如下实验步骤进行操作：

（1）测量没有负反馈时的输入电压、输出电压。通过计算得出此时的放大倍数。

（2）用短路线连接 2 端与 3 端，测量有负反馈时的输出电压。通过计算得出此时的放大倍数。

注意比较两种不同情况下放大倍数的变化。将实验结果记录在表 2–23 中。

表 2–23　负反馈对放大电路放大倍数的影响

实验条件	输入电压	输出电压	放大倍数
无负反馈			
有负反馈			

5. 通过负载的变动，观测负反馈对放大倍数稳定性的影响

（1）测量输入、输出电压。计算无负反馈、无负载时的放大倍数。

（2）用短路线连接 2 端与 1 端，测量输入、输出电压。计算无负反馈、带负载时的放大倍数。

（3）用短路线连接 2 端与 3 端，测量输入、输出电压。计算有负反馈、无负载时的放大倍数。

（4）用短路线连接 2 端与 3 端、2 端与 1 端，测量输入、输出电压。计算有负反馈、带负载时的放大倍数。

注意比较不同情况下放大倍数的相对变化量。将实验结果记录在表 2–24 中。

表 2–24　负反馈对放大倍数稳定性的影响

实验条件		输入电压	输出电压	放大倍数	放大倍数相对变化
无负反馈	无负载				
	带负载				
有负反馈	无负载				
	带负载				

6. 观测负反馈对输入电阻的影响

（1）不带负反馈，在实验电路①端加入频率为 1 kHz 的正弦信号 u_s，调节可调电阻器 RP 的大小，用双踪示波器监测放大电路输出电压波形，在波形不失真的条件下，用毫伏表测量信号源电压 u_s，再测量基本放大电路输入电压 u_i，通过计算可得无负反馈时电路的输入电阻。

（2）用短路线连接 2 端与 3 端，重复上述步骤，通过计算可得有负反馈时电路的输入电阻。

将实验结果记入表 2–25 中，并做比较。

表 2-25　负反馈对输入电阻的影响

实验条件	输入信号源电压	输入电压	输入电阻
无负反馈			
有负反馈			

7. 观测负反馈对输出电阻的影响

（1）电路不带负载与负反馈，在实验电路①端加入频率为 1 kHz 的正弦信号 u_s，调节 RP 的大小，用双踪示波器监测放大电路输出电压波形，在波形不失真的条件下，用毫伏表测量无负载时的输出电压，再用短路线连接 2 端与 1 端，用毫伏表测量有负载时的输出电压，通过计算可得无负反馈时电路的输出电阻。

（2）用短路线连接 2 端与 3 端，重复上述步骤，通过计算得出有负反馈时电路的输出电阻。

将实验结果记入表 2-26 中，并做比较。

表 2-26　负反馈对输出电阻的影响

实验条件	无负载时的输出电压	有负载时的输出电压	输出电阻
无负反馈			
有负反馈			

任务测评

按表 2-27 所列项目进行任务测评，将结果填入表中。

表 2-27　测评记录

序号	考核项目	考核分值	考核得分
1	安装电路，调整静态工作点	2	
2	测试负反馈对放大倍数的影响	2	
3	测试负反馈对放大倍数稳定性的影响	2	
4	测试负反馈对输入电阻的影响	2	
5	测试负反馈对输出电阻的影响	2	
合计		10	

思考与练习

1. 某多级放大电路如图 2-67 所示，问：

（1）电路中哪几级采用了射极输出器，分别起什么作用？

（2）VT1 通过耦合电容器 C2 将发射极和基极相连接，采用了什么性质的反馈？

（3）C6、R16、RP 采用了什么性质的反馈？起什么作用？

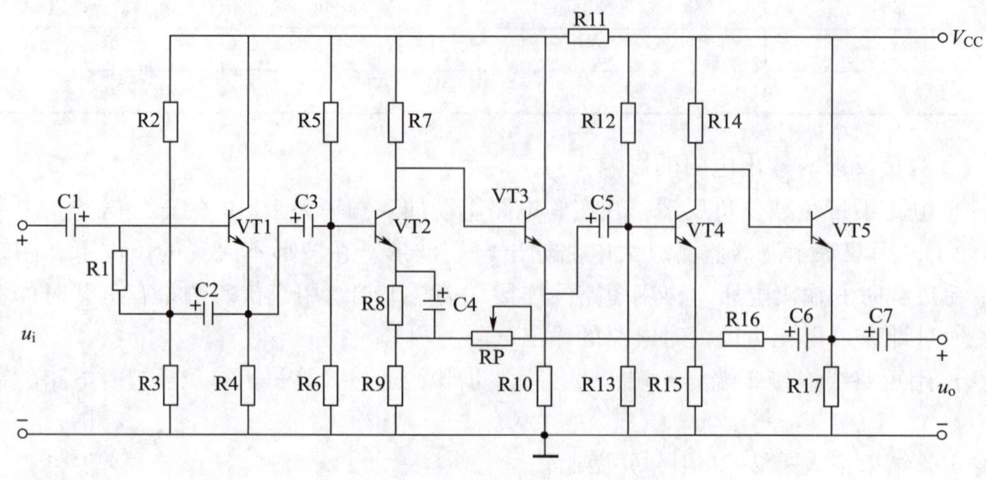

图 2-67　第 1 题图

2. 分析判断图 2-68 所示电路中 R_f 为电路引入的反馈类型。

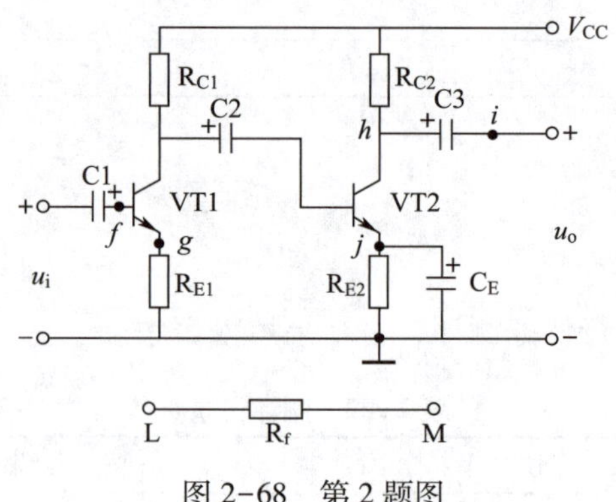

图 2-68　第 2 题图

（1）R_f 的 L 端接 f 点，M 端分别接 h、i、j 各点时。

（2）R_f 的 L 端接 g 点，M 端分别接 h、i、j 各点时。

模块三　集成运算放大器

课题一　集成运算放大器的线性应用

任务1　集成运算放大器的检测

学习目标

1. 了解集成运算放大器的外形、符号、内部结构、主要参数和电压传输特性。
2. 了解共模信号、差模信号和共模抑制比的概念。
3. 能识别集成运算放大器的引脚及功能。
4. 能使用仪表完成集成运算放大器的相关特性的测试。
5. 能检测集成运算放大器的质量。

任务引入

集成运算放大器简称集成运放，它是一种多级直接耦合、高增益的集成放大电路，因最初多用于模拟信号的数字运算而得名，现已作为一种通用的高性能放大器件广泛应用于信号产生、信号处理、自动控制等各个方面，在许多情况下已经取代分立元件放大器。

本次任务将通过实际测量观察集成运放的电压传输特性，测量其线性输入范围并使用万用表对集成运放的质量进行简易检测。

相关知识

一、集成运放的外形与符号

集成运放主要有金属圆壳式封装、双列直插式封装等形式，如图 3-1 所示。集成运放的图形符号如图 3-2 所示，框内“▷”表示信号传输方向，“∞”表示开环增益极高。虽然集成运放有多个引脚，但在图形符号上通常只标出两个输入端和一个输出端。同相输入端标“+”（或“P”），表示相应的输出信号与该端输入信号同相；反相输入端标“-”（或“N”），表示相应的输出信号与该端输入信号反相。

图 3-1　集成运放外形

a）金属圆壳式封装　b）双列直插式封装

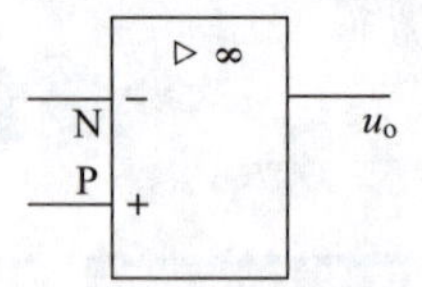

图 3-2　集成运放的图形符号

二、集成运放的内部结构

集成运放的内部结构如图 3-3 所示。

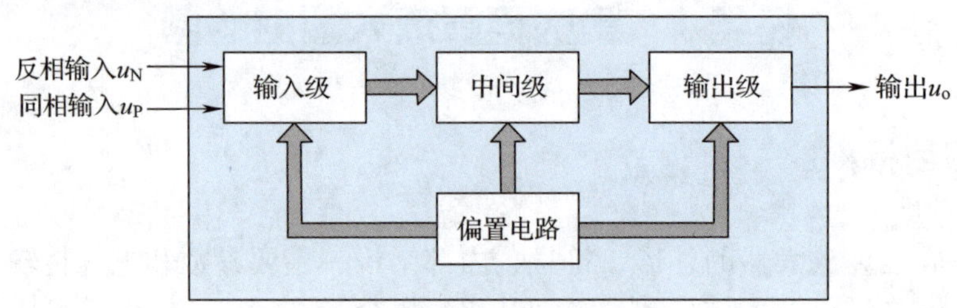

图 3-3　集成运放的内部结构

1. 输入级

输入级通常是具有较大输入电阻和一定放大倍数的差分放大电路，其静态电流小，能较好地抑制零漂，具有良好的输入特性。

2. 中间级

中间级主要进行电压放大，要求有较高的电压放大倍数，通常由多级共射极或共源极放大电路构成，并经常采用复合管。

3. 输出级

为了降低输出电阻，提高带负载能力，输出级通常采用复合管射极输出或互补对称功率放大电路。

4. 偏置电路

偏置电路为集成运放各级放大电路提供稳定的偏置电流，从而确定合适而稳定的静态工作点。

三、直接耦合放大电路的特殊问题

集成运放内部采用多级直接耦合方式。直接耦合放大电路的信号传输损失最小，但如果温度发生变化或电源电压发生波动，其影响会逐级传递放大，使输出偏离零点，这种现象称为零点漂移，简称零漂。也就是说，直接耦合放大电路的特殊问题是存在零漂。因此，抑制输入级的零漂对于提高多级放大电路的温度稳定性尤为重要。

集成运放有两个输入端，如果从两个输入端分别输入一对大小相等、极性相反的信号，称为差模信号；从两个输入端分别输入一对大小相等、极性相同的信号，则称为共模信号。温度发生变化或电源电压发生波动对于集成运放的影响，相当于从两个输入端输入一对共模信号。因此，有效抑制共模信号就可以提高多级放大电路的温度稳定性。

四、集成运放的主要参数

1. 开环差模电压放大倍数 A_{ud}

此参数是指集成运放在无反馈情况下的差模电压放大倍数，一般为 $1\times10^3\sim1\times10^7$（60~140 dB），高增益的集成运放 A_{ud} 可达 170 dB 以上。

2. 开环差模输入电阻 r_{id}

此参数是指差模输入时，集成运放的开环输入电阻，一般在几十千欧到几十兆欧之间。国产高输入阻抗集成运放的 r_{id} 目前可达 1×10^{12} Ω 以上。

3. 开环输出电阻 r_o

此参数是指集成运放无外加反馈时的输出电阻，一般为 20~200 Ω。r_o 越小，带负载能力越强。如集成运放 μA741 的 r_o 为 75 Ω。

4. 共模抑制比 K_{CMR}

共模抑制比定义为差模电压放大倍数 A_d 与共模电压放大倍数 A_c 之比的绝对值：

$$K_{CMR}=\left|\frac{A_d}{A_c}\right|$$

因为集成运放的共模抑制比数值很大，故通常用分贝表示。即

$$K_{CMR}=20\lg\left|\frac{A_d}{A_c}\right|\quad(\text{dB})$$

共模抑制比 K_{CMR} 的大小反映了集成运放对差模信号的放大能力和对共模信号的抑制能力。K_{CMR} 的数值越大，表明抑制零漂的能力越强，温度稳定性越好。一般应在 80 dB 以上。

5. 最大输出电压 U_{OPP}

此参数是指集成运放在空载的情况下，最大不失真输出电压的峰-峰值。如集成运放 μA741 的电源电压为±15 V，U_{OPP} 为±(13~14) V。

6. 最大差模输入电压 U_{IDM}

此参数是指集成运放两个输入端之间所能承受的最大差模输入电压，一般为±(5~30) V。如集成运放 μA741 的 U_{IDM} 为±30 V。

7. 最大共模输入电压 U_{ICM}

此参数是指集成运放两个输入端之间所能承受的最大共模输入电压，若超出此值，集成运放的共模抑制性能将明显下降，甚至造成器件损坏。如集成运放 μA741 的 U_{ICM} 为±13 V。

8. 输入失调电压 U_{IO}

此参数是指当输入信号为零时，为使输出电压为零，在输入端所加的补偿电压值。它

反映集成运放输入级差分放大部分参数的不对称程度，U_{IO} 越小越好，一般为毫伏级。

9. 静态功耗 P_D

此参数是指集成运放在输入端短路、输出端开路时所消耗的功率。

集成运放除了以上介绍的参数外，还有输入失调电流、开环带宽、转换速率、输入失调电压温漂等，具体可查阅产品手册。

五、集成运放的理想化

图 3-4 所示为集成运放等效电路，图中 A_{ud} 表示开环差模电压放大倍数，r_{id} 表示开环差模输入电阻，r_o 表示开环输出电阻。在分析各种具体的集成运放应用电路时，为了使问题简化，通常把集成运放看成一个理想器件，其理想特性主要有以下几点：

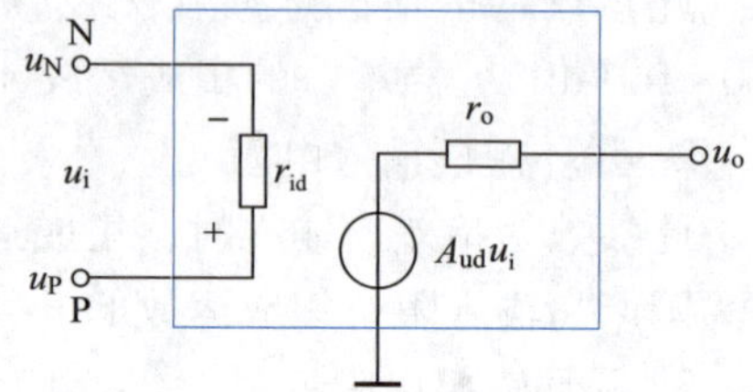

图 3-4　集成运放等效电路

1. 开环差模电压放大倍数 $A_{ud}\to\infty$ 。
2. 开环差模输入电阻 $r_{id}\to\infty$ 。
3. 开环输出电阻 $r_o\to 0$。
4. 共模抑制比 $K_{CMR}\to\infty$ 。
5. 没有失调现象，即当输入信号为零时，输出信号也为零。

虽然实际的集成运放不可能达到理想的要求，但在分析估算集成运放应用电路时，通常将实际的集成运放当作理想器件进行分析，条件是由此产生的误差不超出工程允许的范围。

任务实施

一、准备器材

低频信号发生器、双踪示波器、直流稳压电源、交流毫伏表各一台，万用表一个，集成运放 CF741 一块。集成运放 CF741 的引脚排列如图 3-5 所示，各引脚功能见表 3-1。

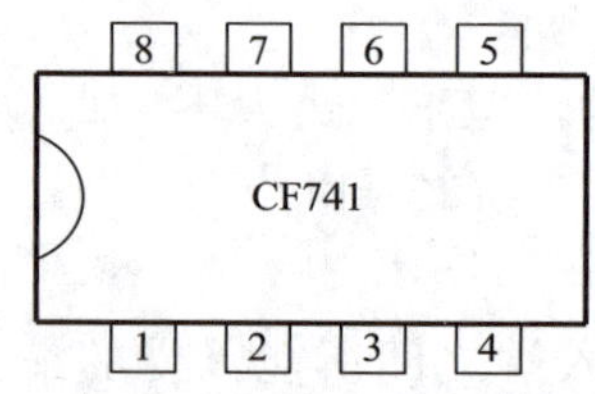

图 3-5　集成运放 CF741 的引脚排列

表 3-1　集成运放 CF741 各引脚功能

引脚	1	2	3	4	5	6	7	8
功能	调零端 1	反相输入端	同相输入端	负电源端	调零端 2	输出端	正电源端	空脚

二、测试集成运放的电压传输特性

1. 仪表布局如图 3-6a 所示。

2. 将 CF741 的 4 端接直流电源负端（接地端），7 端接直流电源正端（15 V），3 端与 4 端相接。

3. 双踪示波器水平偏转方式选择置于“非扫描时间”位置（$X-Y$ 位置），垂直偏转方式选择置于“CHOP”位置，耦合方式选择置于“AC”位置。CF741 的 2 端接双踪示波器 CH1 通道，6 端接 CH2 通道，信号源接地端和双踪示波器 CH1、CH2 通道电源黑夹子都接电源负端（共地）。

4. 全部接通电源后，在 CF741 的 2 端和 3 端间输入频率为 1 kHz、幅度为 0.5 V 的正弦信号。双踪示波器显示如图 3-6b 所示波形（出现两根斜线是由于双踪示波器的回扫问题）。

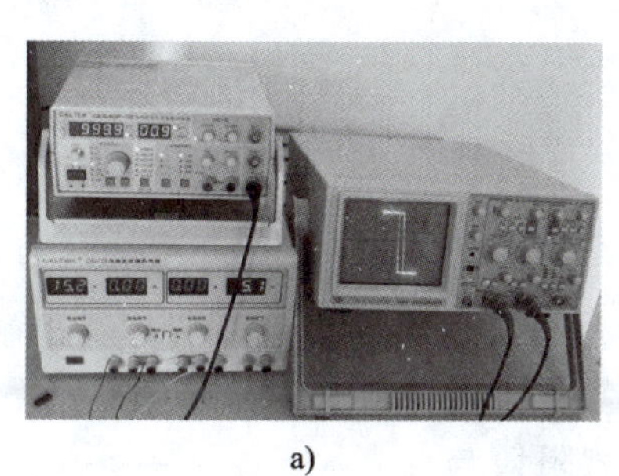

a)

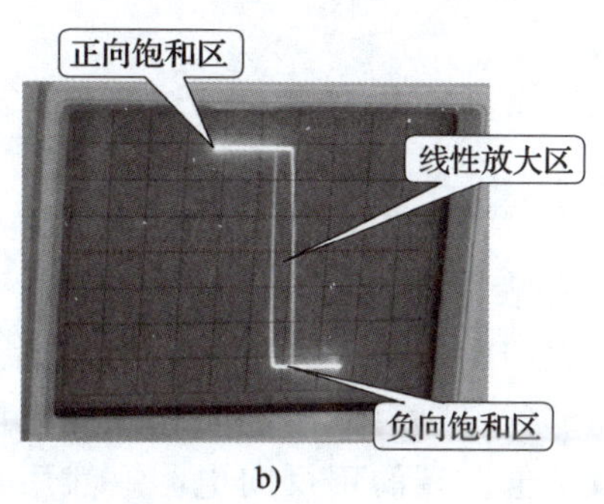

b)

图 3-6　CF741 测试电路

a）仪表布局　b）双踪示波器显示电压传输特性

由于同相输入端接地，信号由反相输入端输入，所以双踪示波器显示的是集成运放 CF741 反相输入电压传输特性。为了便于分析，可将集成运放的电压传输特性改画为如图 3-7 所示。

可以看到特性曲线中间呈现很陡的斜线部分，上面有一平坦部分，下面也有一平坦部分。中间斜线部分称为线性放大区，在此区域内，输出电压随输入电压线性变化，曲线的斜率即集成运放的电压放大倍数。斜线部分很陡，可见电压放大倍数极大。

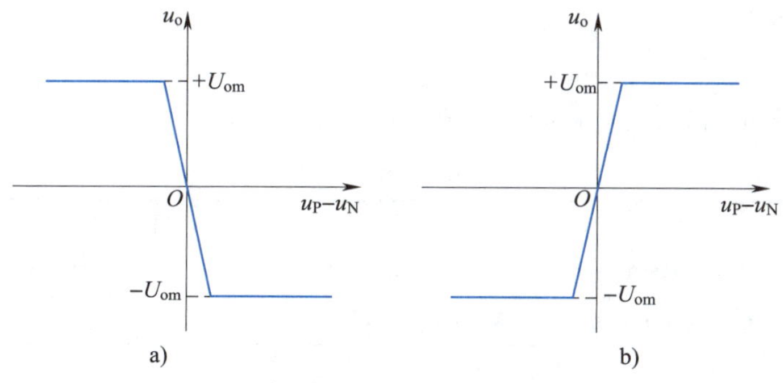

图 3-7　集成运放的电压传输特性

a）反相输入　b）同相输入

图中斜线以外的部分称为非线性饱和区。在非线性区，输出电压只有两种情况，或是正向饱和电压+U_{om}，或是负向饱和电压-U_{om}。

经实际测量得：在非线性区，正向饱和电压+U_{om} = ______ V，负向饱和电压-U_{om} = ______ V。

三、用交流毫伏表测量线性输入范围

1. 减小交流输入信号 u_i，直至双踪示波器只显示线性部分。

2. 将交流毫伏表置于“100 mV”挡，红夹子接 CF741 的 2 端（反相输入端），黑夹子接地，测得 U_i = __________。

3. 将交流毫伏表置于“10 V”挡，红夹子接 CF741 的 6 端（输出端），黑夹子接地，测得 U_o = __________。

想一想

本次实际测得的 U_i 值很小，这是什么原因？

四、检测集成运放的质量

1. 用万用表检测

用万用表“R×100”或“R×1 k”电阻挡测量集成运放同相输入端与反相输入端间的正反向电阻、各引脚对输出端间正反向电阻、各引脚对正电源端及负电源端的正反向电阻，然后将所测阻值与同型号集成运放参考值（查阅手册或说明书）相比，应较为接近，如果相差很大，甚至出现短路和断路现象，一般是集成运放已损坏。

2. 用测试电路检测

将集成运放接成如图 3-8 所示的电压跟随器。接通电源，用万用表直流电压挡测量输出电压。调节 RP，输出电压应能在接近 0 ~ V_{CC} 的范围内变化，如果调节时输出电压不变或变化很小，表明集成运放已损坏。

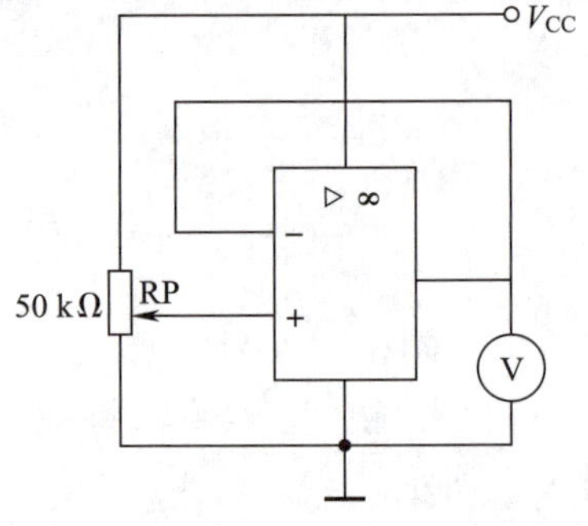

图 3-8 集成运放测试电路

任务测评

按表 3-2 所列项目进行任务测评，将结果填入表中。

表 3-2 测评记录

序号	考核项目	考核分值	考核得分
1	用双踪示波器观测集成运放电压传输特性	4	
2	用交流毫伏表测量线性输入范围	2	
3	用万用表检测集成运放	2	

续表

序号	考核项目	考核分值	考核得分
4	用测试电路检测集成运放	2	
合计		10	

思考与练习

1. 已知某集成运放的开环差模电压放大倍数 $A_{ud}=1\times10^4$，集成运放的最大输出电压 $U_{om}=\pm12$ V，求集成运放工作在线性区时允许输入的差模电压最大范围。

2. 若集成运放输入电压 $U_N=5$ mV，$U_P=0$ V，集成运放 $A_{ud}=1\times10^4$，$U_{om}=\pm12$ V，求集成运放输出电压 U_o。

3. 若第 2 题中集成运放的输入电压 $U_N=1$ mV，$U_P=0$ V，求 U_o。

4. 若第 2 题中集成运放的输入电压 $U_N=0.5$ mV，$U_P=-0.5$ mV，求 U_o。

5. 为了使集成运放工作在线性区，通常要引入深度负反馈，理由是什么？

任务 2　集成运算放大器线性应用电路的仿真、安装与调试

学习目标

1. 掌握理想集成运放工作于线性区的特点。
2. 掌握由集成运放组成的比例运算、加减运算、微分运算、积分运算电路的功能，能运用“虚短”和“虚断”的概念分析上述电路的输入、输出关系。
3. 能应用 Multisim 软件探究反相输入运算、同相输入运算和反相加法运算电路的功能。
4. 能完成反相加法运算电路的安装与调试。

任务引入

集成运放的电压传输特性分为线性区和非线性区，集成运放的应用相应也有线性应用和非线性应用两种方式。本次任务主要分析由集成运放构成的反相输入运算、同相输入运算和反向加法运算等电路。在这些电路中，集成运放都必须工作在电压传输特性曲线的线性区。

相关知识

一、理想集成运放工作于线性区的特点

由于理想集成运放的开环差模电压放大倍数趋于无穷大，因此电路中必须引入负反馈

才能保证集成运放工作在线性区。这时输出电压与输入电压满足线性放大关系，即

$$U_o = A_{ud}\ (U_P - U_N)$$

式中，U_o 为有限值，而理想集成运放的 $A_{ud} \to \infty$，因而净输入电压 $U_P - U_N = 0$，即 $U_P = U_N$。这一特性称为“虚短”，如果有一输入端接地，则另一输入端也非常接近地电位，称为“虚地”。

又因为理想集成运放输入电阻 $r_{id} \to \infty$，所以两个输入端口输入电流也均为零，即 $i_P = i_N = 0$。这一特性称为“虚断”。

二、反相输入运算电路

应用集成运放可以构成多种运算电路，其中比例运算电路是最简单、最基本的信号运算电路。比例运算电路有三种常见的电路形式，即反相输入、同相输入及差分输入。

1. 反相比例运算电路

电路如图 3-9 所示，其特点是输入信号和反馈信号都加在集成运放的反相输入端。图中，R_f 为反馈电阻；R′为平衡电阻，取值为 $R' = R_1 // R_f$。接入 R′是为了使集成运放输入级的差分放大电路对称，有利于抑制零漂。

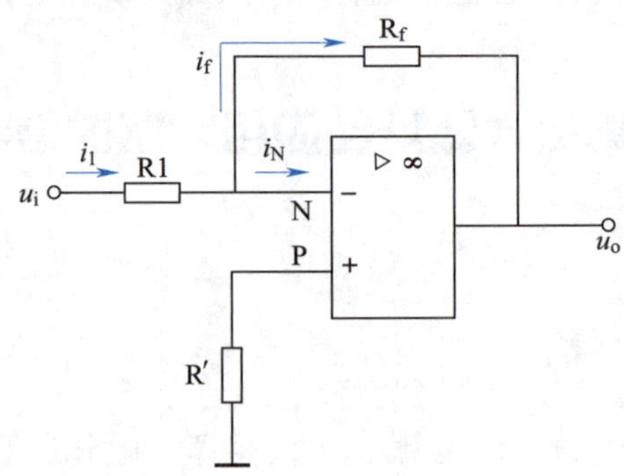

图 3-9　反相比例运算电路

由于同相输入端接地，故输入端为“虚地”点，即 $u_P = u_N = 0$，又根据“虚断”特性，净输入电流为零，故有 $i_1 = i_f$。由图 3-9 可得：

$$\frac{u_i - u_N}{R_1} = \frac{u_N - u_o}{R_f}$$

放大器的电压放大倍数为

$$A_{uf} = \frac{u_o}{u_i} = -\frac{R_f}{R_1}$$

式中，负号表示 u_o 与 u_i 反相，故称为反相放大器。又由于 u_o 与 u_i 成比例关系，故又称反相比例运算放大器。若取 $R_f = R_1 = R$，则比例系数 A_{uf} 为−1，电路便成为反相器。

电路中 R_f 引入的反馈是深度电压并联负反馈，输出电阻小，但输入电阻却也因此而降低。

2. 反相加法运算电路

反相加法运算电路实质上是在反相比例运算电路的基础上，增加几个输入支路而得到的，如图 3-10 所示。图中同相输入端所接电阻 R′必须满足平衡要求，取 $R' = R_1 // R_2 // R_3 // R_f$。

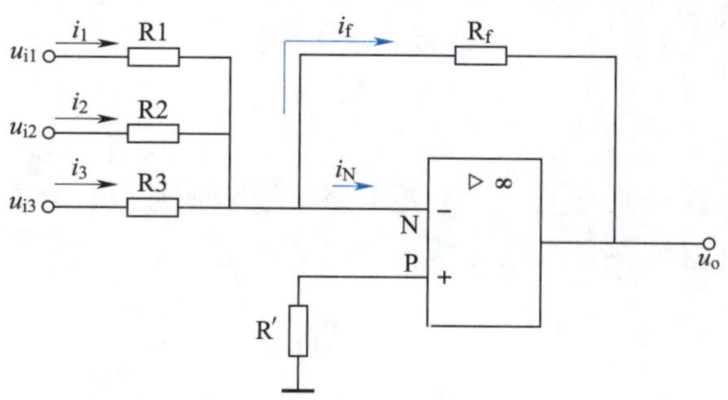

图 3-10　反相加法运算电路

根据理想特性有

$$i_1+i_2+i_3=i_f$$

集成运放反相输入端为“虚地”点，故有

$$\frac{u_{i1}}{R_1}+\frac{u_{i2}}{R_2}+\frac{u_{i3}}{R_3}=-\frac{u_o}{R_f}$$

当 $R_1=R_2=R_3=R_f$ 时，可得

$$u_o=-\ (u_{i1}+u_{i2}+u_{i3})$$

上式表明，输出电压为各输入电压之和，实现了加法运算。式中负号表示输出电压与输入电压相位相反。由于反相输入端为“虚地”点，各输入信号电压之间相互影响极小，便于调节，所以应用广泛。

三、同相输入运算电路

电路如图 3-11 所示，利用“虚短”特性（注意：同相输入时无“虚地”特性），可得

$$u_P=u_N=u_i$$

又根据“虚断”特性，$i_N=0$，可得

$$u_N=\frac{R_1}{R_1+R_f}u_o$$

所以

$$A_{uf}=\frac{u_o}{u_i}=1+\frac{R_f}{R_1}$$

u_o 与 u_i 同相，故称同相放大器，又称同相比例运算放大器。若令 $R_f=0$，$R_1=\infty$（即开路状态），如图 3-12 所示，则比例系数 A_{uf} 为 1，电路称为电压跟随器。

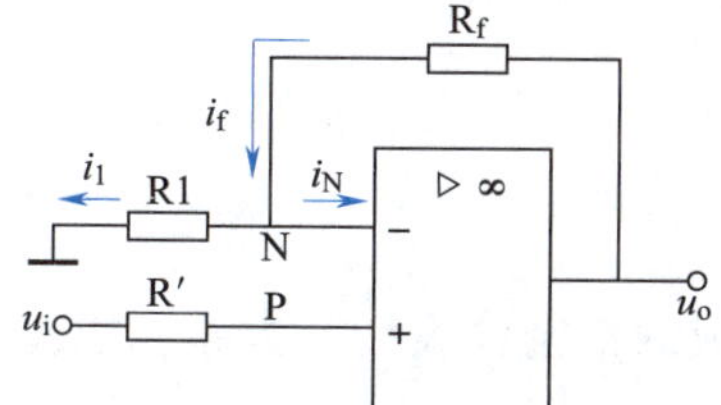

图 3-11　同相输入运算电路

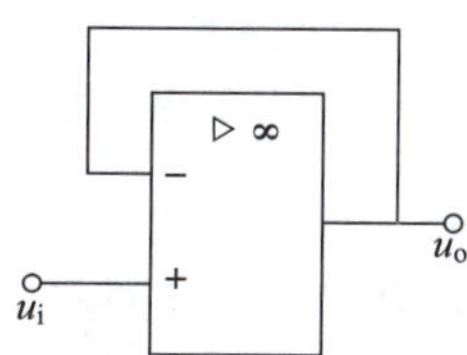

图 3-12　电压跟随器

在同相比例运算电路的基础上，增加几个输入支路也可以组成同相加法运算电路，但在调整某一路输入端电阻时会对其他各路输出信号产生影响，调节不便，所以应用不广。

四、差分输入运算电路（减法运算电路）

电路如图 3-13 所示。电路采用差分输入形式，即反相端和同相端都输入信号，其输出信号与两个输入端信号的差值之间实现比例运算关系。按外接电阻的平衡要求，应满足$R_1//R_f=R_2//R_3$。

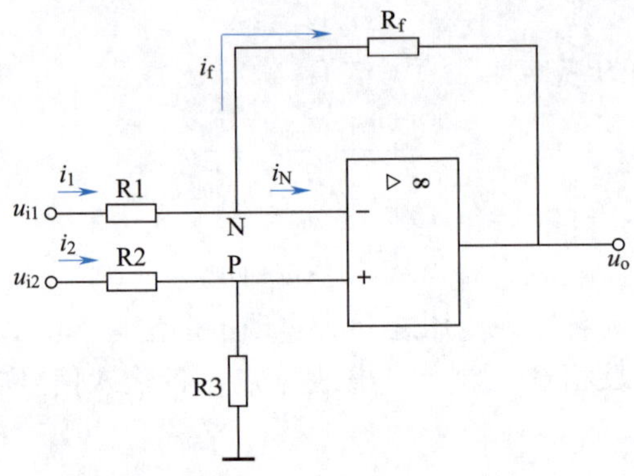

图 3-13　减法运算电路

根据叠加原理，先求 u_{i1} 单独作用时的输出电压：

$$u_{o1}=-\frac{R_f}{R_1}u_{i1}$$

再求 u_{i2} 单独作用时的输出电压：

$$u_{o2}=\left(1+\frac{R_f}{R_1}\right)\left(\frac{R_3}{R_2+R_3}\right)u_{i2}$$

则 u_{i1} 与 u_{i2} 共同作用时：

$$u_o=u_{o1}+u_{o2}=\left(1+\frac{R_f}{R_1}\right)\left(\frac{R_3}{R_2+R_3}\right)u_{i2}-\frac{R_f}{R_1}u_{i1}$$

当 $R_1=R_2$，且 $R_f=R_3$ 时，上式化简为

$$u_o=\frac{R_f}{R_1}\left(u_{i2}-u_{i1}\right)$$

【例 3-1】 图 3-14 所示为用三个集成运放构成的精密仪表用放大器，求总的电压放大倍数。

解： 集成运放 U1 和 U2 组成对称的同相放大器，U3 接成差分放大器。

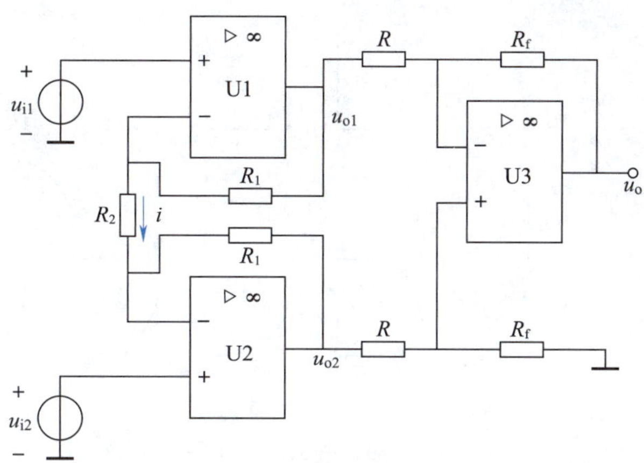

图 3-14　精密仪表用放大器

利用“虚断”和“虚短”特性，可知加在 R2 两端的电压为 $u_{i1}-u_{i2}$，相应通过 R2 的电流为

$$i=\frac{u_{i1}-u_{i2}}{R_2}$$

$$u_{o1}=iR_1+u_{i1}$$

$$u_{o2}=-iR_1+u_{i2}$$

所以

$$u_{o1}-u_{o2}=\left(1+\frac{2R_1}{R_2}\right)(u_{i1}-u_{i2})$$

$$u_o=-\frac{R_f}{R}(u_{o1}-u_{o2})=-\frac{R_f}{R}\left(1+\frac{2R_1}{R_2}\right)(u_{i1}-u_{i2})$$

总的电压放大倍数为

$$A_u=\frac{u_o}{u_{i1}-u_{i2}}=-\frac{R_f}{R}\left(1+\frac{2R_1}{R_2}\right)$$

上式表明，改变 R_2 可设定不同的 A_u 值，且 R2 接在 U1 和 U2 的反相输入端之间，调节 R2 时不会影响电路的对称性，因此该电路对差模信号可具备足够大的放大能力。而当 $u_{i1}=u_{i2}$ 时，$i=0$，$u_o=0$，可见当输入信号中含有共模噪声时也能被有效地抑制。

五、积分运算电路

在图 3-15 所示电路中，当输入脉冲电压上升时，电容器 C 充电，输出电压 u_o（即 u_C）随时间增大而逐渐增大，当电荷量充足后，输出电压便不会再增大。但如果脉冲宽度较小，在输出达到稳定值之前，脉冲电压已变为零，则电容器转为放电，而最终电压也变为零。电容器充放电速度的快慢，取决于电阻 R 和电容 C 乘积的大小（$\tau=RC$ 称为时间常数）。

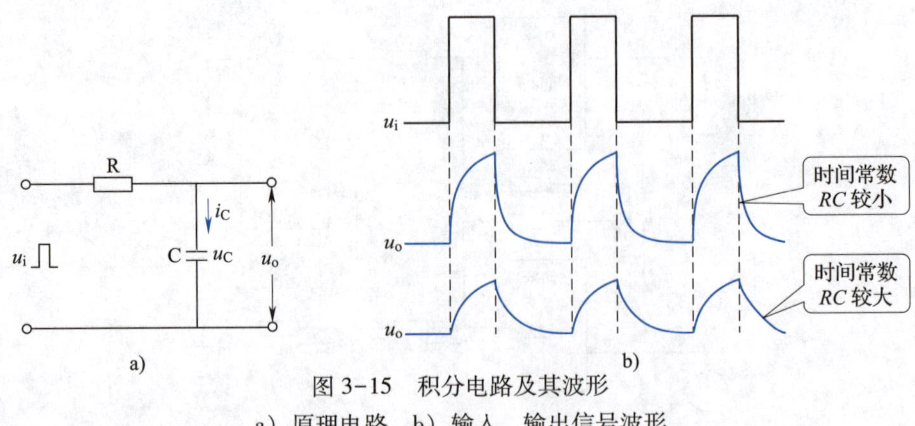

图 3-15　积分电路及其波形

a）原理电路　b）输入、输出信号波形

电容器两端的电压 u_C 与流过电容器的电流 i_C 之间存在积分的关系，即

$$u_C = \frac{1}{C}\int i_C \mathrm{d}t$$

它反映了 u_C 在输入脉冲宽度时间内的累积变化情况。

若将反相放大器中的反馈电阻 R_f 用电容器 C 代替，便构成积分运算电路，如图 3-16 所示。根据“虚地”的特性，可得

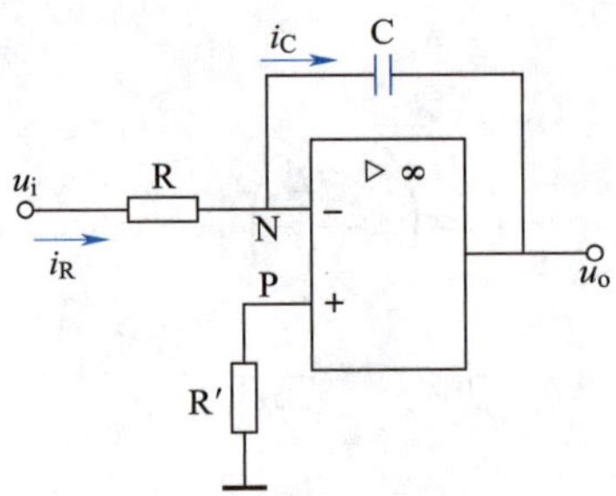

图 3-16　积分运算电路

$$u_P = u_N = 0$$

所以

$$u_o = -u_C$$

且

$$i_R = \frac{u_i}{R}$$

根据“虚断”的特性，又有

$$i_R = i_C$$

而电容器两端电压等于其电流的积分。故

$$u_o = -u_C = -\frac{1}{C}\int i_C \mathrm{d}t = -\frac{1}{RC}\int u_i \mathrm{d}t$$

设电容器 C 上的初始电压为零，当输入阶跃信号时，输出电压波形如图 3-17a 所示；当输入信号为方波信号时，输出电压波形如图 3-17b 所示。利用积分运算电路可实现延时、定

时和变换，在自动控制系统中可以减缓过渡过程所形成的冲击，使外加电压缓慢上升。

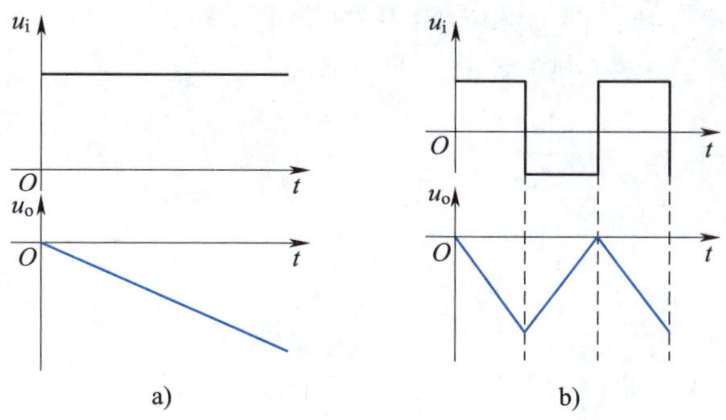

图 3-17　积分运算电路输入、输出波形

a）输入阶跃信号　b）输入方波信号

六、微分运算电路

在图 3-18 所示电路中，当输入脉冲（设 $RC \ll t_p$，t_p 为脉冲宽度）电压急剧上升时，这个瞬间的脉冲电压几乎全部加在电阻 R 上。此后，随着电容器 C 的充电，电阻两端电压（u_o）逐渐下降。当电容器充满电后，充电电流为零，输出电压也为零。当输入脉冲降为零时，电容器放电。因为放电电流的方向与充电时相反，所以输出波形反向。

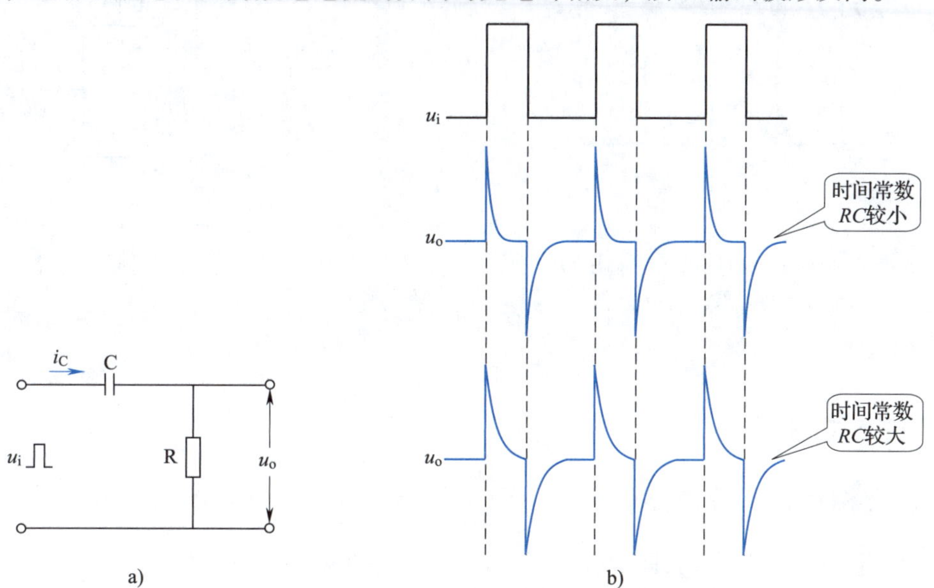

图 3-18　微分电路及其波形

a）原理电路　b）输入、输出信号波形

流过电容器的电流 i_C 与电容器两端的电压 u_C 之间存在微分关系，即

$$i_C = C\frac{\mathrm{d}u_C}{\mathrm{d}t}$$

它反映了 i_C 在输入脉冲突变时短时间内的变化情况。

将积分运算电路中的电容器 C 和电阻 R 的位置互换，便可构成微分运算电路，如图 3-19 所示。理想情况下，有

$$i_R = i_C = C\frac{du_i}{dt}$$

所以
$$u_o = -i_R R = -RC\frac{du_i}{dt}$$

若输入图 3-20a 所示的方波，且 $RC \ll t_p$（t_p 为脉冲宽度），则输出信号为尖脉冲波形，如图 3-20b 所示。

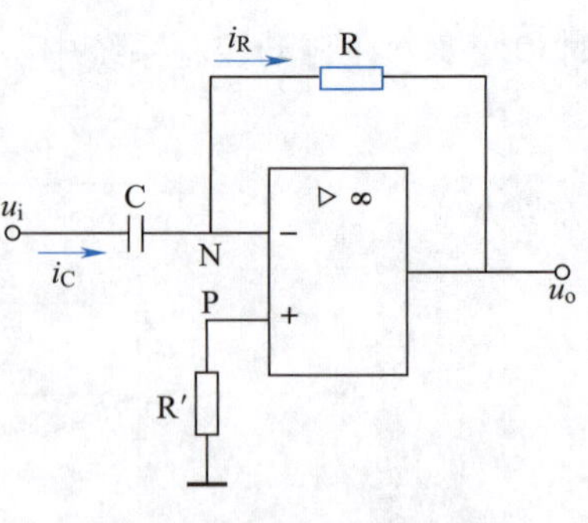

图 3-19　微分运算电路

由于微分运算电路的输出电压与输入电压的变化率成正比，所以它对高频干扰信号非常敏感。在实用的微分运算电路中，为了提高其工作稳定性，常在输入回路中串联一个小电阻 R1，以限制输入电流；在反馈电阻两端并联双向稳压管，以限制输出幅度，并且再并联一个小容量的电容器 C2，以加强对高频噪声的负反馈。电路如图 3-21 所示。

在自动控制电路中，微分运算电路常用于产生控制脉冲。

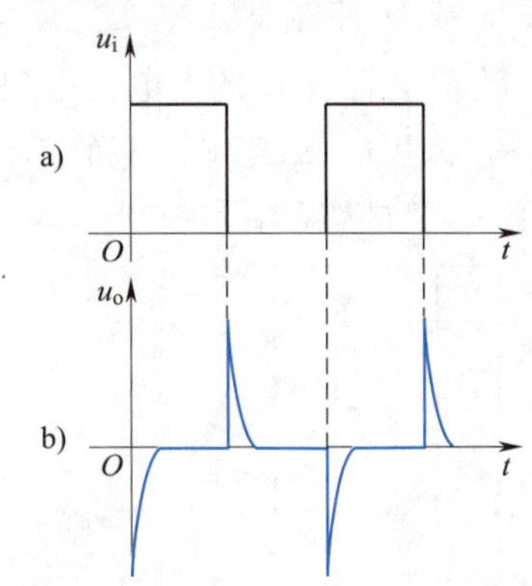

图 3-20　微分运算电路输入、输出波形

a）输入波形　b）输出波形

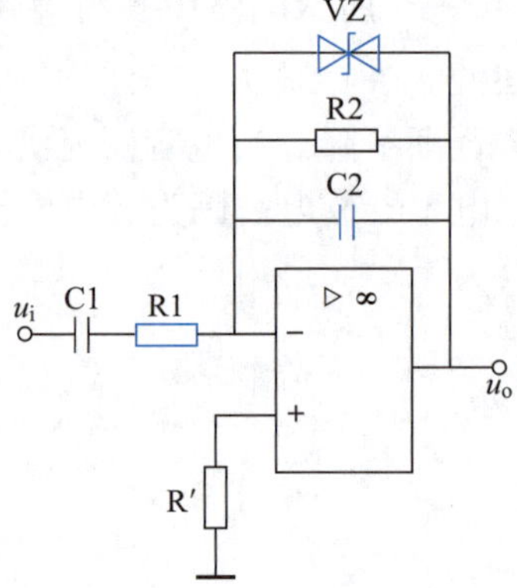

图 3-21　实用微分运算电路

任务实施

一、反相输入运算电路仿真

1. 在 Multisim 软件中构建反相输入运算仿真电路，如图 3-22 所示。

2. 根据理论分析可知 $u_o = -\frac{R_f}{R_1}u_i$。双击“函数发生器”图标，打开其功能面板，如图 3-23 所示，进行如图所示的参数设置（以下实验参数设置相同）。

3. 单击工具栏上的“运行”按钮使电路工作，双击“示波器”图标打开“示波器”功能面板，适当调整参数，显示输入与输出波形，如图 3-24 所示。

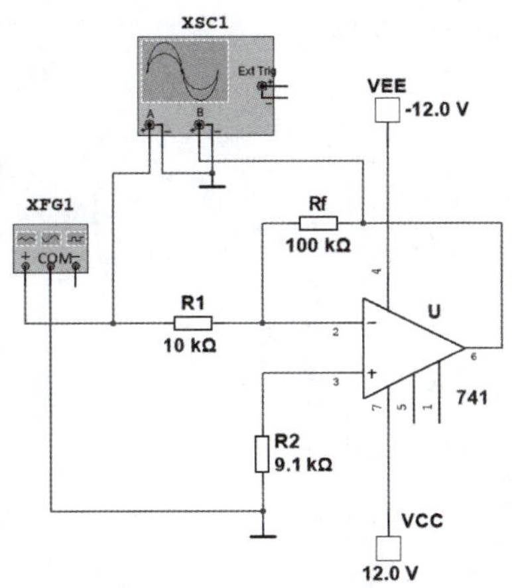

图 3-22　反相输入运算仿真电路

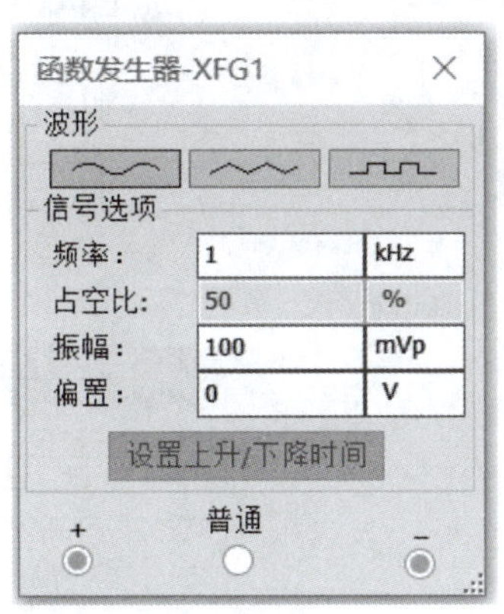

图 3-23　“函数发生器”功能面板

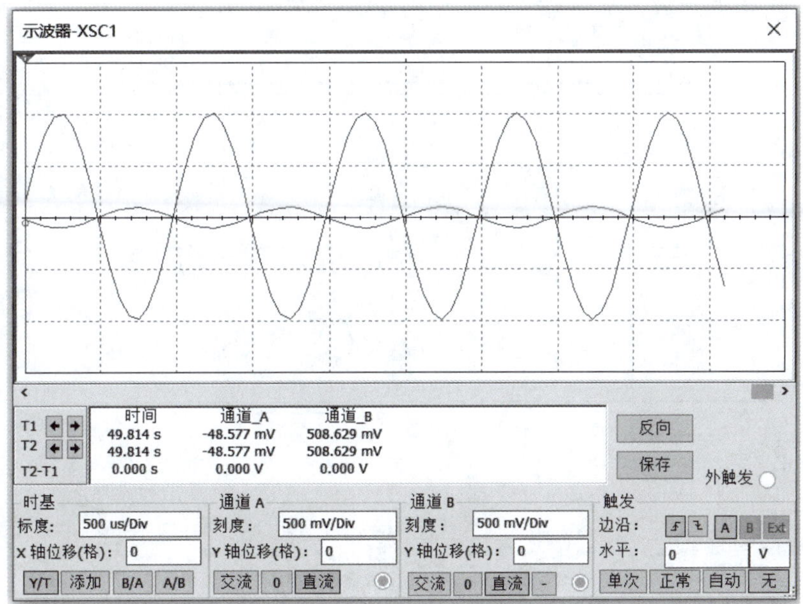

图 3-24　反相输入运算电路输入与输出波形

二、同相输入运算电路仿真

1. 在 Multisim 软件中构建同相输入运算仿真电路，如图 3-25 所示。

2. 根据理论分析可知 $u_o=\left(1+\dfrac{R_f}{R_1}\right)u_i$。双击“函数发生器”图标，打开其功能面板，参考图 3-23 进行参数设置。

3. 单击工具栏上的“运行”按钮使电路工作，双击“示波器”图标打开“示波器”

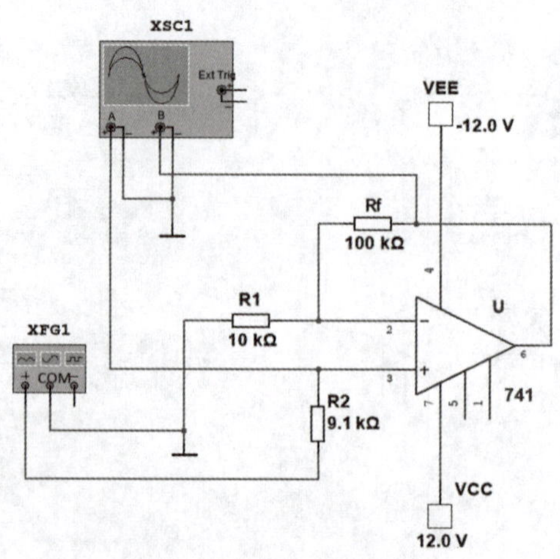

图 3-25　同相输入运算仿真电路

功能面板，适当调整参数，显示输入与输出波形，如图 3-26 所示。

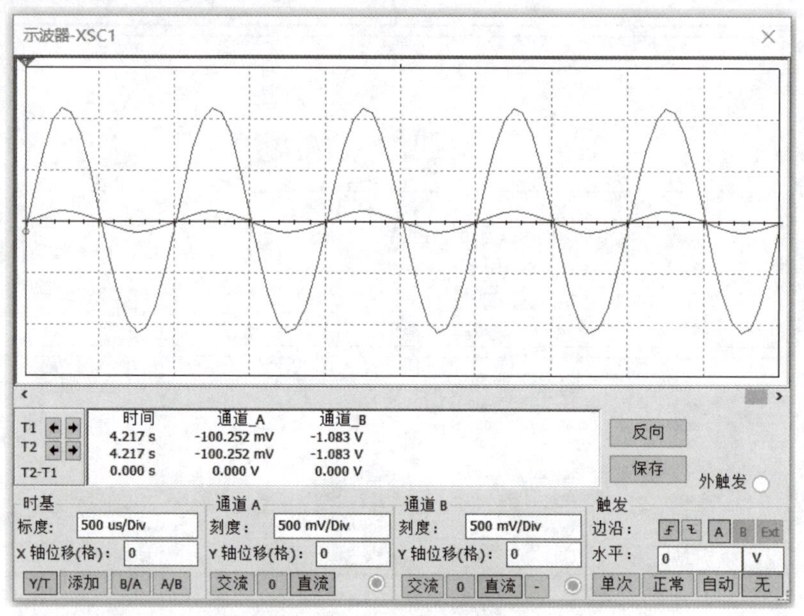

图 3-26　同相输入运算电路输入与输出波形

三、反相加法运算电路仿真

在 Multisim 软件中构建反相加法运算仿真电路，如图 3-27 所示。

利用虚拟的 4 通道示波器可同时观察到 u_{i1}、u_{i2} 和 u_o 的波形，如图 3-28 所示。当 u_{i1} 为幅度等于 4 V 的矩形波（绿色），u_{i2} 为幅度等于 1 V 的正弦波（蓝色）时，输出波形 u_o（红色）为矩形波与正弦波的叠加。

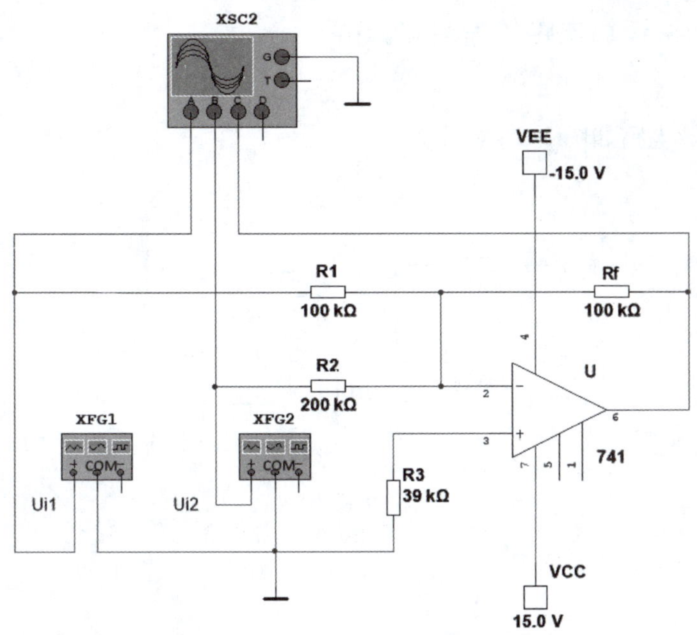

图 3-27　反相加法运算仿真电路

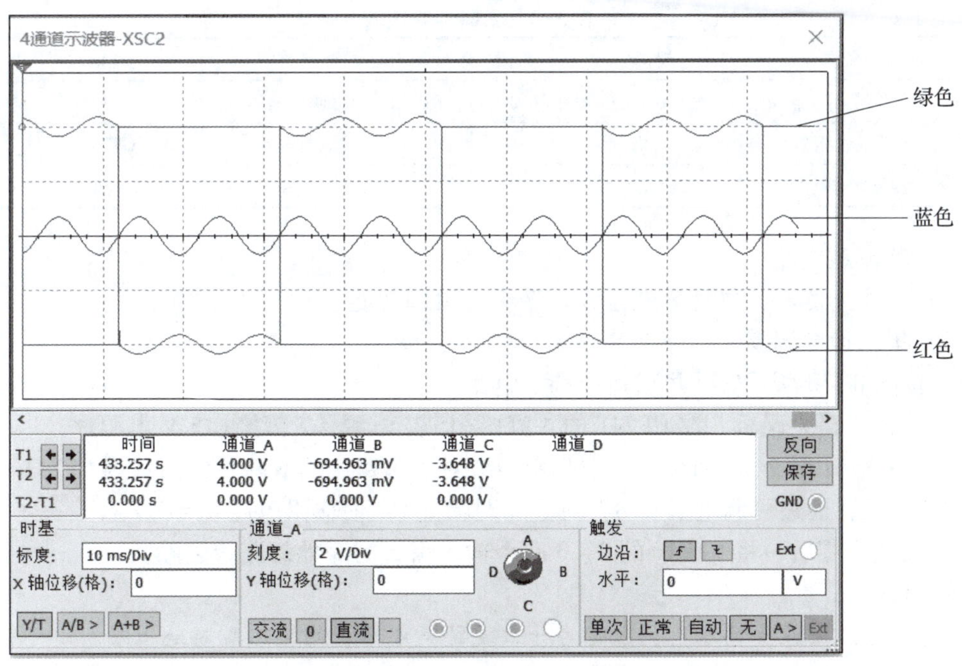

图 3-28　反相加法运算电路仿真实验波形图

四、反相加法运算电路的安装和调试

1. 实验电路

反相加法运算电路如图 3-29 所示。

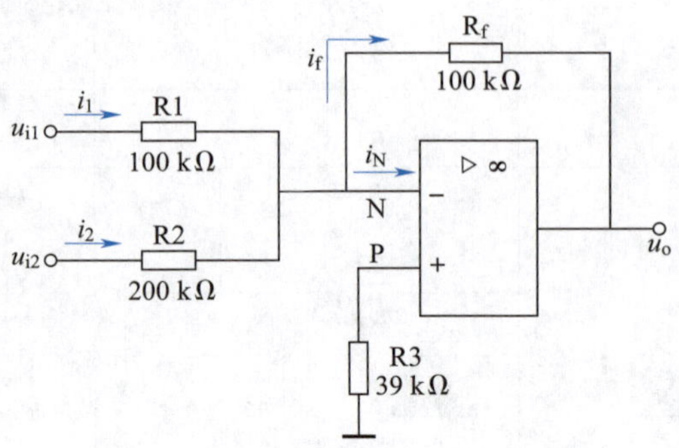

图 3-29　反相加法运算电路

2. 准备器材

双踪示波器、函数信号发生器各两台，双路直流稳压电源（±15 V）一台，万用表一个，常用电子组装工具一套。本任务所需元器件明细表见表 3-3。

表 3-3　元器件明细表

代号	名称	规格	数量	代号	名称	规格	数量
R1、R_f	碳膜电阻器	100 kΩ	2	RP	可调电阻器	10 kΩ	1
R2	碳膜电阻器	200 kΩ	1	U	集成电路	CF741	1
R3	碳膜电阻器	39 kΩ	1		插座	8 脚	1

3. 安装调试电路

（1）检测元器件，熟悉集成运放 CF741 各引脚功能。

（2）集成运放调零

1）按图 3-30 所示安装集成运放调零电路。

2）检查电路无误后，在 CF741 的 4 脚接-15 V 电源，7 脚接+15 V 电源。

3）将 CF741 的 2、3 两个输入引脚用导线对地短路，用双踪示波器观测 CF741 的输出端 6 脚的电压，通过可调电阻器 RP 调零（即调整 RP 使输出电压 u_o=0 V）。

4）完成调零后，将 CF741 的 2、3 两个输入引脚的对地短路线去除。

想一想

为什么集成运放要调零？调零时为什么要将集成运放的输入端对地短路？

（3）反相加法运算电路的安装和调试

1）将图 3-30 所示集成运放调零电路改接为图 3-29 所示反相加法运算电路（注意：调零电路仍然保留）。参考图 3-31 所示实物图安装电路。

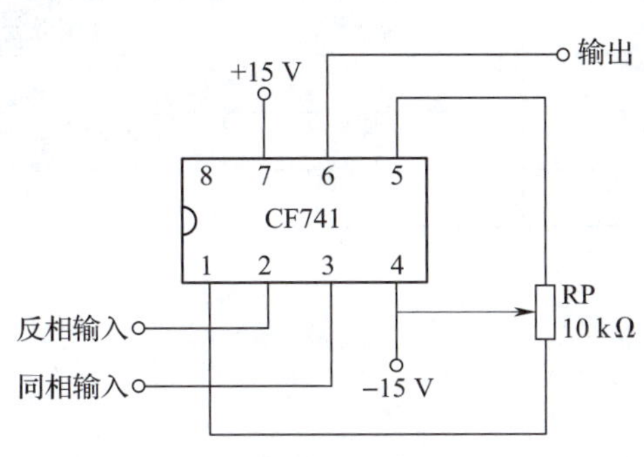

图 3-30　集成运放调零电路

图 3-31　反相加法运算电路实物图

2）在电阻 R1 端加入直流信号电压 u_{i1}，在电阻 R2 端加入直流信号电压 u_{i2}，按表 3-4 调整 u_{i1}、u_{i2}，用万用表测量每次对应的输出电压 u_o，记入表 3-4，并与应用公式计算的结果进行比较。

表 3-4　实验记录

输入电压 U_{i1}/V	-1	2	1	2
输入电压 U_{i2}/V	-2	1	2	-2
输出电压计算值 U_o/V				
输出电压实测值 U_o'/V				

3）输入端 u_{i1} 接入频率为 25 Hz、幅度为 2 V 的矩形波信号。

4）输入端 u_{i2} 接入频率为 100 Hz、幅度为 1 V 的正弦波信号。

5）将输入端 u_{i2} 信号接入双踪示波器 CH1 通道。

6）将输出端 u_o 信号接入双踪示波器 CH2 通道。

双踪示波器应能显示如图 3-32 所示波形。

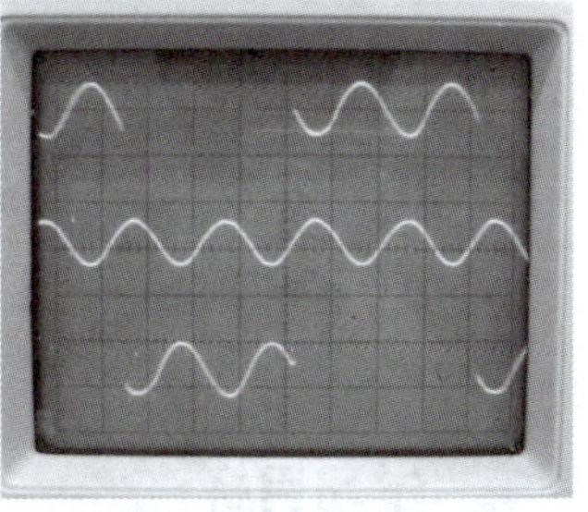

图 3-32　反相加法运算电路测试波形

任务测评

按表 3-5 所列项目进行任务测评，将结果填入表中。

表 3-5　测评记录

序号	考核项目	考核分值	考核得分
1	元器件检测	2	
2	集成运放调零	2	
3	反相加法运算电路的安装、焊接	2	

续表

序号	考核项目	考核分值	考核得分
4	测试电路，完成表 3-4 的内容	2	
5	用双踪示波器观测输入、输出信号波形	2	
合计		10	

思考与练习

1. 图 3-33 所示为应用集成运放测量电阻的原理图，输出端接有满量程为 5 V、500 μA 的电压表。当电压表指示 5 V 时，计算被测电阻 R_x 的阻值。

2. 在图 3-34 所示电路中，已知 $R_f=2R_1$，$U_i=2$ V。求输出电压。

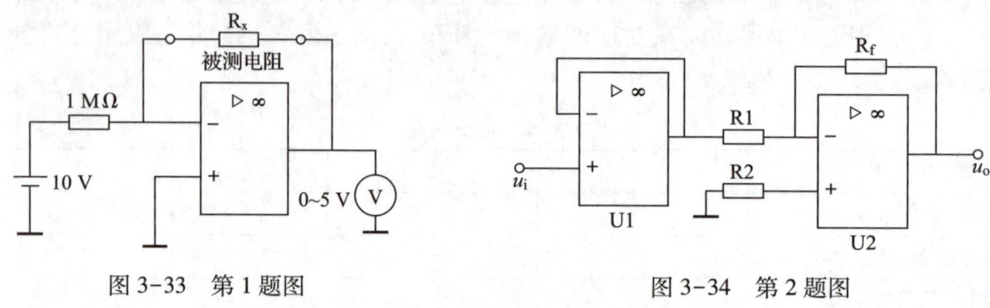

图 3-33　第 1 题图　　图 3-34　第 2 题图

课题二　蓄电池过压、欠压报警电路的安装与检测

学习目标

1. 掌握理想集成运放工作于非线性区的特点。
2. 了解单门限电压比较器的组成、工作原理和应用。
3. 了解迟滞比较器的组成、工作原理和应用。
4. 能完成蓄电池过压、欠压报警电路的安装与检测。

任务引入

集成运放的同相输入端、反相输入端可以加入被比较电压及基准电压，从而构成电压比较器。这时，集成运放工作在电压传输特性曲线的非线性区。电压比较器广泛应用于自

动控制、自动测量、波形变换等电路中。

本次任务将完成蓄电池过压、欠压报警电路的安装与检测，了解集成运放工作在非线性区的特点及其典型应用。

相关知识

一、理想集成运放工作在非线性区的特点

当集成运放处于开环状态或电路引入了正反馈时，集成运放工作于非线性区。由于理想集成运放的开环差模电压放大倍数无穷大，所以只要输入无穷小的差值电压，输出电压就会达到正的最大值或负的最大值，其特点如下：

当 $u_P>u_N$ 时，$u_o=+U_{om}$；

当 $u_P<u_N$ 时，$u_o=-U_{om}$。

$u_P \neq u_N$，可见，理想集成运放工作在非线性区时电路不再有“虚短”特性。

又由于理想集成运放的开环差模输入电阻 $r_{id}=\infty$，故净输入电流为零，即 $i_P=i_N=0$。

可见，理想集成运放工作在非线性区时仍具有“虚断”特性。

二、单门限电压比较器

单门限电压比较器就是只与一个门限电压相比较的电压比较器。

在图 3-35a 所示的单门限电压比较器中，U_R 为已知的参考电压（即门限电压），加在集成运放的同相输入端，输入电压 u_i 加在反相输入端。

若 $U_R>0$，则单门限电压比较器的传输特性曲线如图 3-35b 所示。当输入电压 u_i 大于参考电压 U_R 时，集成运放输出电压为$-U_{om}$；当输入电压 u_i 小于参考电压 U_R 时，集成运放输出电压为$+U_{om}$。

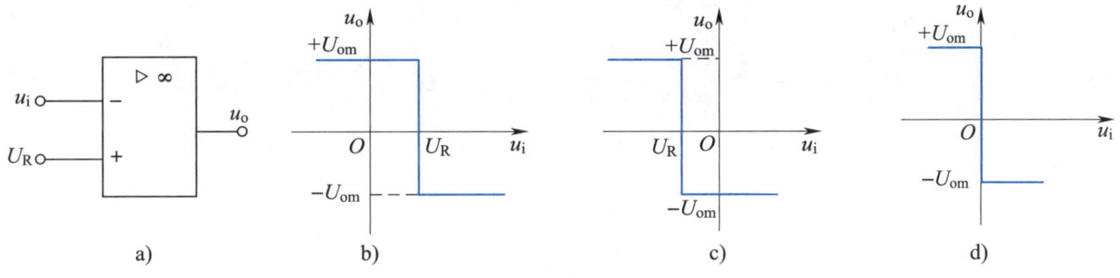

图 3-35　单门限电压比较器

a）原理电路　b）$U_R>0$ 时的传输特性曲线

c）$U_R<0$ 时的传输特性曲线　d）$U_R=0$ 时的传输特性曲线

若 $U_R<0$，则单门限电压比较器的传输特性曲线如图 3-35c 所示。

若 $U_R=0$，则单门限电压比较器又称为过零比较器，其传输特性曲线如图 3-35d 所示。

利用电压比较器可以实现波形变换。例如，当单门限电压比较器输入正弦波时，相应的输出电压便是矩形波，如图 3-36 所示。

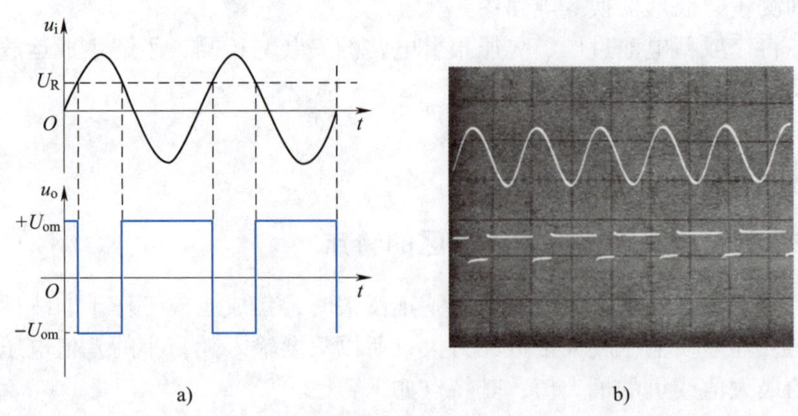

图 3-36　利用电压比较器实现波形变换
a）波形分析　b）实测波形

三、迟滞比较器

单门限电压比较器的输入电压只跟一个参考电压 U_R 相比较，这种比较器虽然电路结构简单、灵敏度高，但抗干扰能力较差。当输入电压 u_i 因受干扰在参考值附近反复发生微小变化时，输出电压也会频繁地反复跳变。采用双门限电压比较器进行波形变换可以较好地解决这一问题。

迟滞比较器又称施密特触发器，它是一种双门限电压比较器，其原理电路与传输特性曲线如图 3-37 所示。

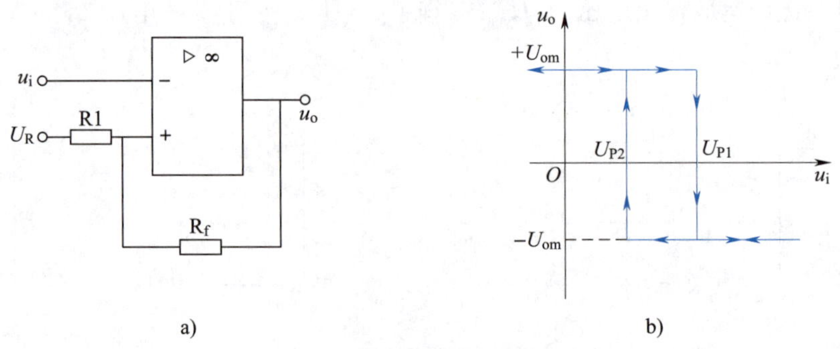

图 3-37　迟滞比较器的原理电路与传输特性曲线
a）原理电路　b）传输特性曲线

输出电压 u_o 经 R_f 和 R1 分压后加到集成运放的同相输入端，形成正反馈。由于输出有两种可能的电压值，所以门限电压也有两个相应的值。

当 $u_o=+U_{om}$ 时，门限电压用 U_{P1} 表示，根据叠加原理，可得

$$U_{P1}=\frac{R_f}{R_f+R_1}U_R+\frac{R_1}{R_f+R_1}U_{om}$$

当输入电压 u_i 逐渐增大至 $u_i=U_{P1}$ 时，输出电压 u_o 发生翻转，由 $+U_{om}$ 跳变为 $-U_{om}$，门限电压随之变为

$$U_{P2}=\frac{R_f}{R_f+R_1}U_R-\frac{R_1}{R_f+R_1}U_{om}$$

当 u_i 逐渐减小，直至 $u_i=U_{P2}$ 时，输出电压再度翻转，由 $-U_{om}$ 跳变为 $+U_{om}$。

两个门限电压之差称为回差电压，用 ΔU_P 表示，可得

$$\Delta U_P=U_{P1}-U_{P2}=\frac{2R_1}{R_f+R_1}U_{om}$$

上式表明，回差电压 ΔU_P 与参考电压 U_R 无关。

利用双门限电压比较器可以大大提高抗干扰能力。例如，当输入信号受到干扰或含有噪声信号时，只要其变化幅度不超过回差电压，输出电压就不会在此期间来回变化，而仍然保持为比较稳定的输出电压波形，如图 3-38 所示。

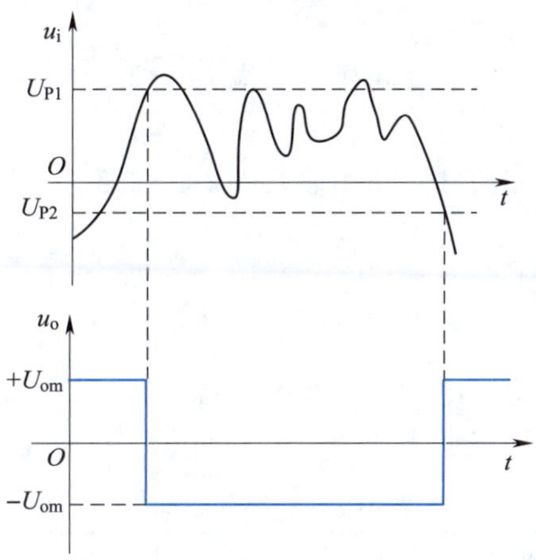

图 3-38　迟滞比较器的抗干扰作用

任务实施

一、识读电路

蓄电池过压、欠压报警电路如图 3-39 所示。当蓄电池电压高于 13 V 时，VD1 发光报警；当蓄电池电压低于 10 V 时，VD2 发光报警。

选用集成运放 LM324 构成两个电压比较器，其中 U1 构成过电压检测器，U2 构成欠电压检测器。VZ 提供 2.5 V 参考电压，作为两个电压比较器共同的门限电压。

当蓄电池电压高于 13 V 时，U1 反相输入端 $U_{N1}>2.5$ V，比较器 U1 输出低电平，VD1 发光报警。

当蓄电池电压低于 13 V 时，U1 反相输入端 $U_{N1}<2.5$ V，比较器 U1 输出高电平，VD1 截止。

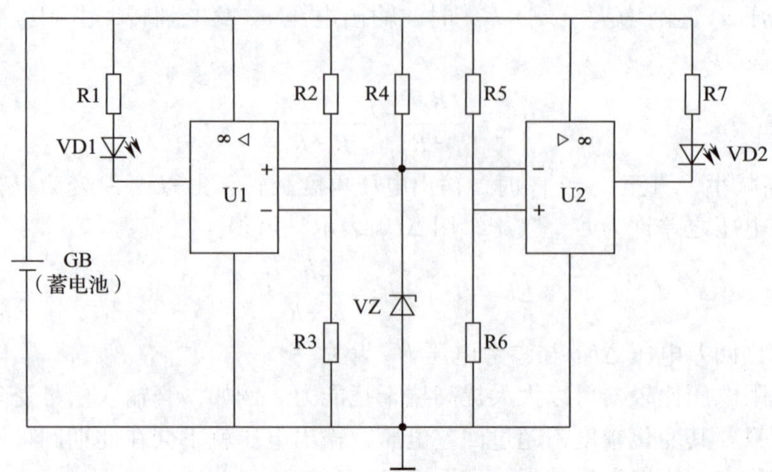

图 3-39 蓄电池过压、欠压报警电路

当蓄电池电压低于 10 V 时，U2 同相输入端 U_{P2}<2.5 V，比较器 U2 输出低电平，VD2 发光报警。

当蓄电池电压高于 10 V 时，U2 同相输入端 U_{P2}>2.5 V，比较器 U2 输出高电平，VD2 截止。

二、准备器材

双踪示波器、双路直流稳压电源（±15 V）各一台，万用表一个，常用电子组装工具一套。本任务所需元器件明细表见表 3-6。

表 3-6 元器件明细表

代号	名称	规格	数量	代号	名称	规格	数量
R1	碳膜电阻器	5.6 kΩ	1	VD1	发光二极管	ϕ3 mm，黄色	1
R2	碳膜电阻器	43 kΩ	1	VD2	发光二极管	ϕ3 mm，红色	1
R3、R4、R6	碳膜电阻器	10 kΩ	3	U1、U2	集成运放	LM324	1
R5	碳膜电阻器	30 kΩ	1	VZ	稳压管	2.5 V	1
R7	碳膜电阻器	3.9 kΩ	1		插座	14 脚	1

三、安装调试电路

1. 检测元器件。
2. 参考图 3-40 所示实物图安装电路。
3. 检查电路无误后，接通电源。
4. 调节直流电源电压略大于 13 V，VD1 应发光；调节直流电源电压略小于 10 V，VD2 应发光。将调试结果记入表 3-7。

图 3-40　蓄电池过压、欠压报警电路实物图

表 3-7　调试结果

工作情况	蓄电池电压设计值 $U_{设}$/V	蓄电池电压实测值 $U_{实}$/V
VD1 发光	13	
VD1、VD2 都不发光	10~13	
VD2 发光	10	

任务测评

按表 3-8 所列项目进行任务测评，将结果填入表中。

表 3-8　测评记录

序号	考核项目	考核分值	考核得分
1	检测元器件的质量	2	
2	按工艺要求安装、焊接电路	2	
3	直流电源电压略大于 13 V 时，VD1 应发光	2	
4	直流电源电压略小于 10 V 时，VD2 应发光	2	
5	直流电源电压为 10~13 V 时，VD1、VD2 都不发光	2	
合计		10	

思考与练习

1. 在图 3-39 所示的实验电路中，R1 和 R7 都是和发光二极管串联的限流电阻器，为什么 $R_1>R_7$？

2. 单门限电压比较器及其输入波形如图 3-41 所示，画出输出电压波形。

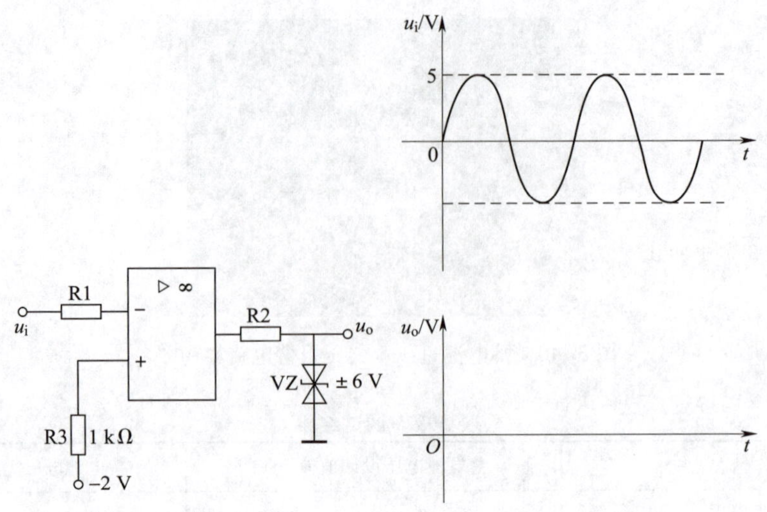

图 3-41　第 2 题图

3. 迟滞电压比较器及其输入波形如图 3-42 所示，画出输出电压的波形。

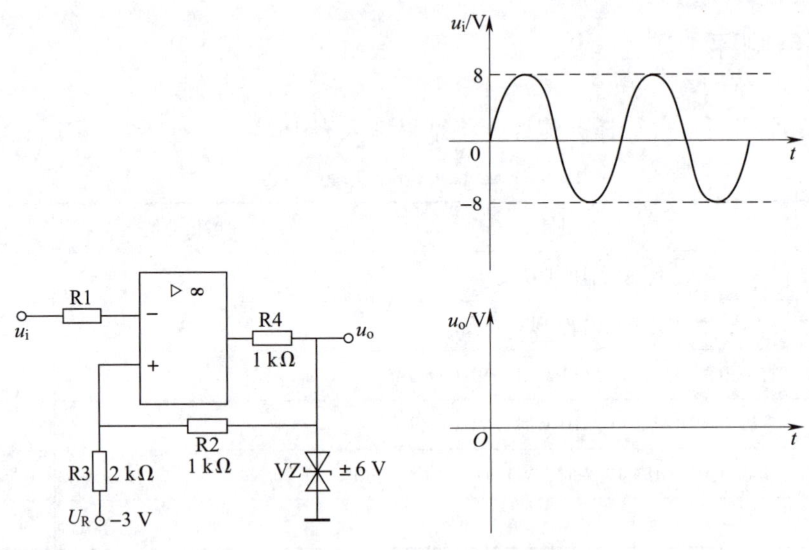

图 3-42　第 3 题图

4. 在图 3-43 所示电路中，U1、U2 和 U3 均为理想集成运算放大器，其最大输出电压幅度为±12 V。

（1）U1、U2 和 U3 各组成何种基本应用电路？

（2）U1、U2 和 U3 分别工作在线性区还是非线性区？

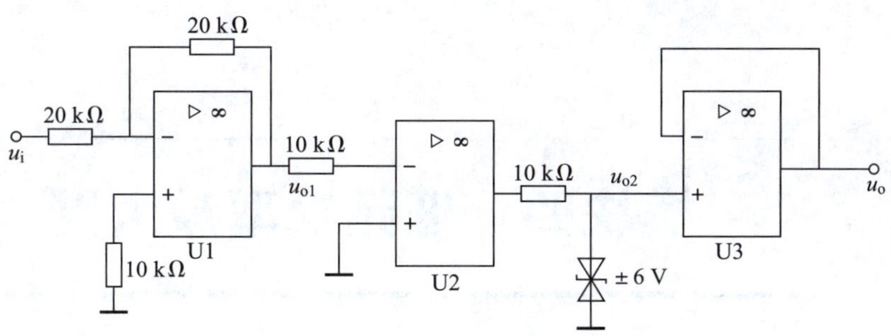

图 3-43　第 4 题图

模块四　低频功率放大器

课题一　OTL 功率放大电路的安装与检测

学习目标

1. 了解功率放大电路的特性和类型，能估算功率放大电路的输出功率。
2. 理解交越失真的概念，以及消除交越失真的方法。
3. 掌握 OTL 功率放大电路的工作原理，能按工艺要求安装、检测 OTL 功率放大电路，并排除简单故障。

任务引入

在实际应用中，放大电路的输出信号必须能驱动一定的负载，例如使扬声器发声、继电器动作、数据或图像显示、电动机转动等，所以多级放大电路必须有一个能输出一定功率的输出级。这类主要用于向负载提供足够大功率的放大电路称为功率放大电路，简称功放。功放中使用半导体三极管作为主要器件，称为功率放大管，简称功放管。

本任务的内容就是完成 OTL 功放电路的安装与检测。

相关知识

一、功率放大电路的类型

1. 按静态工作点位置分类

（1）甲类功率放大电路

功放管的静态工作点设置在放大区中间，在输入信号的整个周期内都处于放大状态。其具有输出信号失真小但转换效率低的特点。

（2）乙类功率放大电路

功放管的静态工作点设置在放大区与截止区的交界处偏于截止区的一侧，仅在输入信号的半个周期内导通。输出只有半波信号，需要使用两个功放管组合起来交替工作，合成出一个完整的全波信号。其具有转换效率高但失真大的特点。

（3）甲、乙类功率放大电路

功放管的静态工作点设置在放大区与截止区的临界点上，静态时功放管处于微导通状态，导通时间略大于输入信号的半个周期且小于一个周期。此类功放具有较高的转换效率且失真小，是应用非常广泛的一种类型。

2. 按输出端耦合方式分类

按功率放大电路输出端耦合方式不同，可分为变压器耦合功率放大电路、无输出变压器功率放大电路（OTL 电路）和无输出电容器功率放大电路（OCL 电路）。

早期的功率放大电路常采用变压器耦合方式，利用其阻抗变换特性使负载获得最大功率，但由于变压器体积大、笨重、频率特性差，且不便于集成化，因此已很少应用。OTL 和 OCL 电路都不使用输出变压器，且都有集成电路，在电子产品中应用较广泛。

二、OTL 功率放大电路

1. 电路组成及工作原理

OTL 功率放大电路也称单电源供电乙类互补对称功率放大电路，如图 4-1 所示。其中 VT1 是 NPN 型管，VT2 是 PNP 型管，两管特性对称，接成射极输出形式，输出电阻小，能直接与低阻抗负载匹配。大容量的电容器 C 既是输出耦合电容器，同时又可充当 VT2 的等效直流电源。

静态时，前级电路应使基极对地电位 $V_B = V_{CC}/2$，由于 VT1 和 VT2 特性对称，所以发射极对地电位 V_A 也是 $V_{CC}/2$，通常把该点电位称为中点电位。此时 VT1 和 VT2 都处于截止状态，$I_{BQ} = I_{CQ} = 0$，此时电路为乙类功率放大电路。

输入信号为正半周期时，VT1 导通，VT2 截止，电源 V_{CC} 通过 VT1 向电容器充电，电流流过负载，如图 4-1 中实线所示。输入信号为负半周期时，VT2 导通，VT1 截止，电容器 C 经过 VT2 向负载放电，如图 4-1 中虚线所示。

功放管 VT1 和 VT2 交替工作，在负载上获得由正、负半周期组合成的完整输出波形。耦合电容器 C 在工作过程中不断地充放电，但因电容量足够大，所以两端电压基本维持在 $V_{CC}/2$。

忽略功放管的饱和压降，负载可获得的最大功率为

$$P_{om} = \frac{\left(\frac{V_{CC}}{2}\right)^2}{2R_L} = \frac{V_{CC}^2}{8R_L}$$

2. 实用的 OTL 功放电路

（1）交越失真及其消除方法

OTL 功放电路工作在乙类状态，由于三极管导通电压的存在，输出信号会在正、负半周期的交界处产生失真，称为交越失真。交越失真波形如图 4-2 所示。

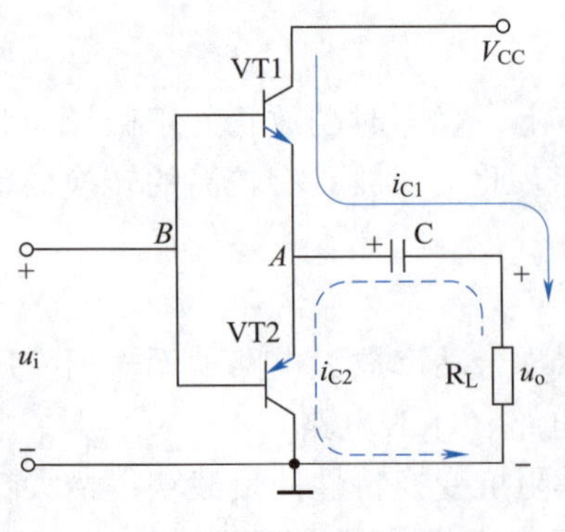

图 4-1　OTL 功率放大电路

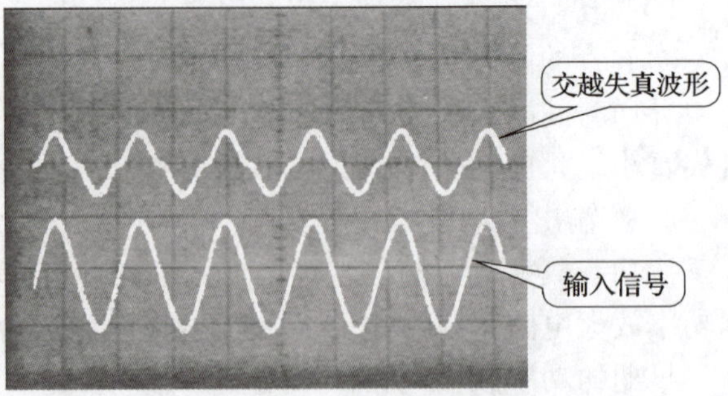

交越失真波形
输入信号

图 4-2　交越失真波形

消除交越失真的方法是给功放管的发射结加上很小的正向偏置电压，使其在静态时处于微导通状态，这样输入信号一旦加入，功放管立即进入线性放大区，从而克服了交越失真。

图 4-3 所示电路为实用的 OTL 功放电路，其中 R5 和二极管 VD 就是为消除交越失真而设置的。调节 RP 可以调节功放管的静态工作点。二极管 VD 的正向压降随温度升高而降低，因此对功放管还能起到一定的补偿作用。

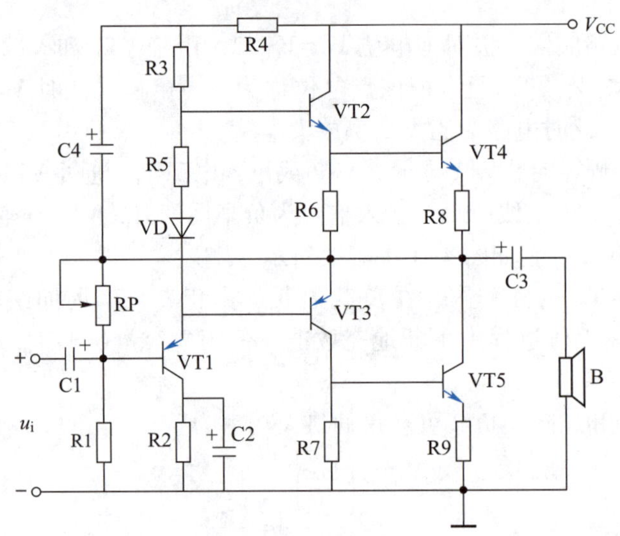

图 4-3　实用的 OTL 功放电路

（2）复合管的应用

在实际应用中，为了提高放大电路的性能，特别是电流放大系数，有时会把两个以上的三极管按一定方式连接起来构成复合管作为功放管。连接时以小功率管作为输入管，大功率管作为输出管，如图 4-4 所示。复合管的电流放大系数 β 约等于两只管 β_1、β_2 的乘积，即

$$\beta=\beta_1\beta_2$$

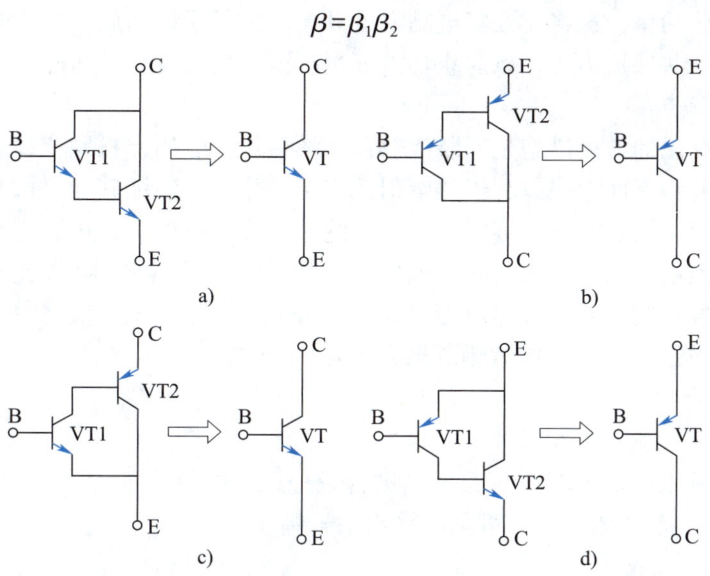

图 4-4　几种典型的复合管形式

复合管的组成原则如下：

1）应保证复合管中每一只三极管的各极电流都有合适的通路，并且都工作在放大状态。

2）应将第一只三极管的集电极或发射极电流作为第二只三极管的基极电流。

3）复合管的导电类型由第一只三极管的类型决定。

三、OCL 功率放大电路

OCL 功率放大电路也称双电源供电乙类互补对称功率放大电路，如图 4-5 所示。OCL 与 OTL 电路原理很相似，区别有以下两点：

1. OTL 电路中的输出耦合电容器起负电源的作用，如果用一个负电源取代它，就构成了 OCL 电路。

2. OCL 电路采用直接耦合方式，所以低频响应优于 OTL 电路，而且更便于集成化。

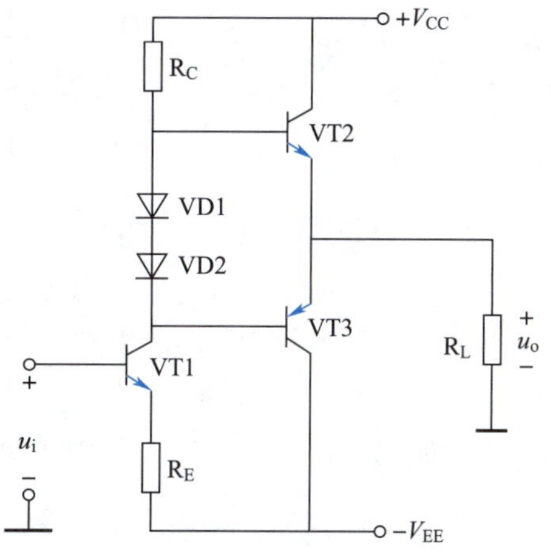

图 4-5　OCL 功率放大电路

忽略功放管的饱和压降，负载可获得的最大功率为

$$P_{om}=\frac{V_{CC}^2}{2R_L}$$

四、功放管的安全使用

在功率放大器中，功放管既要流过大电流，又要承受高电压。除了给负载输送功率外，功放管本

身也要消耗一部分功率，这将导致集电结温度升高。为了保证功放管的安全工作，在实际电路中，常采用一些保护措施，以防止功放管过电压、过电流和过功耗。

1. 功放管的散热

降低功放管结温的常见措施是安装散热器。散热器一般用铝材制成，为增大散热面积多制成凹凸形，并将表面涂黑以利于热辐射。安装散热器应保证其通风散热良好，与功放管之间应贴紧靠牢，固定螺钉要旋紧。在电气绝缘允许的情况下，可以把功放管直接安装在金属机箱或金属底板上。若功放管集电极（管壳）与散热器之间需要绝缘，可垫入薄云母片或专用绝缘导热膜，并于各接触面之间涂以硅脂（一种导热绝缘材料）。必要时可加大散热器或采用强制风冷，这样散热效果会更好。

2. 功放管的保护

（1）限制输入、输出幅度

在功放管的输入、输出端并联保护二极管或稳压二极管，如图 4-6 所示。VZ1、VZ2 可限制输入信号幅度，VZ3～VZ6 可限制输出信号幅度。

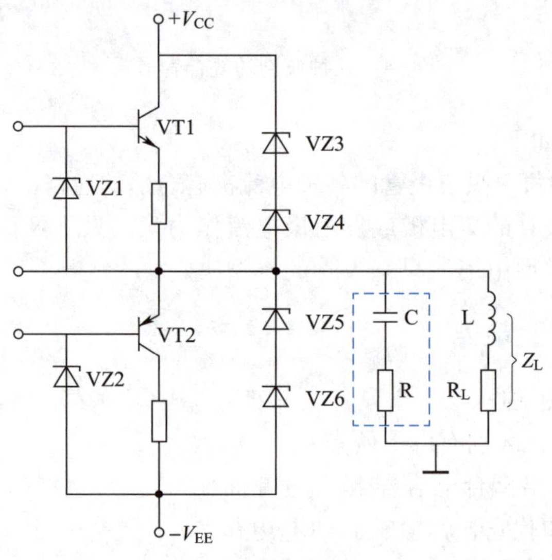

图 4-6　功放管的保护

（2）对感性负载进行相位补偿

为了防止由于接入感性负载而使功放管出现过电压或过电流现象，可在感性负载（如扬声器）两端并接 RC 串联电路，这称为相位补偿网络。它由小阻值的电阻器 R 和大容量的电容器 C 构成，这样，一旦功放管的输出信号发生突然变化，感性负载产生的感应电动势就会加到补偿网络两端，起到缓解作用，避免了对功放管的冲击。

五、功放管的选择

选择功放管的主要依据是功率放大器的最大输出功率 P_{om} 和电源电压 V_{CC}，并且和功率放大器的类型有关。

功放管工作在大信号放大状态，流入功放管的电流 i_B、i_C，加在功放管上的电压 u_{BE}、u_{CE} 都在很大范围内变化，但是必须限制在极限参数范围内，如图 4-7 所示。

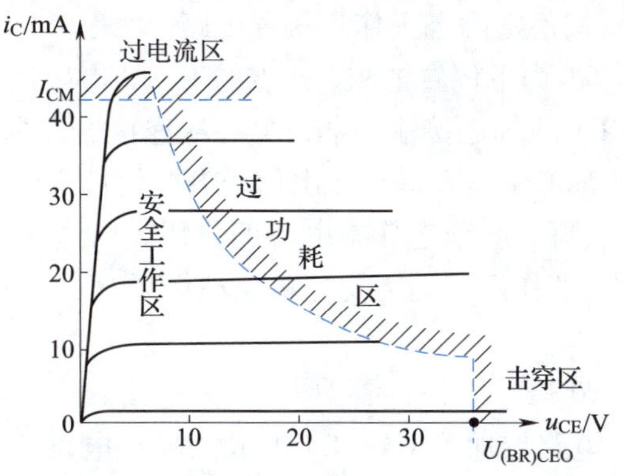

图 4-7　功放管的安全工作区

为确保功放管安全工作，选管时对极限参数应留有充分的余量。互补管应选用特性基本相同的配对管，尽可能做到材料相同，电流放大系数相近，极限参数差异不大。通常选用序号相同的管子作为配对管，如 3DG12 配 3CG12，3AX31 配 3BX31 等，必要时还可采用复合管解决配对问题。

任务实施

一、识读电路

图 4-8 所示为 OTL 功率放大电路原理图。

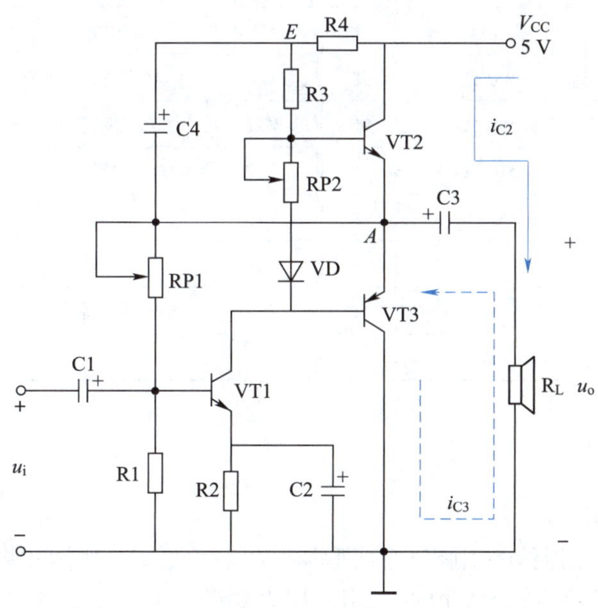

图 4-8　OTL 功率放大电路原理图

该电路由激励放大级和功率放大输出级组成。

1. 激励放大级

该级由 VT1 组成分压式稳定静态工作点偏置电路。

RP1 为上偏置电阻，R1 为下偏置电阻，A 点的 $V_{CC}/2$ 电压通过 RP1 与 R1 分压为放大管 VT1 提供基极电压。RP1 一端连接输出端，另一端连接输入端，因此还起了电压并联负反馈的作用，可以稳定静态工作点和提高输出信号电压的稳定度。

R2 是 VT1 的发射极电阻，起稳定静态电流的作用，C2 并联在 R2 上起交流旁路的作用，这样 R2 只起直流负反馈作用，而无交流负反馈作用。

2. 功率放大输出级

该级由三极管 VT2、VT3 组成互补对称功率放大电路。

为了改善输出波形，电路增加了 R4、C4 组成的自举电路。在输出端电压向 V_{CC} 接近时，VT2 的基极电流较大，在偏置电阻 R3 上产生压降，使 VT2 的基极电压低于电源电压 V_{CC}，因而限制了其发射极输出电压的幅度，使输出信号顶部出现平顶失真。接入较大容量的电容器 C4 后，C4 上充有上正下负的电压，可看作一个电源。当输出端 A 点电位升高时，C4 上端电压随之升高，使 VT2 的基极电位升高，基极可获得高于 V_{CC} 的自举电压，从而克服输出电压的顶部失真。

二、准备器材

直流稳压电源、低频信号发生器、双踪示波器各一台，万用表一个，常用电子组装工具一套。本任务所需元器件明细表见表 4-1。

表 4-1　元器件明细表

代号	名称	规格	数量	代号	名称	规格	数量
R1	碳膜电阻器	3.3 kΩ	1	C3	电解电容器	1 000 μF/25 V	1
R2	碳膜电阻器	100 Ω	1	C4	电解电容器	100 μF/50 V	1
R3	碳膜电阻器	680 Ω	1	VT1	三极管	9011 或 3DG6	1
R4	碳膜电阻器	510 Ω	1	VT2	三极管	9013 或 3DG12	1
RP1	可调电阻器	100 kΩ	1	VT3	三极管	9012 或 3CG12	1
RP2	可调电阻器	1 kΩ	1	VD	二极管	1N4007	1
C1	电解电容器	10 μF/25 V	1	R_L	扬声器	8 Ω/0.5 W	1
C2	电解电容器	100 μF/25 V	1				

三、安装检测电路

1. 检测元器件的质量。

2. 按工艺要求对元器件的引脚进行成形加工，参考图 4-9 所示实物图安装、焊接电路。

3. 电路检查无误后接通 5 V 电源。用万用表测量输出端 A 点的电位，调节可调电阻器

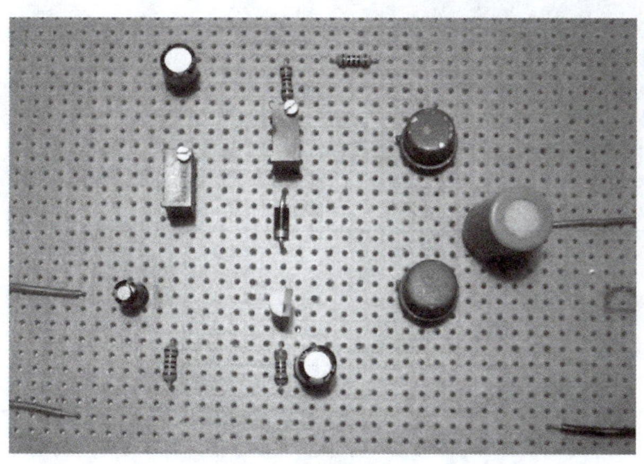

图 4-9　OTL 功率放大器实物图

RP2，使 $V_A=V_{CC}/2$。

4. 测量三极管 VT1、VT2、VT3 三个电极的对地电位，并将测量结果记录在表 4-2 中。

表 4-2　三极管各极电位值

三极管	V_B/V	V_E/V	V_C/V
VT1			
VT2			
VT3			

5. 将低频信号发生器的“频率”置于“1 kHz”挡，输出电压设为 10 mV，并将其输出端与功率放大电路输入端相连接。将双踪示波器 Y 轴输入电缆分别与功放电路输入、输出端相连接。观察输入、输出波形，调节双踪示波器相关旋钮，使输入信号电压和输出信号电压波形稳定显示（1~3 个周期）。调节低频信号发生器的输出电压，使输出波形最大且不失真，读取输入、输出的电压值。

6. 短接 VT2 和 VT3 的基极，观察输出波形的交越失真现象。

7. 将音频信号送入放大器，试听扬声器发出的声音。

调试中可能出现如下故障情况：

（1）无声

用万用表检查扬声器是否损坏，将万用表调至“R×1 k”挡，红表笔接地，黑表笔先点触扬声器，此时扬声器应发出“喀喀”的声音，如无此声，则故障在扬声器；如有声，再检查其他相关部分。

（2）输出信号失真

失真的原因很多，如扬声器纸盆破损，集成电路性能不良，元器件性能指标下降等都会引起失真。

任务测评

按表 4-3 所列项目进行任务测评，将结果填入表中。

表 4-3　测评记录

序号	考核项目	考核分值	考核得分
1	检测元器件的质量	2	
2	按工艺要求安装、焊接电路	2	
3	调整静态工作点	2	
4	测量三极管各极对地电位	2	
5	用双踪示波器观察输入、输出信号波形	2	
合计		10	

思考与练习

图 4-8 所示电路中，已知 $V_{CC}=24$ V，$R_L=8\ \Omega$。试解答以下问题：

1. 如何调节静态工作点？静态时 V_A 的正常值应是多少？
2. RP2 起何作用？如果 RP2 断开，可能产生什么后果？
3. 二极管 VD 能否反接，为什么？
4. RP1 引入什么类型的反馈？
5. 理想状况下，R_L 上的最大输出功率是多少？
6. 若电容器 C4 断开，对电路有何影响？

课题二　用 LM386 构成的集成功率放大电路的安装与检测

学习目标

1. 了解集成功率放大器的典型应用。
2. 能正确识读集成功率放大器的引脚及其功能。
3. 能正确完成由 LM386 构成的集成功率放大电路的安装与检测。

任务引入

集成功率放大器简称集成功放，其内部电路一般包含前置级、中间激励级、偏置电路等，有的还包含完善的保护电路，因此，具有较高的可靠性。集成功放广泛应用于收录机、电视机、开关功率电路、伺服放大电路中。本任务使用音频集成功放 LM386 构成功率放大电路，并完成电路的安装与检测。

相关知识

一、音频集成功放 LM386 简介

1. LM386 的主要参数

电源电压范围：4~12 V；静态电流：4~8 mA；输出功率（V_{CC} = 6 V，R_L = 8 Ω）：325 mW；频带宽度：300 kHz。

2. LM386 的引脚排列

音频集成功放 LM386 为 8 脚双列直插式塑料封装结构，其引脚排列如图 4-10b 所示。

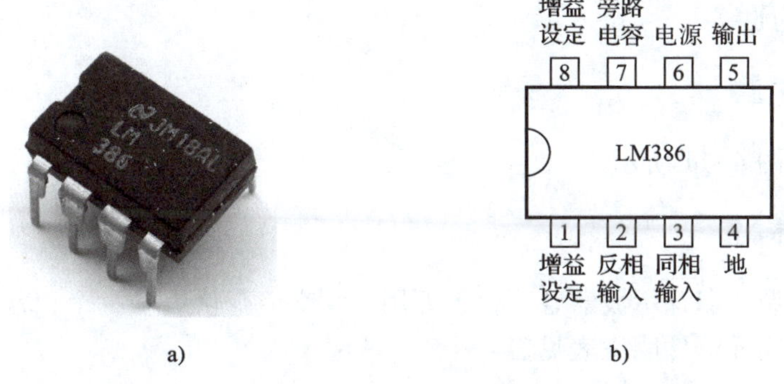

图 4-10 音频集成功放 LM386 的外形与引脚排列
a）外形 b）引脚排列

二、LM386 典型应用实例

图 4-11 所示为用 LM386 组成的功放电路，是 LM386 的典型应用电路之一。引脚 6 接正电源，输出端 5 接 250 μF 的电容器 C1 和负载 R_L，构成 OTL 功放电路。输入信号经可调电阻器 RP 接到同相输入端 3，反相输入端 2 接地。由于扬声器为感性负载，容易产生高频自激振荡和过电压，因此在输出端 5 并接由 R1、C2 串联组成的校正电路，使整个负载接近电阻性。引脚 7 所接电容器 C4 为纹波旁路电容器，用以消除直流电源中的纹波分量。C5 为退耦电容器，用以减少电源内阻对交流信号的影响。

引脚 1 和 8 是电压增益设定端，当 1、8 之间开路时，电压增益为 26 dB（电压放大倍数为 20）；若 1、8 之间接 10 μF 的电容器，电压增益可达 46 dB（电压放大倍数为 200）；若 1、8 之间接阻容串联元件，则电压增益可在 26~46 dB 任意调节，电阻越小，则增益越高。

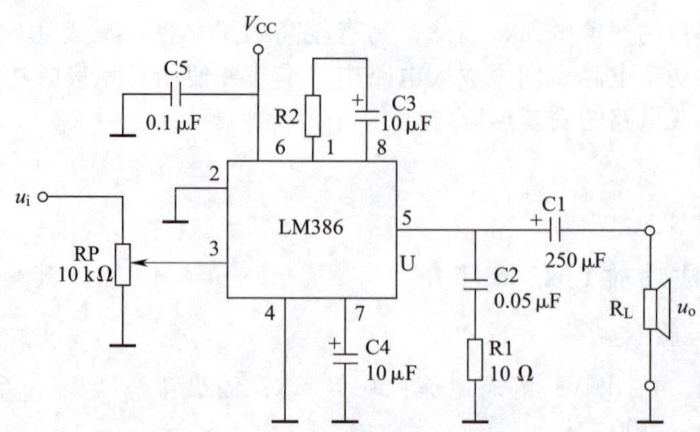

图 4-11　用 LM386 组成的功放电路

任务实施

一、识读电路

实训电路如图 4-11 所示。

二、准备器材

直流稳压电源、双踪示波器各一台，万用表、交流毫伏表各一个，常用电子组装工具一套。本任务所需元器件明细表见表 4-4。

表 4-4　元器件明细表

代号	名称	规格	数量	代号	名称	规格	数量
R1	碳膜电阻器	10 Ω	1	C3、C4	电解电容器	10 μF/25 V	2
R2	碳膜电阻器	1. 2 kΩ	1	C5	涤纶电容器	0. 1 μF	1
RP	可调电阻器	10 kΩ	1	U	集成功放	LM386	1
C1	电解电容器	250 μF/25 V	1	R_L	扬声器	5 W/8 Ω	1
C2	涤纶电容器	0. 05 μF	1		插座	8 脚	1

三、检测元器件

下面主要介绍集成功放和扬声器的检测。

1. 集成功放 LM386 的检测

（1）将万用表置于“R×1 k”挡，黑表笔接集成功放 LM386 的引脚 3、红表笔接引脚 2，测 LM386 两输入端之间电阻为__________ kΩ；将红、黑表笔对调后再次测量阻值为__________ kΩ。这两个阻值相差不多属于正常。

（2）将万用表置于“R×1 k”挡，测 LM386 电源端 6 对地电阻，阻值为__________ kΩ，如果该阻值接近“∞”或约在零位，说明集成功放内部已断路或短路，该集成功放不能使用。

2. 扬声器的检测

将万用表置于“R×1”挡，当用两根表笔分别接触扬声器音圈引出线两端时，指针偏转，并伴有“喀喀”声响，这时记录音圈电阻为__________ Ω。若无“喀喀”声，万用表指针无偏转，说明音圈已断，该扬声器不能使用。

四、安装调试电路

1. 按工艺要求对元器件的引脚进行成形加工。

2. 参考图 4-12 所示实物图在电路板上焊接元器件，连接电路。

图 4-12　用 LM386 组成的功放电路实物图

3. 安装完毕并检查无误后，接通 5 V（或 6 V）电源。

4. 输入音频信号，试听扬声器发出的声音。

（1）若声音太小，可调节 RP。

（2）若有干扰声，应检查公共地是否接好，R1、C2 支路是否接好。

5. 用双踪示波器观察信号波形。

（1）将双踪示波器接通电源，预热 3 min，直至显示清晰的扫描基线（光迹）。

（2）CH1 通道、CH2 通道的耦合方式选择置于“AC”位置，垂直偏转方式选择置于“CHOP”位置，触发方式选择置于“AUTO”位置，使双踪示波器工作于自动扫描状态。调节聚焦及辉度旋钮，使显示的两条扫描基线细而清晰，但不宜过亮，以免损坏显示屏。调节 CH1（或 CH2）通道的垂直移位旋钮，使两条扫描基线在显示屏上有适当的间距。

（3）将双踪示波器两垂直偏转开关、扫描时间开关“t/div”置于合适挡级。

（4）将双踪示波器两测试电缆的探头与电路连接，两个探头的接地夹子必须接在电路的接地端，双踪示波器显示屏便显示输入、输出波形。

（5）用双踪示波器测试乐曲播放时输入、输出信号的电压波形，观察这两个信号的变化规律是否相同，幅度是否相同，记录观察结果：输入、输出信号变化规律__________（相同、不同），输出信号的幅度__________（大于、小于、等于）输入信号幅度。

6. 用交流毫伏表测量输出信号电压。

（1）在未通电情况下，对交流毫伏表进行机械调零；接通电源后，再进行电气调零：将输入电缆两夹子短接，调节“调零”旋钮使表针指向零点。

（2）将交流毫伏表置于“10 V”挡，RP 调至最大值，测量图 4-11 所示电路输出信号电压（先接地线，再接信号线），记录输出信号电压 U_o=__________ V。

（3）估算被测电路输出功率（$R_L=8\ \Omega$）：

$$P=\frac{U_o^2}{R_L}=\_\_\_\_\_\_\_\_\_\_\ \mathrm{W}$$

任务测评

按表 4-5 所列项目进行任务测评，将结果填入表中。

表 4-5　测评记录

序号	考核项目	考核分值	考核得分
1	检测集成功放 LM386 和扬声器的质量	2	
2	按工艺要求安装、焊接电路	2	
3	调整电路使其能正常放大音频信号	2	
4	用双踪示波器观察输入、输出信号波形	2	
5	用交流毫伏表测量输出信号电压	2	
合计		10	

知识拓展

一、用 TDA2030 组成的 OCL 功放电路

TDA2030 集成功放性能稳定、可靠，适应长时间连续工作，且芯片内部具有过载保护和热切断保护电路。该芯片适合用作收录机及高保真立体扩音装置中的音频功率放大器。

图 4-13 所示为 TDA2030 集成功放的外形和引脚排列。

a）

b）

图 4-13　TDA2030 集成功放的外形和引脚排列

a）外形　b）引脚排列

TDA2030 集成功放的电源电压范围为±（6~18）V，静态电流小于 60 μA，频率响应为

10 Hz~140 kHz，谐波失真小于 0.5%。当 $V_{CC}=\pm14$ V、$R_L=4\ \Omega$ 时，其输出功率为 14 W。TDA2030 集成功放的引脚很少，外接元器件也很少，这是它的一个很突出的优点。

用 TDA2030 组成的 OCL 功放电路如图 4-14 所示。

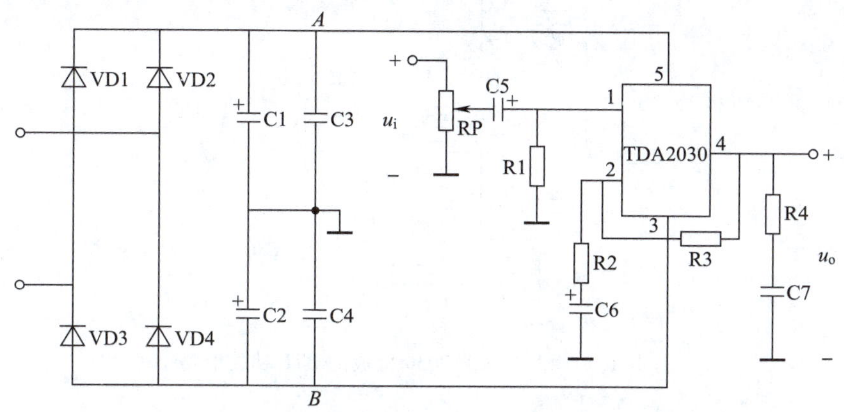

图 4-14　用 TDA2030 组成的 OCL 功放电路

该电路由变压器提供±12 V 交流电，通过 VD1~VD4 桥式整流、电容滤波以后，在 A、B 两端可得到一组正、负直流电源，作为集成功放 TDA2030 的工作电源。C1、C2 为电源低频去耦电容器，C3、C4 为电源高频去耦电容器。

R4 和 C7 组成阻容吸收电路，用以避免感性负载产生过电压损坏芯片。

信号通过耦合电容器 C5 送入 TDA2030 集成功放的同相输入端 1 脚，经过放大后从 4 脚输出。RP 用于调节输入信号大小。R2、R3、C6 引入交流电压串联负反馈。闭环增益可由下式估算：

$$A_{uf}=1+\frac{R_3}{R_2}$$

二、用 TDA2030 组成的 BTL 功放电路

为了提高输出功率和电源利用率，可用两个 TDA2030 接成 BTL 功放电路（即桥式功率放大器），如图 4-15 所示。

电路中，U1 为同相放大器，$A_{u1}=1+R_2/R_1$；U2 为反相放大器，$A_{u2}=-R_4/R_3$。负载 R_L 接在两个放大器输出端之间。适当选择相关电阻，可使 $|A_{u1}|=|A_{u2}|$。显然，R_L 上的输出电压 $u_o=u_{o1}-u_{o2}$，由于 u_{o1} 与 u_{o2} 相位相反，所以接成桥路后合成的输出电压应为单个功率放大器的两倍，输出功率应为单个功率放大器的四倍。BTL 功放电路不用变压器和大电容，输出端与负载直接耦合，因而改善了频率特性，提高了保真度，适合集成化。目前，已有将两个功率放大器集成在同一芯片上的产品，如 LM4860、LM4861 等。相似结构的集成运放还有 LM2877（双 OTL）、TDA1556（双 BTL）、TDA1521（双 OCL）等。

图 4-16 所示为实际应用的 BTL 功放电路。

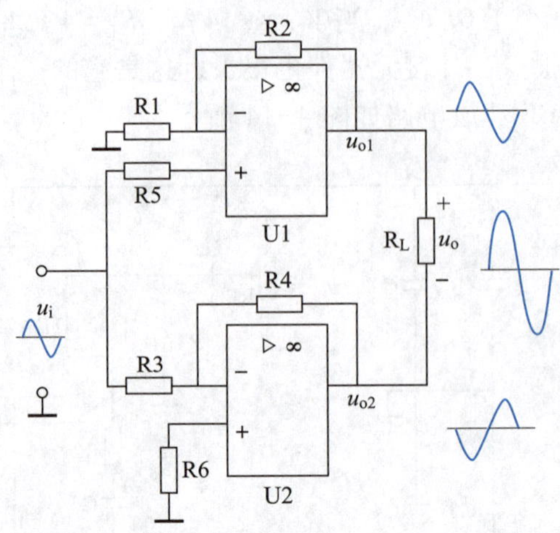

图 4-15　用两个 TDA2030 接成的 BTL 功放电路

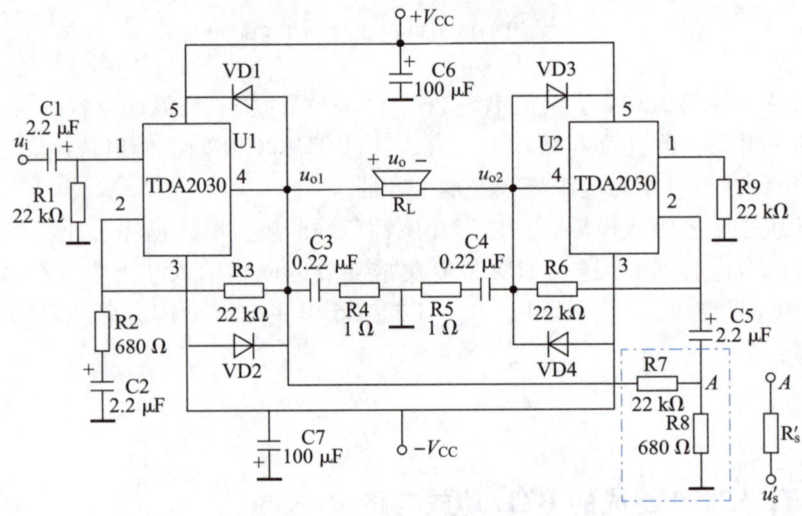

图 4-16　实际应用的 BTL 功放电路

输入信号从 U1 同相输入端输入，其输出电压经 R7、R8 分压后，从 U2 反相输入端输入。根据戴维南定理，可等效为 u_s'和 R_s'：

$$u_s'=u_{o1}R_8/(R_7+R_8)\text{ ，}R_s'=R_7//R_8$$

U2 的输出电压为

$$u_{o2}=-\frac{R_6}{R_s'}u_s'=-\frac{R_6}{R_7//R_8}\cdot\frac{u_{o1}R_8}{R_7+R_8}\approx-u_{o1}$$

由上式可见，u_{o1} 和 u_{o2} 是两个大小相等、极性相反的输出信号，符合 BTL 功放电路的要求。

在图 4-16 所示电路中，C6、C7 为正、负电源滤波电容器。C1、C5 为输入耦合电容器。R1 和 R9 阻值相等，分别为 U1 和 U2 的直流偏置电阻。R3、R2、C2 组成 U1 的电压串联负反馈，调节 R3、R2 可调节电路电压增益。R6、R8、C5 组成 U2 的电压串联负反馈，两个负反馈电路一般取相同参数。R7 必须与 R6 相同，否则两组互补对称电路的输出将不对称。R4、C3，R5、C4 与感性负载并联，其作用是改善频率响应。VD1、VD2 和 VD3、VD4 分别为两组电路的保护二极管。

思考与练习

在图 4-11 所示电路中出现以下问题时，对电路正常工作有何影响？

1. 电容器 C5 短路。
2. LM386 的第 5 脚虚焊。
3. 电容器 C1 开路。

模块五 信号发生电路

在电子电路中，常常需要各种波形的信号作为测试或控制信号，信号发生电路就是用来产生一定频率、一定幅度和一定变化特性交流信号的电路，在测量、通信、自动控制领域有着广泛的应用。

课题一 RC 桥式振荡电路的仿真、安装与检测

学习目标

1. 掌握正弦波振荡电路的基本组成和产生自激振荡的条件。
2. 掌握 RC 桥式振荡电路的组成和工作原理，能正确判断电路能否产生振荡。
3. 能完成 RC 桥式振荡电路的安装与检测。
4. 能使用双踪示波器观测振荡波形，使用数字频率计测量振荡频率。

任务引入

RC 桥式振荡电路是由于电路中采用了电桥的连接方式而得名的。许多低频信号发生器都是采用的 RC 桥式振荡电路。本任务的内容就是完成 RC 桥式振荡电路的仿真、安装与检测。

相关知识

一、正弦波振荡电路的基本组成

能产生正弦波信号的振荡电路称为正弦波振荡电路。图 5-1 所示为正弦波振荡电路的组成框图。

当开关 S 接“1”时，输入信号 u_i 经基本放大电路放大，在输出端得到一个较大的输

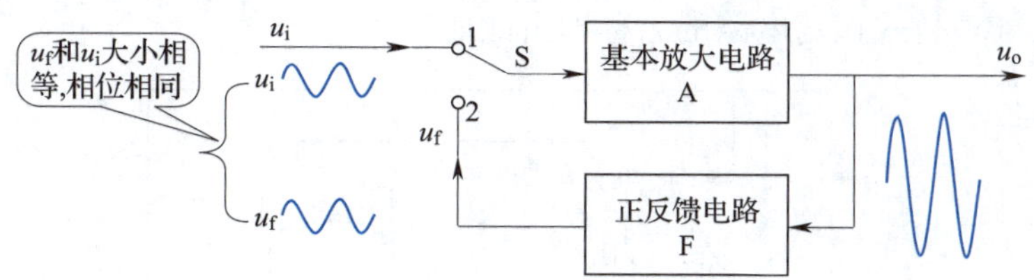

图 5-1　正弦波振荡电路的组成框图

出信号 u_o。这时如果将开关 S 瞬间接“2”，从输出端引入正反馈信号 u_f，并使 u_f 与原输入信号 u_i 大小相等、相位相同，则整个电路在去掉输入信号 u_i 的情况下，仍然可以依靠反馈信号 u_f 而持续输出稳定的信号。

由图可以看出，正弦波振荡电路由一个基本放大电路和一个正反馈电路（或称正反馈网络）组成。但要产生单一频率的正弦波，还必须有选频电路（或称选频网络）。此外，还要有稳幅环节，以保证输出信号的稳定。对于分立元件组成的振荡电路，常常依靠晶体管的非线性特性和引入负反馈来实现稳幅作用。

二、自激振荡的条件

由于自激振荡电路无须外加信号而是用反馈信号作为输入信号，因此要形成等幅振荡必须保证每次回送的反馈信号与原输入信号完全相同，即不仅要振幅相同，而且相位也要相同，所以振荡电路的自激振荡条件实际应包含以下两个方面：

1. 幅度平衡条件

根据反馈信号与输入信号大小相等的要求，设基本放大电路电压放大倍数为 A，反馈系数为 F，则有 $u_f=AFu_i=u_i$，可得

$$AF=1$$

实际使用时，为了便于电路起振，一般取 $AF\geqslant 1$。

2. 相位平衡条件

根据反馈信号与输入信号相位相同的要求，基本放大电路与反馈网络的总相移必须等于 2π 的整数倍，即

$$\varphi_A+\varphi_F=2n\pi \text{（}n\text{ 为整数）}$$

这样引入的反馈才是正反馈。

振荡电路只有同时满足幅度平衡条件和相位平衡条件才有可能起振。

三、分立元件组成的 RC 桥式振荡电路

分立元件组成的 RC 桥式振荡电路如图 5-2 所示，其中 VT1 和 VT2 组成两级共射极放大电路，RC 串并联网络既是正反馈网络又是选频网络，RP、R_f、R5 引入电压串联负反馈，起稳幅作用。

1. RC 串并联网络的选频作用

在 RC 桥式振荡电路中，一个正反馈支路和一个负反馈支路恰好形成电桥的 4 个桥臂，

如图 5-3 所示，RC 桥式振荡电路的名称即由此而来。

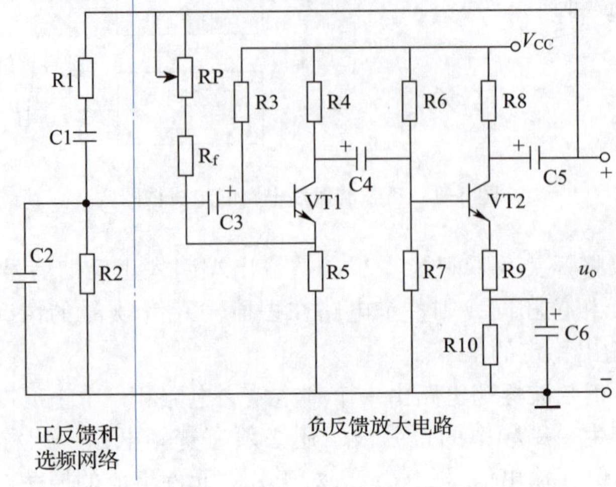

图 5-2 分立元件组成的 RC 桥式振荡电路

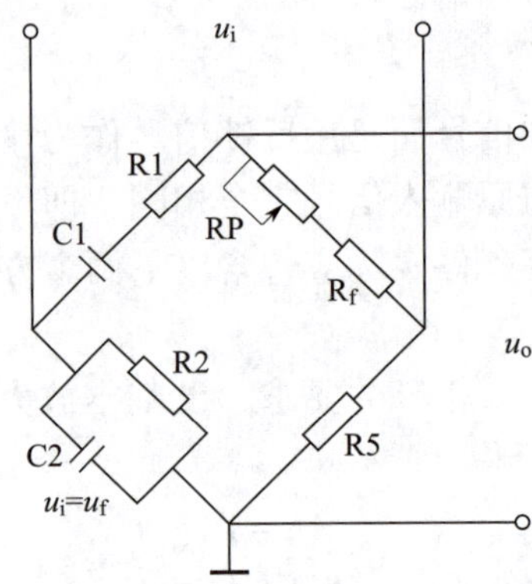

图 5-3 RC 桥式振荡电路

RC 桥式振荡电路中的 RC 串并联网络是一种特殊的选频网络，其等效电路如图 5-4 所示。

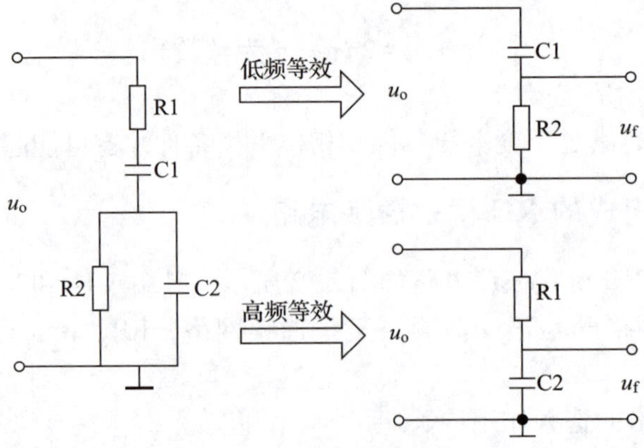

图 5-4 RC 串并联网络的等效电路

当输入信号频率较低时，$\frac{1}{\omega C_1} \gg R_1$，$\frac{1}{\omega C_2} \gg R_2$，所以 R1、C1 串联支路可近似等效为 C1，R2、C2 并联支路可近似等效为 R2，RC 串并联网络可等效为 C1 和 R2 串联。同理，当输入信号频率较高时，R1、C1 串联支路可近似等效为 R1，R2、C2 并联支路可近似等效为 C2，RC 串并联网络可近似等效为 R1 和 C2 串联。

图 5-5 所示为 RC 串并联网络的频率特性。当输入信号的频率偏低或偏高时，输出信号的幅度都要减小，输出电压的相移向接近+90°变化或向接近-90°变化。由于该频率特性曲线是连续的，显然，在中间必然存在某一频率点 f_0，在该频率点上，输出电压幅度最大（$u_f/u_o=1/3$），相移为零。

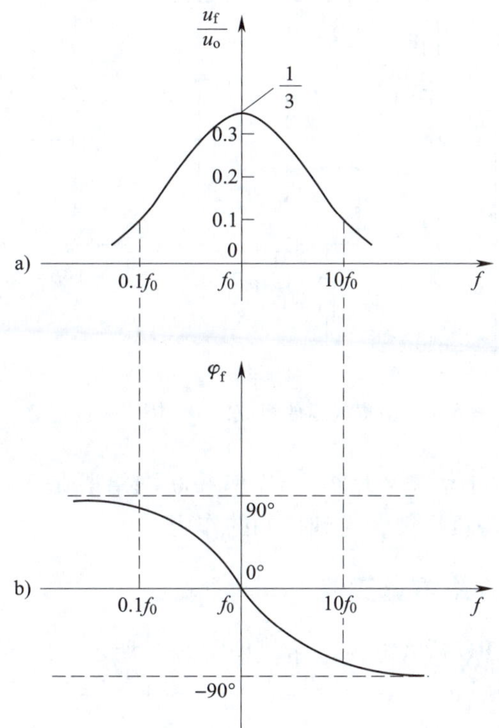

图 5-5　RC 串并联网络的频率特性

a）幅频特性　b）相频特性

2. 电路工作原理

电路输出信号经过 R1、C1 和 R2、C2 组成的串并联选频网络反馈到输入端，相移为零，形成正反馈，满足相位平衡条件；同时，两级放大电路也很容易满足幅度平衡条件，所以电路很容易起振。电路的振荡频率取决于选频网络中 R1、C1 和 R2、C2 的数值。当 $R_1=R_2=R$、$C_1=C_2=C$ 时，电路的振荡频率为

$$f_0=\frac{1}{2\pi RC}$$

3. 稳幅环节

电路中 RP、R_f、R5 构成电压串联负反馈，不仅可以降低放大电路的放大倍数，提高放大电路的稳定性，还能提高输入电阻，降低输出电阻，并起到稳幅的作用。但必须注意，若负反馈量过大，会使电路停振；反之，若负反馈量过小，输出信号幅度过大，则容易引起波形失真。

任务实施

一、识读电路

图 5-6 所示为由集成运放组成的 RC 桥式振荡电路。

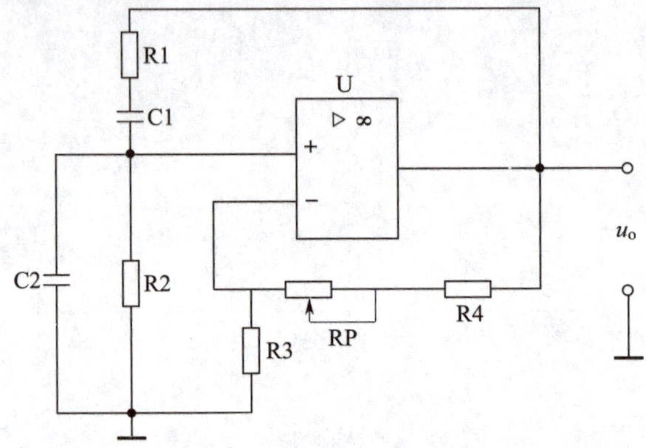

图 5-6 由集成运放组成的 RC 桥式振荡电路

集成运放组成同相比例运算放大器，RC 串并联网络既是正反馈网络又是选频网络，R3、R4、RP 引入电压串联负反馈，起到稳幅的作用。

二、RC 桥式振荡电路仿真实验

用 Multisim 软件构建 RC 桥式振荡电路，如图 5-7 所示。

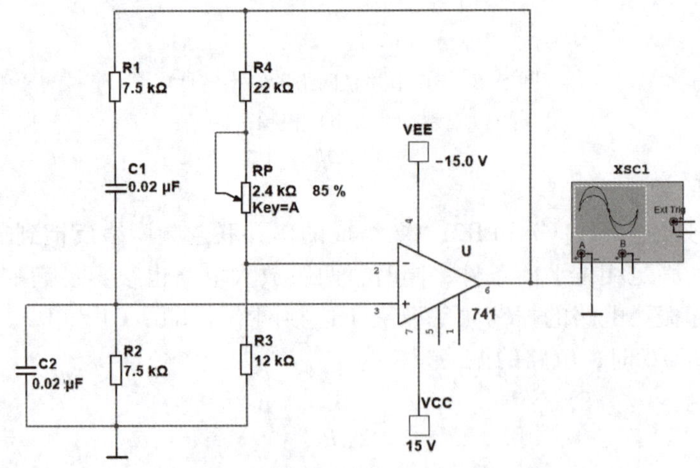

图 5-7 用 Multisim 软件构建的 RC 桥式振荡电路

1. 改变 R_P 的大小，可以看到 R_P 较小时，电路不能起振。逐渐增大 R_P，当 R_P 达到一定值时，电路开始起振。R_P 更大时，输出波形出现明显的非线性失真。

2. 当 R_4+R_P 为某一值时，输出波形无明显非线性失真，如图 5-8 所示，此时，$R_4+R_P=$ ________ kΩ，输出信号频率为________ Hz。

3. 改变 R1、R2、C1、C2 的大小，正弦波频率也随之变化。

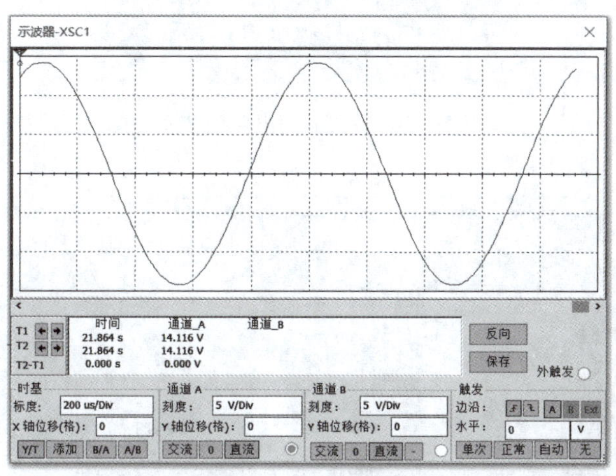

图 5-8　Multisim 仿真实验波形图

三、准备器材

双踪示波器、数字频率计、双路直流稳压电源各一台，万用表一个，常用电子组装工具一套。本任务所需元器件明细表见表 5-1。

表 5-1　元器件明细表

代号	名称	规格	数量	代号	名称	规格	数量
R1、R2	碳膜电阻器	7.5 kΩ	2	C1、C2	涤纶电容器	0.02 μF	2
R3	碳膜电阻器	12 kΩ	1	U	集成运放	CF741	1
R4	碳膜电阻器	22 kΩ	1		插座	8 脚	1
RP	可调电阻器	2.4 kΩ	1				

四、安装调试

1. 检测元器件的质量。

2. 参考图 5-9 所示实物图装接电路。

3. 安装完成并检查无误后，接通电源（±15 V 电源，由直流稳压电源提供），调节 RP，使双踪示波器显示无明显失真的波形。测量输出信号频率和输出电压幅值，记入表 5-2。

4. 使用数字频率计测量信号频率，记入表 5-2。

数字频率计面板如图 5-10 所示。频率测量方法简介如下：

图 5-9　RC 桥式振荡电路安装实物图

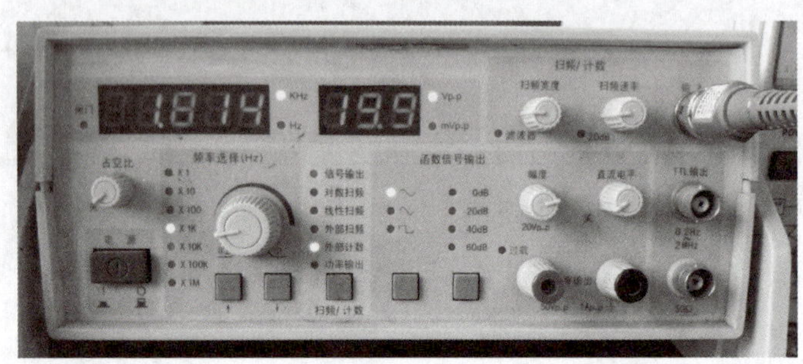

图 5-10　数字频率计面板

将待测量的信号接入数字频率计的输入插口，按“扫频/计数”键，将工作模式选为外部计数，则左侧的频率显示窗口便可显示所测信号的频率值。

表 5-2　实验记录

仿真测量频率/Hz	双踪示波器测量频率/Hz	数字频率计测量频率/Hz	输出电压幅值/V

任务测评

按表 5-3 所列项目进行任务测评，将结果填入表中。

表 5-3　测评记录

序号	考核项目	考核分值	考核得分
1	仿真实验	2	
2	检测实验元器件	2	
3	安装实验电路	2	
4	用双踪示波器检测输出信号波形	2	
5	用数字频率计测量频率	2	
合计		10	

知识拓展

RC 桥式振荡电路中的稳幅环节

一、利用热敏电阻器稳幅

利用热敏电阻器稳幅的 RC 桥式振荡电路如图 5-11 所示。图中 RT 是具有负温度系数的热敏电阻器。当振荡电路刚起振时，RT 温度低，阻值大，引入负反馈量小，电压放大倍数大，$AF>1$，有利于电路起振。随着振幅增大，RT 温度上升，阻值减小，负反馈增强，电压放大倍数也减小，直到 $AF=1$，振荡电路进入平衡状态，保持等幅振荡。

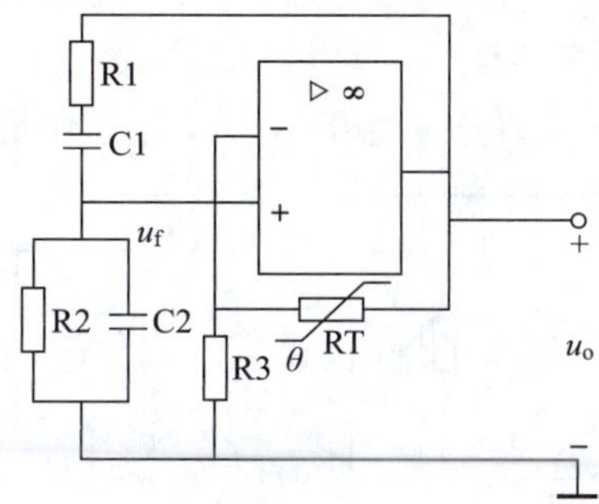

图 5-11　利用热敏电阻器稳幅的 RC 桥式振荡电路

二、利用二极管稳幅

除了利用热敏电阻器外，利用二极管的非线性也能实现自动稳幅，电路如图 5-12 所示。

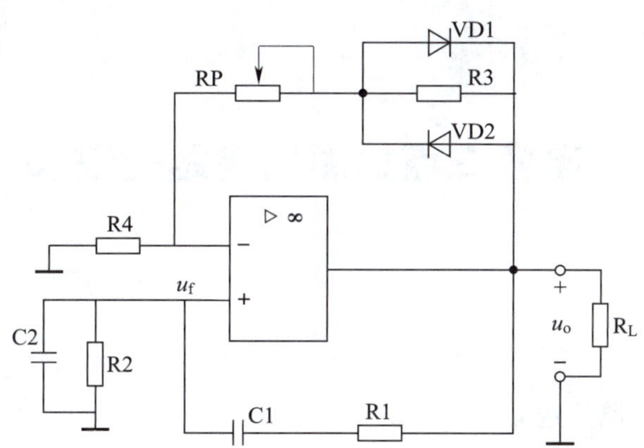

图 5-12　利用二极管稳幅的 RC 桥式振荡电路

在负反馈电路中，二极管 VD1、VD2 与电阻 R3 并联，无论输出信号是正还是负，总

有一只二极管导通。设两只二极管参数一致，正向交流电阻均为 r_d，则集成运放的闭环放大倍数为

$$A_f = 1 + \frac{R_P + R_3 // r_d}{R_4}$$

电路刚起振时，输出电压幅值较小，二极管 r_d 值较大，A_f 也较大，有利于起振。当输出电压幅值增大后，二极管电流增大，r_d 较小，A_f 随之下降，从而达到自动稳幅的目的。

思考与练习

由两级共射极放大电路组成的 RC 桥式振荡电路如图 5-13 所示，试回答以下问题：

1. 若将 VT2 这一级改用射极跟随器，电路能否起振？为什么？
2. 电路中 R_f 采用负温度系数的热敏电阻器，起什么作用？

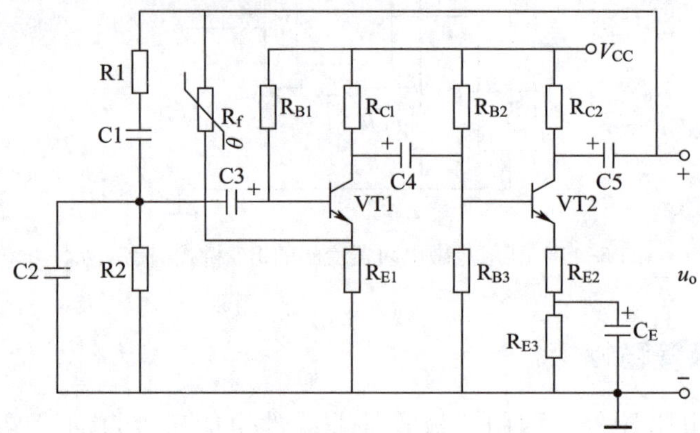

图 5-13　由两级共射极放大电路组成的 RC 桥式振荡电路

课题二　电容三点式振荡电路的安装与检测

学习目标

1. 了解 LC 并联电路的选频特性。
2. 掌握 LC 正弦波振荡电路的组成和工作原理，能判断电路能否产生振荡。
3. 能完成电容三点式振荡电路的安装和检测。
4. 能使用双踪示波器观测振荡波形，使用数字频率计测量振荡频率。

任务引入

RC 桥式振荡电路适用于产生几百赫兹以下的正弦波信号，如果需要更高的振荡频率，可采用 LC 正弦波振荡电路。常用的 LC 正弦波振荡电路有变压器反馈式、电感三点式和电容三点式三种，它们的共同特点是都用 LC 并联电路作为选频网络。本次任务将完成电容三点式振荡电路的安装与检测，了解 LC 正弦波振荡电路的组成和工作原理。

相关知识

一、LC 并联电路的选频特性

LC 并联电路如图 5-14 所示，其中 R 是电感线圈 L 的等效损耗电阻。图 5-15a、图 5-15b 所示分别为 LC 并联电路的阻抗频率特性曲线和相位频率特性曲线。

当信号频率 $f=f_0=\dfrac{1}{2\pi\sqrt{LC}}$时，电路发生谐振，LC 并联电路呈纯阻性，等效阻抗值达到最大，附加相移 $\varphi_0=0$。当 $f<f_0$ 时，$\varphi>0$，电路呈电感性；当 $f>f_0$ 时，$\varphi<0$，电路呈电容性。而且这两种情况下，LC 并联电路的等效阻抗值都将减小。

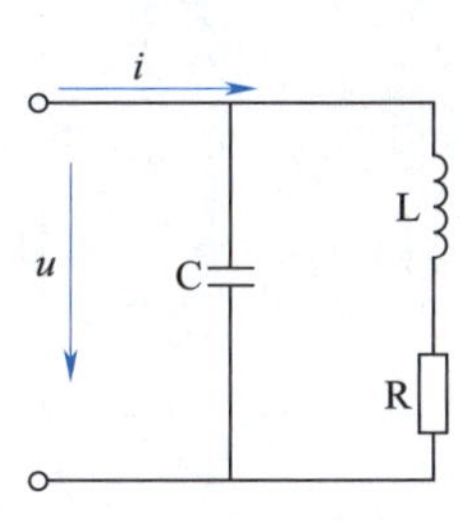

图 5-14　LC 并联电路

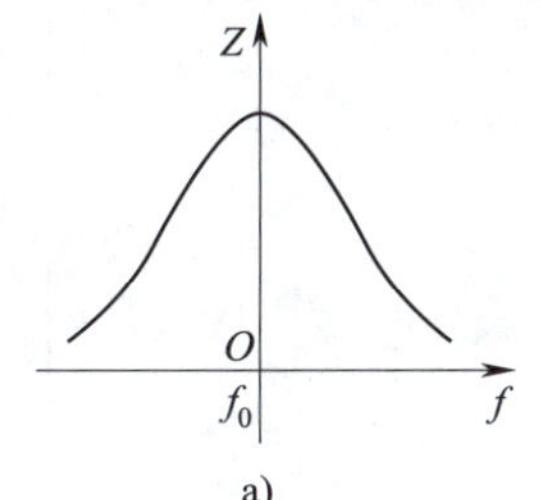

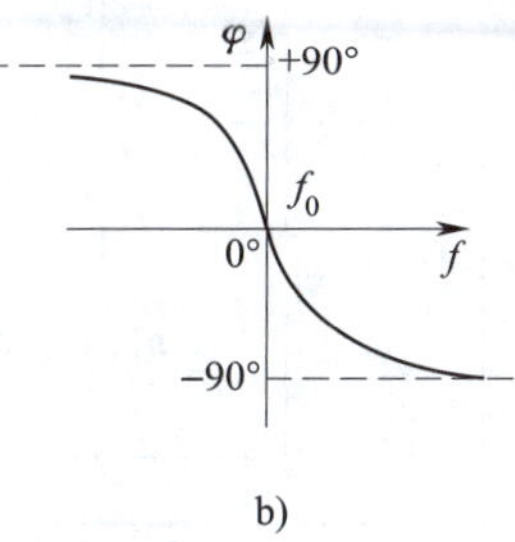

图 5-15　LC 并联电路的选频特性

a）阻抗频率特性曲线　b）相位频率特性曲线

由于 LC 并联电路具有选频特性，因此，可以利用 LC 并联电路作为选频网络组成正弦波振荡电路。

二、变压器反馈式 LC 振荡电路

LC 正弦波振荡电路与 RC 正弦波振荡电路的组成原则在本质上是一致的，只不过选频网络采用的是 LC 并联电路。如果利用一个变压器与 LC 选频网络耦合，将反馈信号送到放大电路的输入端，这样组成的振荡电路称为变压器反馈式 LC 振荡电路。

1. 共射极变压器反馈式 LC 振荡电路

电路如图 5-16 所示。假设三极管输入信号瞬时极性为“⊕”，由于 LC 回路谐振时为纯阻性，因此，三极管集电极瞬时极性为“⊖”，反馈线圈 L1 的同名端瞬时极性为“⊕”，反

馈信号送到输入端，与输入信号极性相同，满足相位平衡条件。只要三极管的电流放大系数 β 合适，L1 与 L 的匝数比合适，即可满足幅度平衡条件。该电路的振荡频率为

$$f_0=\frac{1}{2\pi\sqrt{LC}}$$

共射极变压器反馈式 LC 振荡电路功率增益高，容易起振，但由于共射电流放大系数随工作频率的增高而急剧降低，所以当改变频率时振荡幅度将随之变化，因此该类振荡电路常用于固定频率的振荡器。

2. 共基极变压器反馈式 LC 振荡电路

电路如图 5-17 所示。仍用瞬时极性法判断电路能否起振，但应注意，对于共基极电路，反馈信号是加在发射极。假设发射极输入信号瞬时极性为“⊕”，则三极管集电极瞬时极性为“⊕”，反馈线圈 L 的同名端瞬时极性为“⊕”，引入正反馈，满足相位平衡条件。正反馈量的大小可通过调节 L 的匝数或 L 与 L′两个线圈之间的距离来改变。

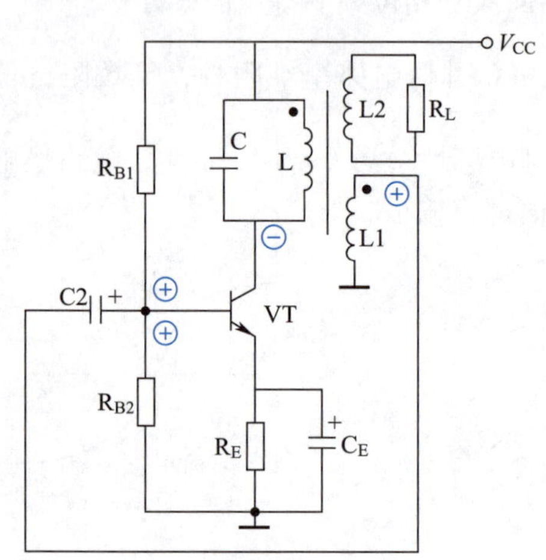

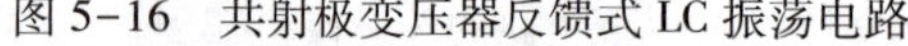
图 5-16　共射极变压器反馈式 LC 振荡电路

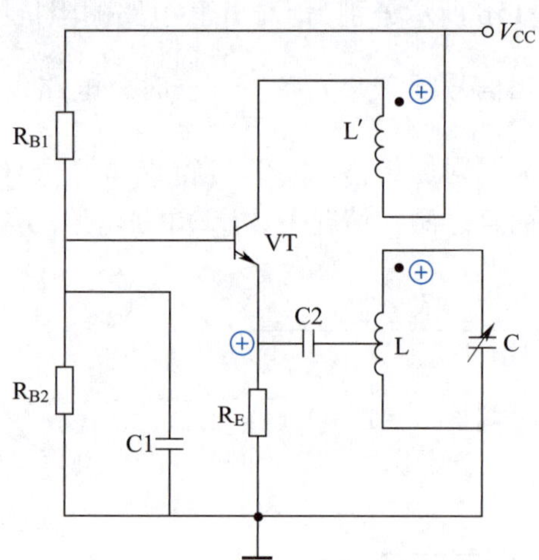

图 5-17　共基极变压器反馈式 LC 振荡电路

共基极变压器反馈式 LC 振荡电路输出波形较好，振荡频率调节方便，一般采用固定电感与可变电容配合调节。

三、三点式 LC 振荡电路

在变压器反馈式 LC 振荡电路中，由于反馈信号与输出信号靠磁路耦合，因而损耗较大。为了克服这一缺点，加强谐振效果，可采用直接从 LC 选频网络引出反馈信号的三点式振荡电路。

三点式 LC 振荡电路分电感三点式和电容三点式两种。它们的共同点是，在交流通路中 LC 谐振回路的三个引出端分别与三极管的三个极相连。其与发射极相连的为两个相同性质电抗，与基极相连的为两个相反性质电抗。这一接法俗称“射同基反”，凡是按这一法则连接的三点式振荡电路，必定满足相位平衡条件，否则不可能起振。

1. 电感三点式振荡电路

图 5-18 所示为电感三点式振荡电路。由图可见，电路接法符合“射同基反”法则。

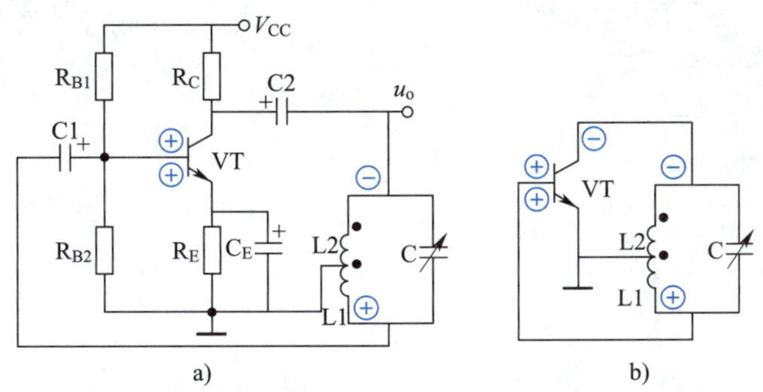

图 5-18 电感三点式振荡电路

a）分立元件组成的电路 b）交流等效电路

LC 谐振回路接在三极管的基极和集电极之间，谐振时 LC 回路呈纯阻性。设基极瞬时极性为“⊕”，则集电极瞬时极性为“⊖”，反馈信号瞬时极性为“⊕”，形成正反馈，满足相位平衡条件。改变线圈抽头位置，可调节正反馈量的大小，从而可调节输出幅度。该电路振荡频率为

$$f_0=\frac{1}{2\pi\sqrt{(L_1+L_2+2M)\ C}}$$

式中，M 为 L1 和 L2 之间的互感系数。由于 L1 和 L2 之间耦合很紧，故电路容易起振，输出幅度较大。谐振电容通常采用可变电容器，以便于调节振荡频率，工作频率可达几十兆赫兹。但因反馈电压取自电感，输出信号中含有较多高次谐波，波形较差，常用于对波形要求不高的振荡器中。

2. 电容三点式振荡电路

图 5-19 所示为电容三点式振荡电路。其工作原理分析与电感三点式振荡电路相似，振荡频率为

$$f_0=\frac{1}{2\pi\sqrt{L\dfrac{C_1C_2}{C_1+C_2}}}$$

由于 C1 和 C2 的电容量可以取得较小，所以振荡频率可以很高，一般在 100 MHz 以上。又由于反馈信号取自电容器，所以反馈信号中含高次谐波少，输出波形较好。其缺点是调节频率不便，因为电容量的大小既影响振荡频率，又影响反馈量，即影响起振条件，调节电容量有可能造成停振。此外，当振荡频率较高时，三极管的极间电容将成为 C1、C2 的一部分。由于三极管的极间电容会随着温度等因素变化，所以影响了振荡频率的稳定性。

3. 改进型电容三点式振荡电路

为了减小三极管极间电容的影响，提高电容三点式振荡电路的频率稳定性，常采用图 5-20 所示的改进电路。

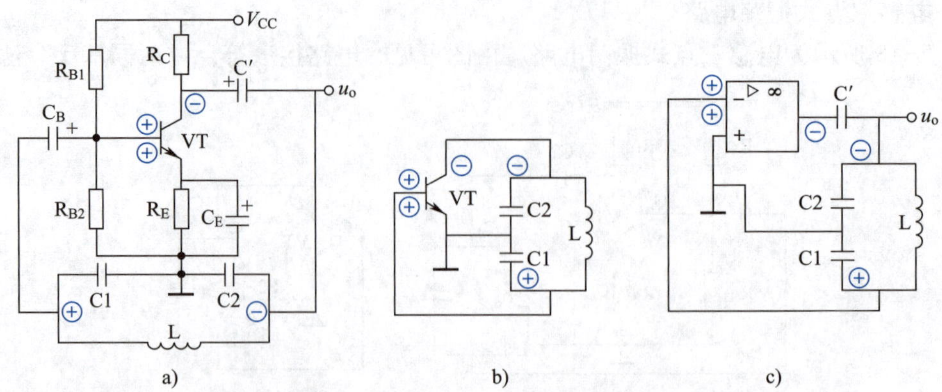

图 5-19　电容三点式振荡电路

a）分立元件组成的电路　b）交流等效电路　c）集成运放组成的电路

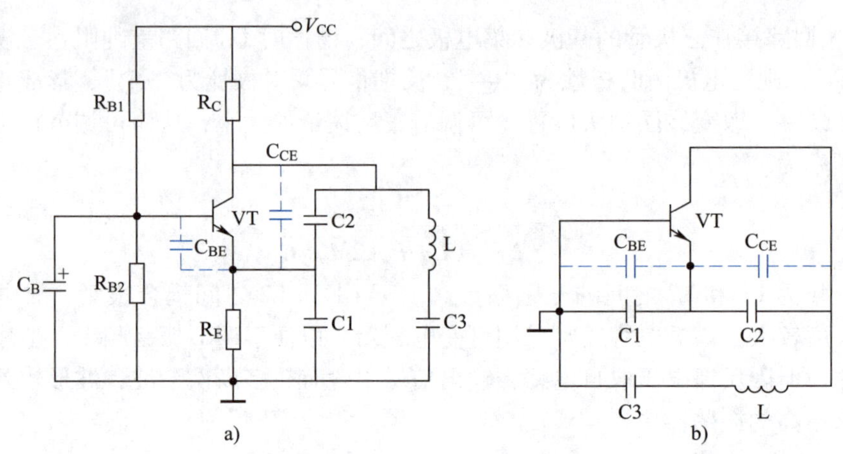

图 5-20　改进型电容三点式振荡电路

a）原理电路　b）交流等效电路

该电路的振荡频率为

$$f_0=\frac{1}{2\pi\sqrt{L\dfrac{1}{\dfrac{1}{C_1}+\dfrac{1}{C_2}+\dfrac{1}{C_3}}}}$$

由于 C_3 远小于 C_1 和 C_2，因此上式可写成

$$f_0\approx\frac{1}{2\pi\sqrt{LC_3}}$$

这时振荡频率仅由电容器 C3 决定，与三极管的极间电容无关，频率稳定性提高，缺点是调节 C3 时，输出信号幅度会随着频率的增大而降低。

任务实施

一、识读电路

电容三点式振荡电路如图 5-21 所示。

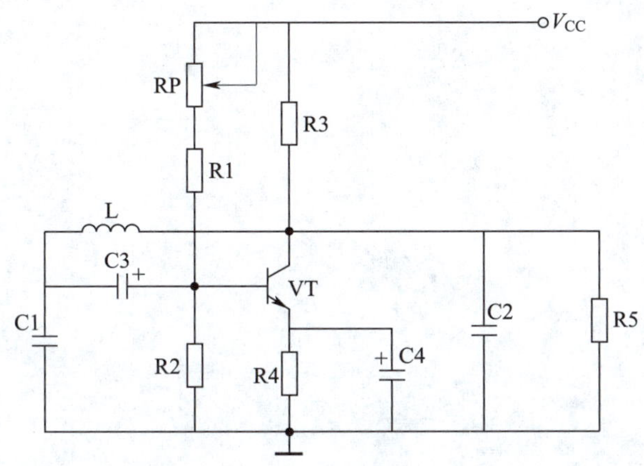

图 5-21 电容三点式振荡电路

练一练： 画出该电路的交流等效电路。

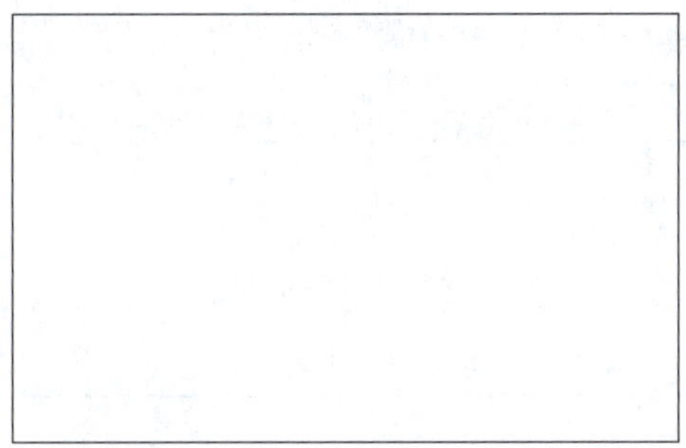

二、准备器材

双踪示波器、数字频率计、直流稳压电源各一台，万用表一个，常用电子组装工具一套。本任务所需元器件明细表见表 5-4。

表 5-4 元器件明细表

代号	名称	规格	数量	代号	名称	规格	数量
R1	碳膜电阻器	22 kΩ	1	RP	可调电阻器	47 kΩ	1
R2	碳膜电阻器	5. 1 kΩ	1	C1、C2	涤纶电容器	0. 01 μF	2
R3	碳膜电阻器	4. 7 kΩ	1	C3、C4	电解电容器	0. 1 μF	2
R4	碳膜电阻器	330 Ω	1	L	电感器	330 μH	1
R5	碳膜电阻器	10 kΩ	1	VT	三极管	9013（或 3DG6）	1

三、安装调试电路

1. 检测元器件的质量。
2. 按图 5-22 所示实物图装接电路，检查无误后接通电源。

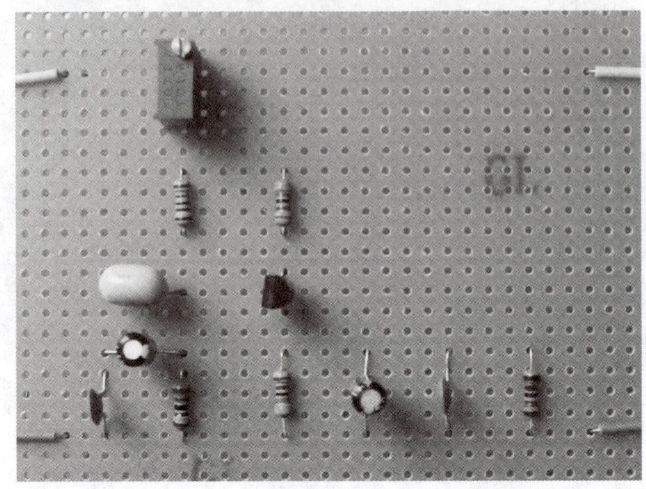

图 5-22　电容三点式振荡电路安装实物图

3. 调节可调电阻器 RP，使电路正常起振，直至双踪示波器显示不失真的信号波形。
4. 测量信号周期，换算成频率，并用数字频率计测量信号频率，记入表 5-5 中。
5. 根据公式 $f_0=\dfrac{1}{2\pi\sqrt{L\dfrac{C_1C_2}{C_1+C_2}}}$ 计算频率值，记入表 5-5 中，并与测量值做比较。
6. 将电感换成 30 mH 的大电感，重复上述过程。

表 5-5　实验记录

电感 L	频率	
	数字频率计测量值	计算值
330 μH		
30 mH		

注意事项：

（1）如果电路元器件参数配合不好，静态工作点设置不当，电路可能不起振，因此要注意元器件参数配置，仔细调试静态工作点。

（2）电路振荡时，测量三极管基极与发射极间电压 u_{BE}，发现 u_{BE} 会降低，并可能形成负偏压，这可作为判断电路是否起振的一个简便方法。

u_{BE} 实际测量值为__________ V。

任务测评

按表 5-6 所列项目进行任务测评，将结果填入表中。

表 5-6 测评记录

序号	考核项目	考核分值	考核得分
1	检测实验元器件	2	
2	安装实验电路	2	
3	用双踪示波器检测输出信号波形	2	
4	用数字频率计测量频率	2	
5	用万用表测量三极管 u_{BE}	2	
合计		10	

思考与练习

1. 判断图 5-23 所示各振荡电路能否满足相位平衡条件。

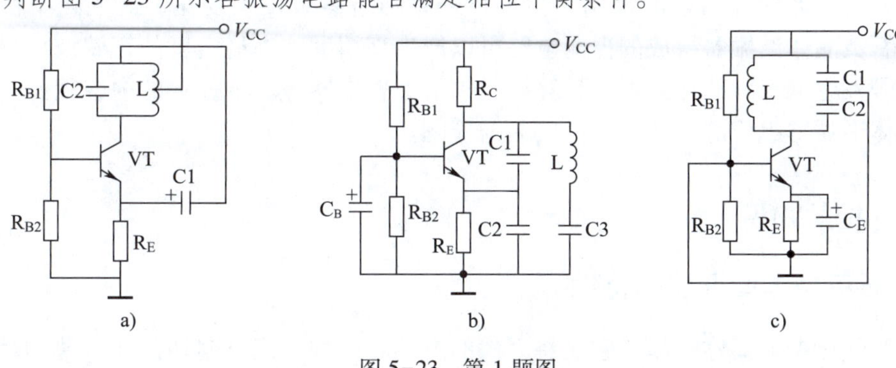

图 5-23 第 1 题图

2. 简要说明图 5-24 所示各电路不能产生自激振荡的原因。

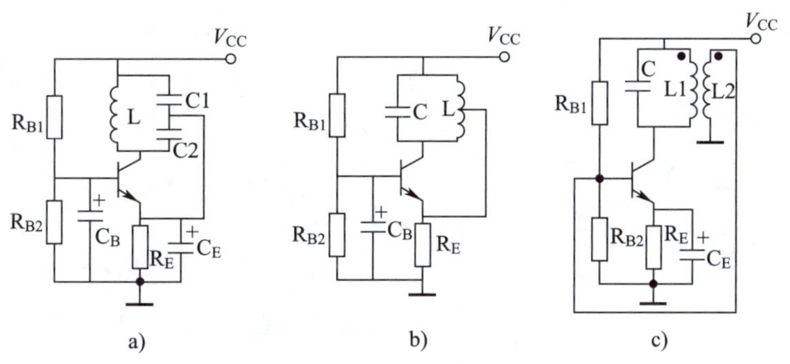

图 5-24 第 2 题图

课题三　石英晶体振荡电路的安装与检测

学习目标

1. 了解石英晶体的谐振特性。
2. 掌握石英晶体振荡电路的组成和工作原理，能判断电路能否起振。
3. 能完成石英晶体振荡电路的安装和检测。
4. 能使用双踪示波器观测振荡波形，使用数字频率计测量振荡频率。

任务引入

振荡电路的振荡频率稳定度是由选频网络的参数决定的。由于环境温度变化、电源电压波动或元器件老化等因素的影响，会导致选频网络参数发生变化，造成频率稳定度下降。采用石英晶体谐振器组成的振荡电路可以产生高精度和高稳定度的正弦波信号，常用于标准信号发生器、脉冲计数器、计算机时钟信号发生器等。本任务的内容就是完成一个由石英晶体谐振器组成的振荡电路的安装与检测。

相关知识

一、石英晶体谐振器的特性

石英晶体谐振器简称晶振。它是将天然的石英晶体按一定方向切割成很薄的晶片，再将晶片的两个相对表面抛光、镀银，并引出两个电极，封装而成。其结构、图形符号与外形如图 5-25 所示。

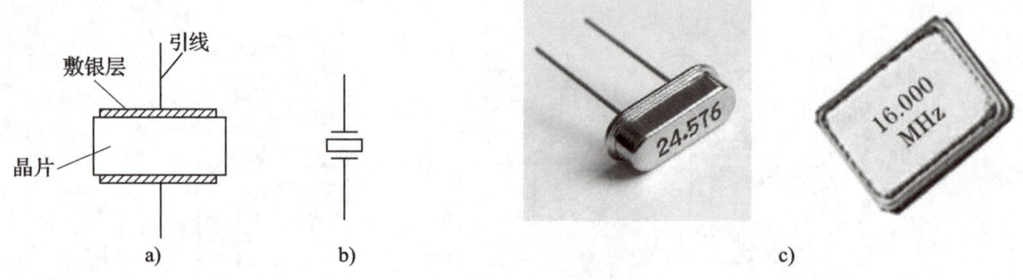

图 5-25　石英晶体谐振器
a）结构　b）图形符号　c）外形

1. 压电效应和压电谐振

当在石英晶体谐振器两极间加上交变电场时，晶片将会产生相应频率的机械变形；反之，当施加机械力使晶片产生机械振动时，石英晶体谐振器两极间也会出现相应的交变电场，这种物理现象称为压电效应。一般情况下，无论是机械振动还是交变电场，其振幅都很小。但是当外加交变电场的频率与石英晶体的固有频率相等时，振幅会骤然增大，这就是石英晶体的压电谐振。产生压电谐振时的频率称为石英晶体的谐振频率。

2. 等效电路和振荡频率

石英晶体谐振器的等效电路如图 5-26a 所示。当晶体不振动时，可等效为一个平板电容 C_0，称为静态电容，其值约为几皮法到几十皮法。当晶体振动时，可用 L 和 C 分别等效晶体振动时的惯性和弹性，用 R 等效晶体振动时的摩擦损耗。一般 L 为 $1\times10^{-3}\sim1\times10^{-2}$ H，C 为 $1\times10^{-2}\sim1\times10^{-1}$ pF，R 为 100 Ω。由于 L 很大，C 和 R 很小，根据 $Q=\frac{1}{R}\sqrt{\frac{L}{C}}$ 可知，回路的品质因数 Q 值极高，可达 $1\times10^{4}\sim1\times10^{6}$，这对振荡频率的稳定很有好处。而晶体的固有频率只与晶片的几何尺寸和电极面积有关，所以可以做得很精确、很稳定。

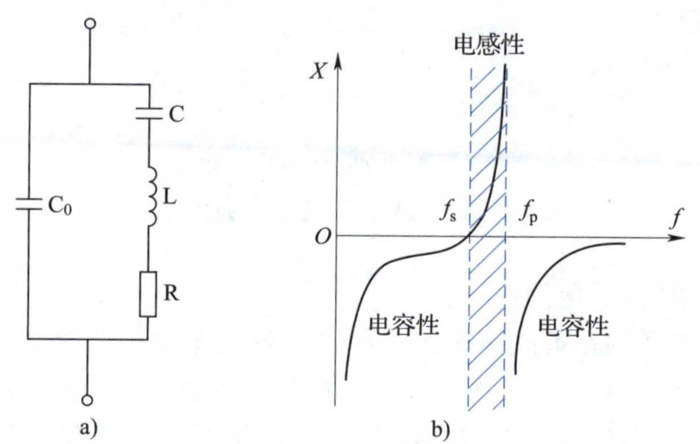

图 5-26　石英晶体谐振器的等效电路和频率特性

a）石英晶体谐振器等效电路　b）石英晶体谐振器频率特性

分析石英晶体谐振器的等效电路可知，它有两个谐振频率。

（1）当 RLC 支路发生串联谐振时，等效为纯电阻 R，阻抗最小，串联谐振频率为

$$f_s=\frac{1}{2\pi\sqrt{LC}}$$

（2）当外加信号频率高于 f_s 时，RLC 支路呈电感性，与 C_0 支路发生并联谐振，并联谐振频率为

$$f_p=\frac{1}{2\pi\sqrt{L\frac{CC_0}{C+C_0}}}\approx f_s\sqrt{1+\frac{C}{C_0}}$$

由于 $C\ll C_0$，因此，f_s 和 f_p 非常接近。石英晶体谐振器的频率特性如图 5-26b 所示。石

英晶体谐振器在频率为 f_s 时呈纯阻性，在 f_s 和 f_p 之间呈电感性，在此区域之外均呈电容性。

二、石英晶体振荡电路

1. 并联型石英晶体振荡电路

如果用石英晶体谐振器取代电容三点式振荡电路中的电感，就得到并联型石英晶体振荡电路，如图 5-27a 所示。图 5-27b 所示为它的交流等效电路。石英晶体谐振器在回路中起电感的作用，即振荡频率在 f_s 与 f_p 之间。电容 C1、C2 对频率的影响很小，所以频率的稳定度很高。

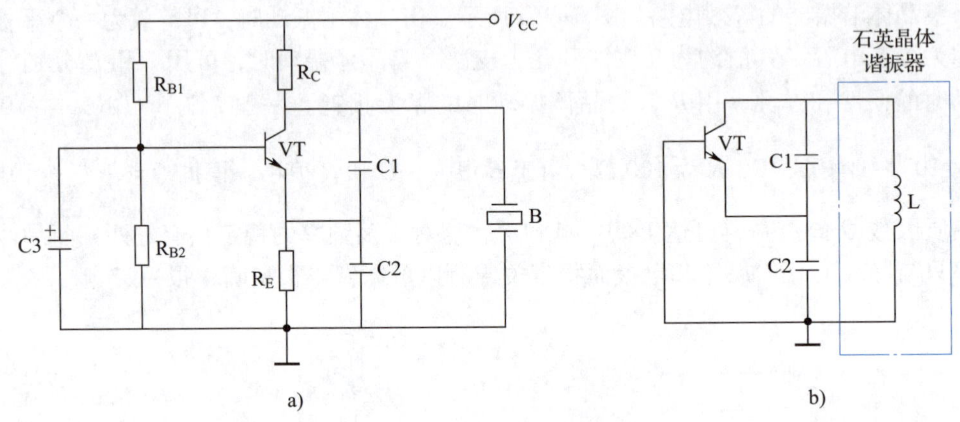

图 5-27　并联型石英晶体振荡电路
a）原理电路　b）交流等效电路

2. 串联型石英晶体振荡电路

图 5-28 所示为串联型石英晶体振荡电路。石英晶体谐振器接在由三极管构成的两个放大电路之间，构成正反馈选频网络。只有在石英晶体谐振器呈纯阻性，即发生串联谐振时，电路才满足相位平衡条件。所以，电路的谐振频率即石英晶体谐振器的串联谐振频率。适当调节 RP 可控制反馈量的大小，使电路既满足幅度平衡条件，又不致因反馈过强而使输出波形失真。

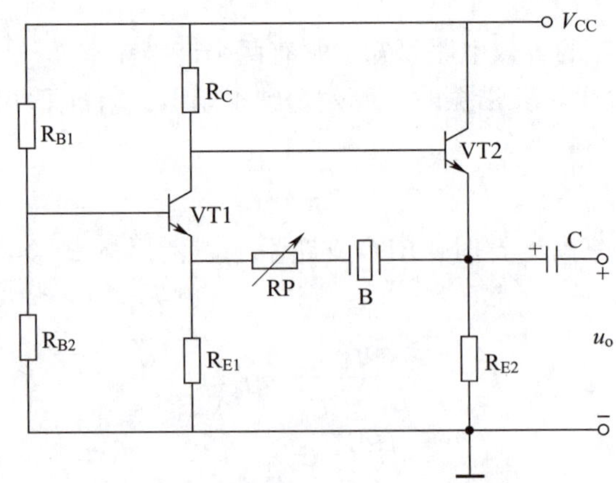

图 5-28　串联型石英晶体振荡电路

任务实施

一、识读电路

石英晶体振荡电路如图 5-29 所示。

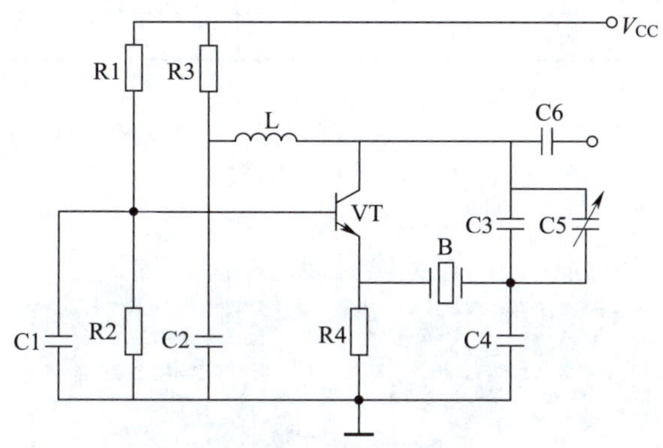

图 5-29　石英晶体振荡电路

练一练

1. 判断该电路是并联型还是串联型石英晶体振荡电路。
2. 画出该电路的交流等效电路。

二、准备器材

双踪示波器、数字频率计、直流稳压电源各一台，万用表一个，常用电子组装工具一套。本任务所需元器件明细表见表 5-7。

表 5-7　元器件明细表

代号	名称	规格	数量	代号	名称	规格	数量
R1	碳膜电阻器	20 kΩ	1	C4	瓷片电容器	1 500 pF	1
R2	碳膜电阻器	2.2 kΩ	1	C5	微调电容器	2 215 pF	1
R3	碳膜电阻器	680 Ω	1	C6	瓷片电容器	56 pF	1
R4	碳膜电阻器	510 Ω	1	L	电感器	3.9 μH	1
C1、C2	涤纶电容器	0.033 μF	2	VT	三极管	9014（或 3DG6）	1
C3	瓷片电容器	300 pF	1	B	晶振	3AT5	1

三、安装调试电路

1. 检测元器件的质量。
2. 参考图 5-30 安装电路，经检查无误后接通电源。

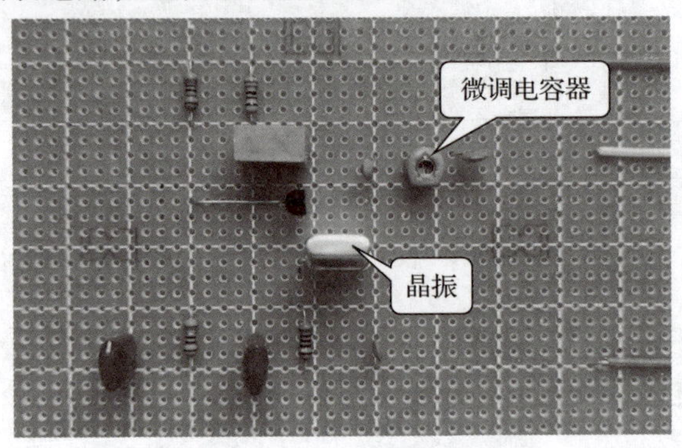

图 5-30　石英晶体振荡电路安装实物图

3. 用双踪示波器观察信号波形，调整 C5，使输出波形幅度最大。
4. 用数字频率计测量振荡频率为__________ Hz。

任务测评

按表 5-8 所列项目进行任务测评，将结果填入表中。

表 5-8　测评记录

序号	考核项目	考核分值	考核得分
1	画出交流等效电路	2	
2	检测实验元器件	2	
3	安装实验电路	2	
4	用双踪示波器检测输出信号波形	2	
5	用数字频率计测量频率	2	
合计		10	

思考与练习

判断图 5-31 所示电路能否满足振荡条件。

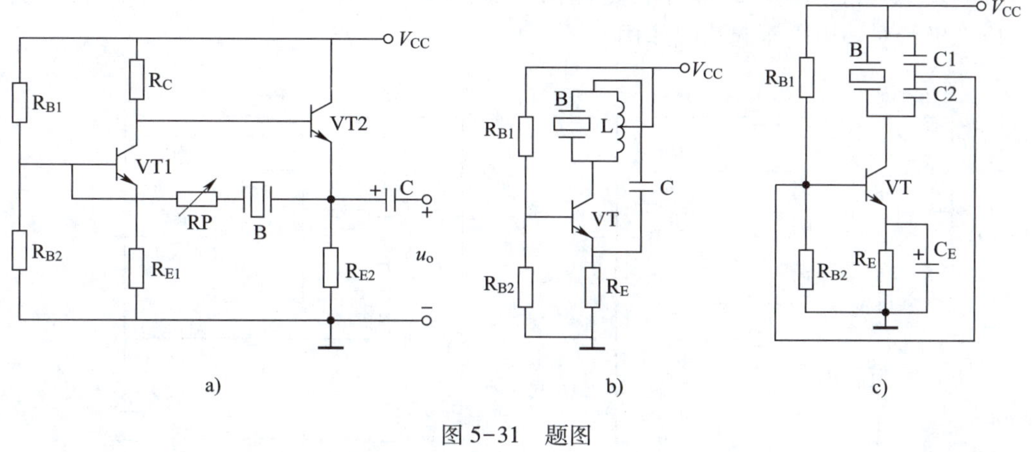

图 5-31　题图

课题四　占空比可调矩形波发生电路的仿真分析

学习目标

1. 熟悉方波发生电路、三角波发生电路的组成和工作原理。
2. 了解锯齿波发生电路的组成和工作原理。
3. 能使用 Multisim 软件分析占空比可调矩形波发生电路。

任务引入

除了正弦波外，非正弦波的应用也很广泛。例如，计算机中使用的方波信号、电视机偏转线圈中的锯齿波信号、晶体管特性图示仪中的阶梯信号等。

矩形波发生电路是其他非正弦波发生电路的基础，本次任务主要采用仿真实验，观察矩形波发生电路的波形特点。

相关知识

一、方波发生电路

方波发生电路如图 5-32 所示。电路由迟滞比较器和 RC 充放电回路两部分组成，双向稳压二极管对输出电压起稳幅作用。

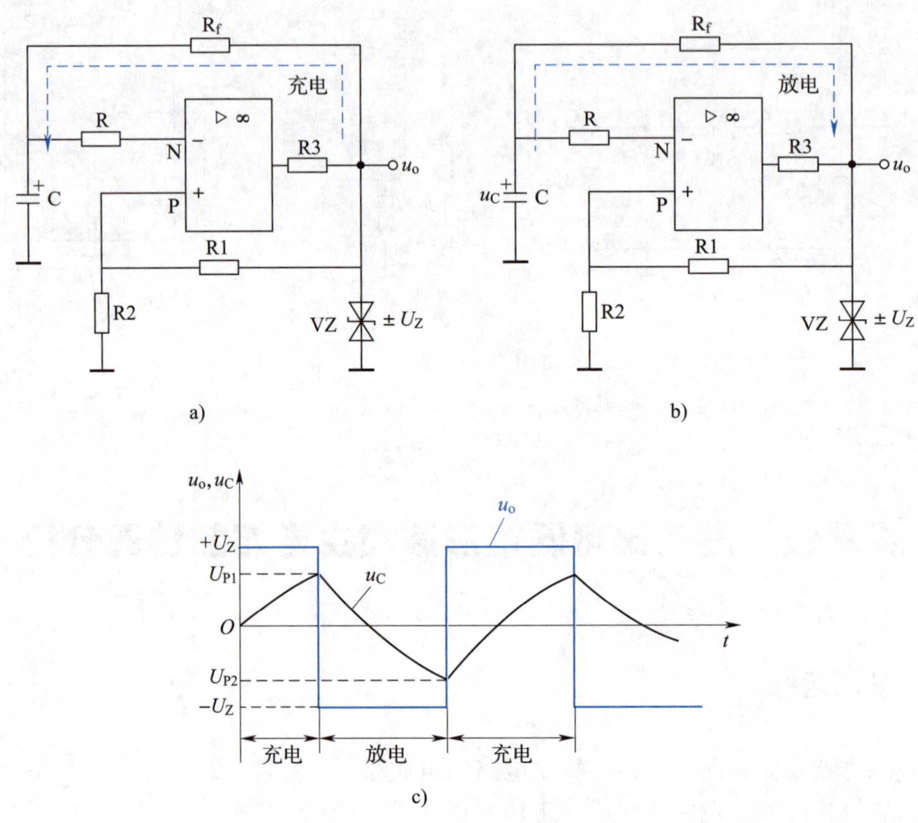

图 5-32　方波发生电路

a）输出端对电容器充电　b）电容器向输出端放电　c）电容器电压 u_C 波形及输出电压 u_o 波形

1. 工作原理

假设开始时 $u_N=u_C=0$，且 $u_o=U_Z$，则门限电压为

$$U_{P1}=\frac{R_2}{R_1+R_2}U_Z$$

此时，$u_N<U_{P1}$，确保输出电压 $u_o=U_Z$。u_o 经电阻 R_f 对电容器 C 充电，使 u_C 由零逐渐上升，当 $u_C>U_{P1}$ 时，输出电压 u_o 发生翻转，由 U_Z 跳变为 $-U_Z$，门限电压随之变为

$$U_{P2}=-\frac{R_2}{R_1+R_2}U_Z$$

此后电路的输出电压 $u_o=-U_Z$，对电容器 C 反向充电（即电容器 C 放电），u_C 逐渐下降，当 u_C 下降至 U_{P2} 值时，输出电压 u_o 又从 $-U_Z$ 翻回到 U_Z。如此周而复始，波形如图 5-32c 所示。

2. 方波的周期及其调节

方波的周期与电容器 C 的充放电时间有关，估算公式为

$$T=2R_fC\ln\left(1+\frac{2R_2}{R_1}\right)$$

改变 R_f、C 或 R_1、R_2，即可改变方波的周期。

由于图 5-32 所示电路中电容器充、放电的时间常数均为 R_fC，而且充电的总幅值也相等，所以在一个周期内，$u_o=U_Z$ 和 $u_o=-U_Z$ 的时间相等，u_o 为对称的方波。

若将电路适当改动，使电容器充、放电时间不等，则输出信号便为矩形波。

矩形波的宽度与周期之比称为占空比，方波的占空比为 $\frac{1}{2}$，可见方波是一种特殊的矩形波。

二、三角波发生电路

三角波发生电路如图 5-33 所示。电路由迟滞比较器和积分电路两部分组成。

三角波发生电路工作原理简述如下：

设 $t=0$ 时 U1 输出为高电平，即 $u_{o1}=+U_Z$，积分电路上电压 $u_C=0$，则 $u_o=0$。此时，U1 同相输入端电压 $u_P=\frac{R_2}{R_1+R_2}u_{o1}+\frac{R_1}{R_1+R_2}u_o=\frac{R_2}{R_1+R_2}U_Z$，于是积分电路反向积分，$u_o$ 向负方向增长，u_P 随之下降，当 $u_P=u_N=0$ 时，u_{o1} 由 $+U_Z$ 跳变到 $-U_Z$。于是积分电路正向积分，u_o 向正方向增长，u_P 随之上升，当 $u_P=u_N=0$ 时，u_{o1} 由 $-U_Z$ 跳变到 $+U_Z$，以后重复上述过程。

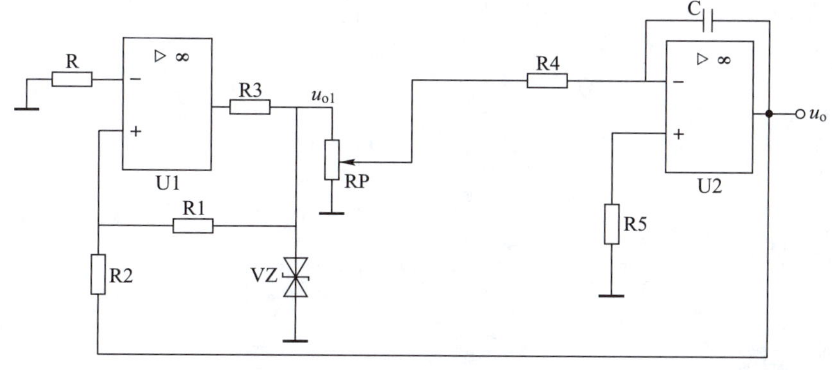

图 5-33　三角波发生电路

图 5-34 所示为三角波发生电路波形图。由图可见，迟滞比较器的输出电压 u_{o1} 是方波，而积分电路的输出电压u_o是三角波。

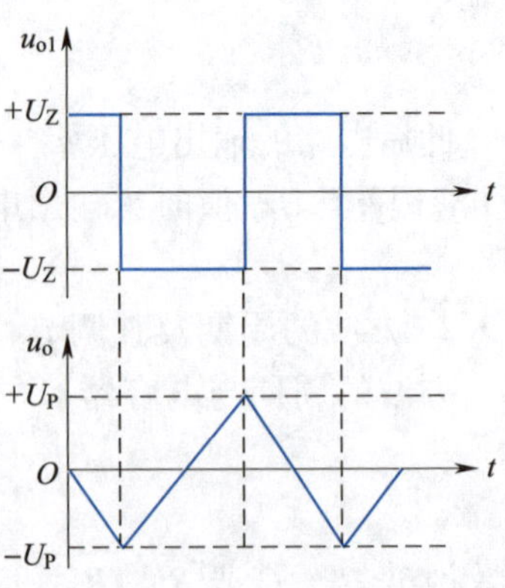

图 5-34　三角波发生电路波形图

三、锯齿波发生电路

锯齿波发生电路如图 5-35 所示。电路由占空比可调的矩形波发生电路和积分电路两部分组成。

当 u_{o1} 输出为正值时，VD1 导通，VD2 截止；当 u_{o1} 输出为负值时，VD2 导通，VD1 截止。调节 RP2 即可改变电容器的充放电时间，从而改变 u_{o1} 的占空比，则三角波就变成了近似的锯齿波，如图 5-36 所示。

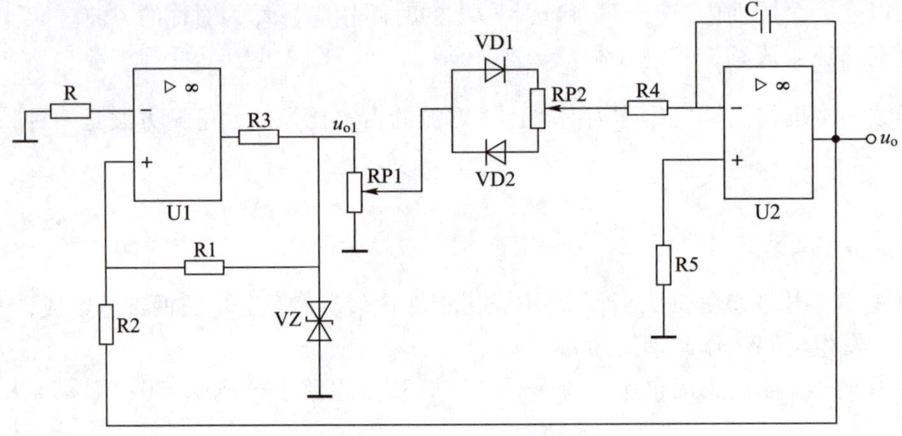

图 5-35　锯齿波发生电路

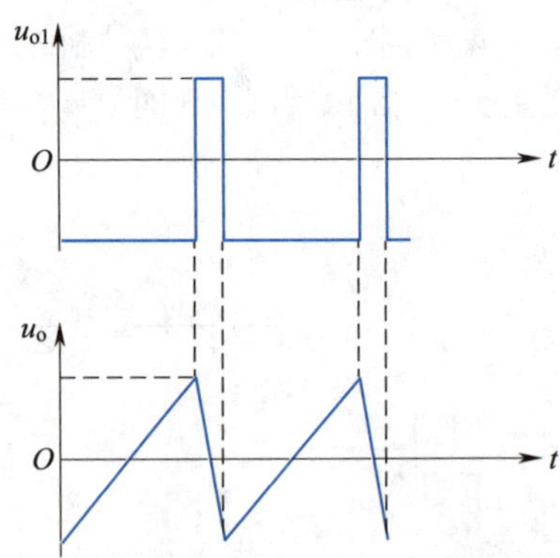

图 5-36　锯齿波发生电路波形图

任务实施

在 Multisim 软件中构建占空比可调的矩形波发生电路，如图 5-37 所示，已知电路中电阻$R_4=10\ \text{k}\Omega$，$R_1=12\ \text{k}\Omega$，$R_2=15\ \text{k}\Omega$，$R_3=10\ \text{k}\Omega$，可调电阻器$R_P=100\ \text{k}\Omega$，电容器$C=10\ \text{nF}$，稳压管稳压值$U_Z=\pm6\ \text{V}$。

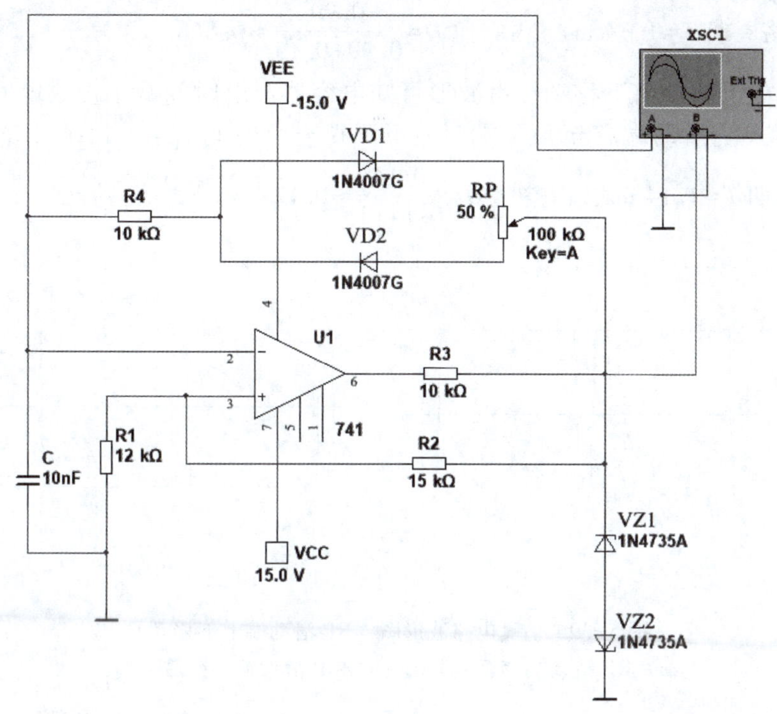

图 5-37　占空比可调的矩形波发生仿真电路

1. 当可调电阻器 RP 的滑动端调在中间位置时，利用虚拟示波器观察到u_C和u_o的波形如图 5-38 所示。可分别测得$U_{Cm}=2.6\ \text{V}$，$U_{om}=5.5\ \text{V}$，振荡周期$T=1.14\ \text{ms}$。电容器充放电时间相等，输出波形为方波。

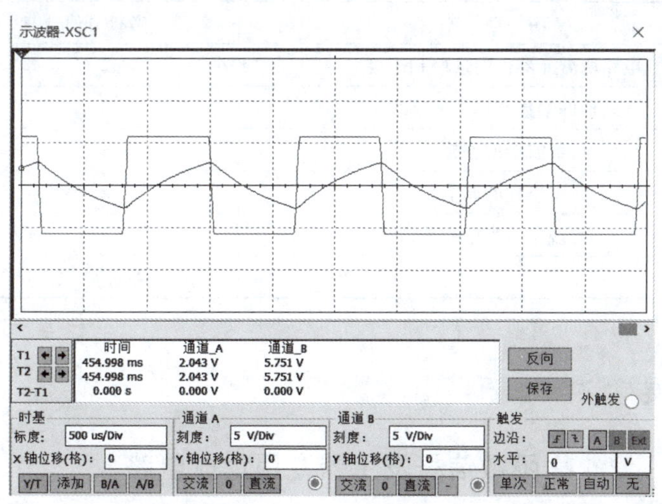

图 5-38　仿真电路波形图（RP 滑动端在中间位置）

2. 将 RP 的滑动端向上移动，由波形可知电容器充电时间增大，放电时间减小，如图 5-39a 所示。当滑动端移至最上端时，可测得充电时间 $t_1=0.99$ ms，放电时间 $t_2=0.15$ ms，振荡周期 $T=1.14$ ms，占空比 $D=\frac{0.99}{0.99+0.15}\approx0.868$。

3. 将 RP 的滑动端向下移动，由波形可知电容器充电时间减小，放电时间增大，如图 5-39b 所示。当滑动端移至最下端时，可测得充电时间 $t_1=0.14$ ms，放电时间 $t_2=1$ ms，振荡周期 $T=1.14$ ms，占空比 $D=\frac{0.14}{0.14+1}\approx0.123$。

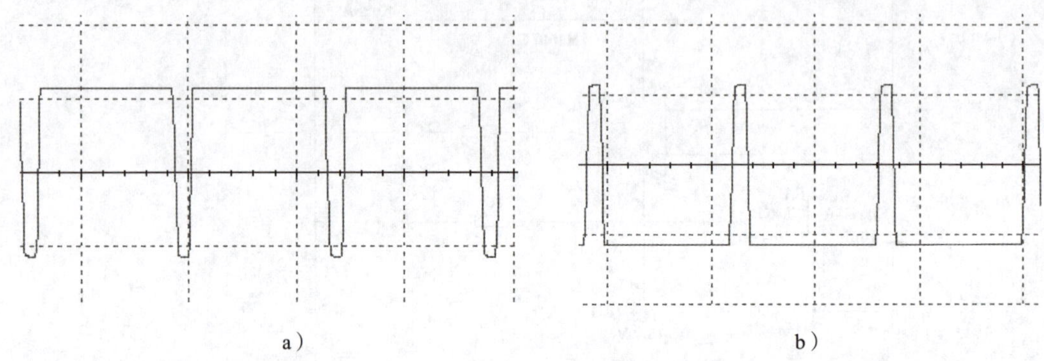

a）　　　　b）

图 5-39　仿真电路波形图（RP 滑动端上下移动）

a）RP 滑动端移至最上端　b）RP 滑动端移至最下端

任务测评

按表 5-9 所列项目进行任务测评，将结果填入表中。

表 5-9　测评记录

序号	考核项目	考核分值	考核得分
1	电路所需元器件的选取和连接	2	
2	元器件参数和标号的修改	2	
3	示波器的连接	2	
4	占空比的调节	2	
5	实验现象的观察和分析	2	
合计		10	

知识拓展

函数信号发生器专用集成电路

ICL8038 集成电路是一种性能优良的函数信号发生器专用集成电路，它只需外接少量阻容元件就可以产生正弦波、三角波和方波，使用十分方便。图 5-40a、图 5-40b 所示分别为 ICL8038 集成电路实物图和引脚排列图。

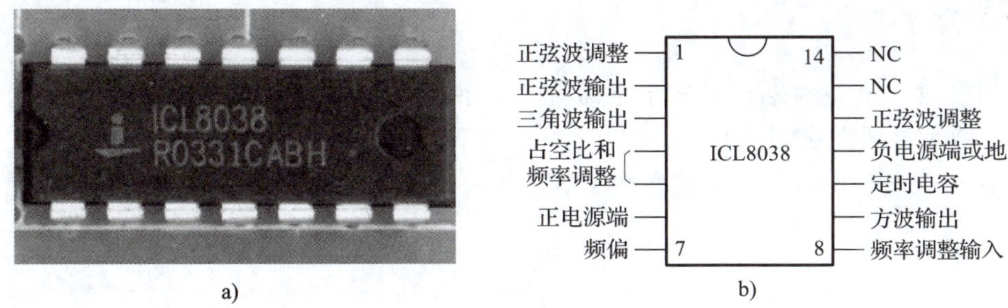

图 5-40　ICL8038 集成电路实物图和引脚排列图

a）实物图　b）引脚排列图

利用 ICL8038 集成电路组成的函数信号发生器如图 5-41 所示。

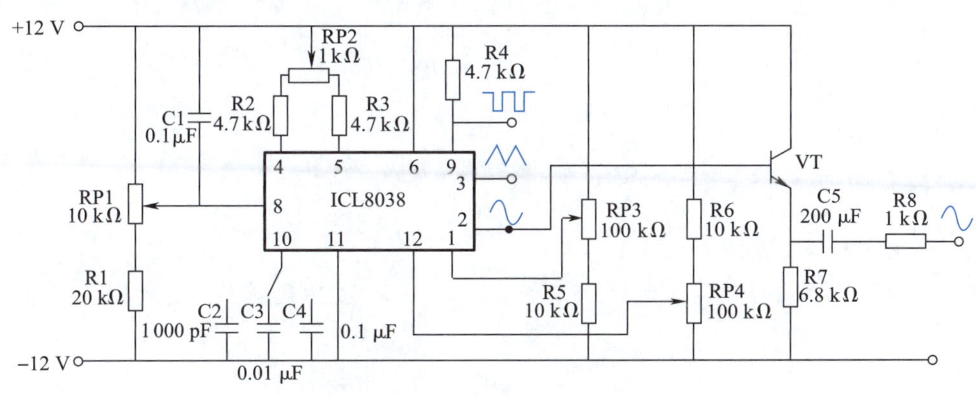

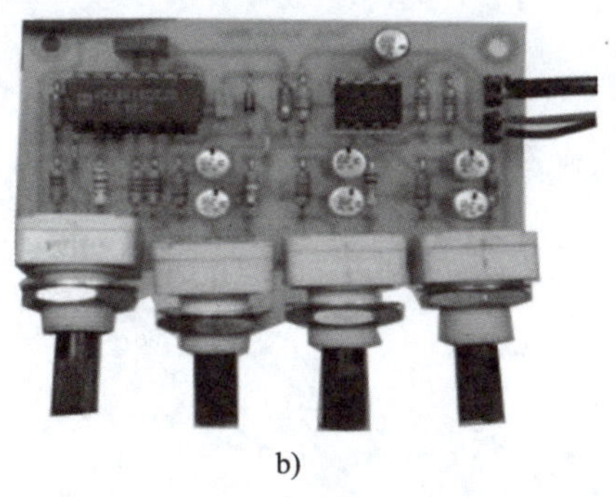

b)

图 5-41　利用 ICL8038 集成电路组成的函数信号发生器

a）原理图　b）实物图

该电路可同时产生正弦波、三角波和方波，频率在 10～100 kHz 范围内连续可调。RP1 为频率调节电位器，RP2 为方波占空比及三角波频率调节电位器，RP3 和 RP4 为正弦波失真度调节电位器。正弦波经由射随器输出，提高了带负载能力。

思考与练习

1. 方波发生电路和矩形波发生电路都可以由迟滞比较器和 RC 充放电回路两部分组成，它们的主要区别在哪里？

2. 锯齿波发生电路与三角波发生电路结构相似，它们的主要区别在哪里？

模块六　直流稳压电源

课题一　可调集成稳压电源的安装与检测

学习目标

1. 了解直流稳压电源的基本组成。
2. 了解分立元件直流稳压电源电路的组成及工作原理。
3. 掌握集成稳压器的典型应用。
4. 能使用集成稳压器构成直流稳压电源。
5. 了解扩展集成稳压器功能的方法。

任务引入

电子设备中需要的直流稳压电源通常都是将电网提供的 50 Hz 交流电经过变压、整流、滤波和稳压后得到的。其组成框图及各部分的波形如图 6-1 所示。

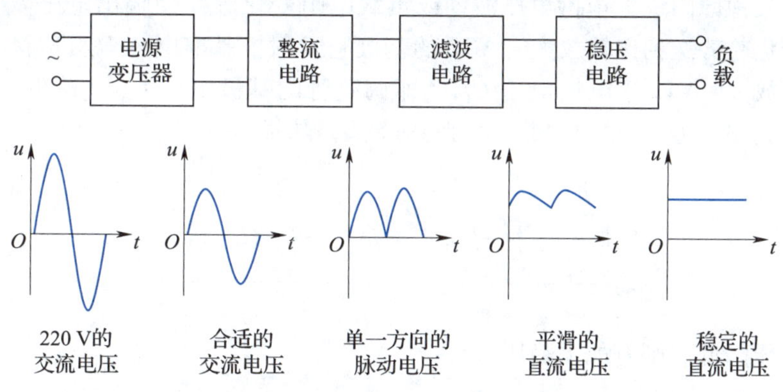

图 6-1　直流稳压电源组成框图及各部分的波形

常用直流稳压电源有分立元件和集成电路两大类。本次任务将完成可调集成稳压电源的安装与检测。

相关知识

一、分立元件直流稳压电路

图 6-2 所示为用分立元件组成的带放大环节的直流稳压电路。电路由基准电压电路、取样电路、比较放大电路和调整电路四部分组成。三极管 VT1（调整管）接成射极输出形式，因为它与负载 R_L 相串联，所以图 6-2 所示电路又称串联型直流稳压电路。

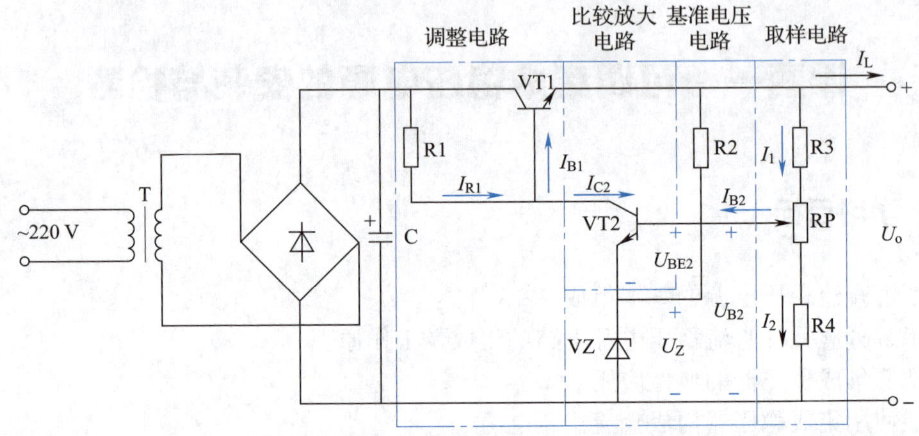

图 6-2　用分立元件组成的带放大环节的直流稳压电路

稳压管 VZ 和限流电阻 R2 构成基准电压电路。电阻 R3、RP 和 R4 组成取样电路，当输出电压变化时，取样电路电阻将其变化量的一部分送到比较放大电路。三极管 VT2 组成比较放大电路。取样电压和基准电压 U_Z 分别送至三极管 VT2 的基极和发射极，进行比较放大，VT2 的集电极和调整管的基极相连，以控制调整管的基极电位。

假设由于某种原因（如电网电压波动或负载电阻变化等）使输出电压 U_o 上升，取样电路将这一变化趋势送到比较放大管 VT2 的基极与发射极基准电压 U_Z 进行比较，并将二者的差值进行放大，VT2 集电极电压 U_{C2}（即调整管的基极电压 U_{B1}）降低。由于调整管采用射极输出形式，所以输出电压 U_o 必然降低，从而保证 U_o 基本稳定。其稳定过程如下：

$$U_o\uparrow \rightarrow U_{B2}\uparrow \rightarrow U_{BE2}\uparrow \rightarrow I_{C2}\uparrow \rightarrow U_{C2}(U_{B1})\downarrow \rightarrow U_o\downarrow$$

若输出电压降低，则有如下稳压过程：

$$U_o\downarrow \rightarrow U_{B2}\downarrow \rightarrow U_{BE2}\downarrow \rightarrow I_{C2}\downarrow \rightarrow U_{C2}(U_{B1})\uparrow \rightarrow U_o\uparrow$$

分析上述稳压过程可见，电路实质上是靠引入深度负反馈来稳定输出电压的。

二、三端固定式集成稳压器

分立元件稳压电源存在组装麻烦、可靠性差、体积大等缺点，随着半导体集成电路工艺的发展，集成稳压器得到广泛应用。集成稳压器按稳压原理不同，可分为串联调整式、并联调整式、开关调整式；按引出端数目不同，可分为三端集成稳压器和多端集成稳压器；按封装形式不同，可分为金属封装集成稳压器和塑料封装集成稳压器。图 6-3 所示为常用的三端固定式集成稳压器。

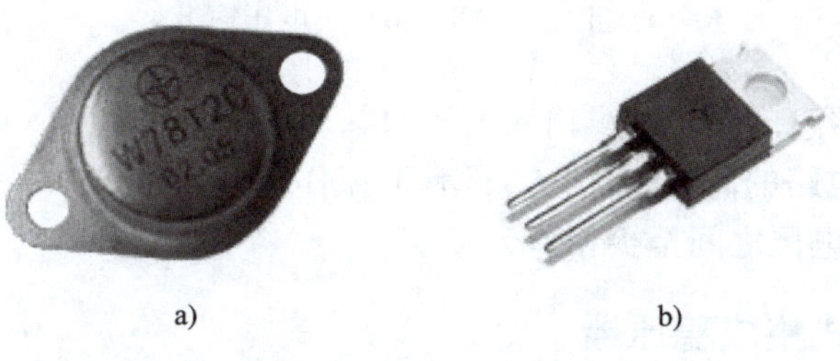

图 6-3 常用的三端固定式集成稳压器
a）金属封装 b）塑料封装

三端固定式集成稳压器属串联调整式，除了基准、取样、比较放大和调整等环节外，还有较完整的保护电路。根据国家标准，其型号含义如下：

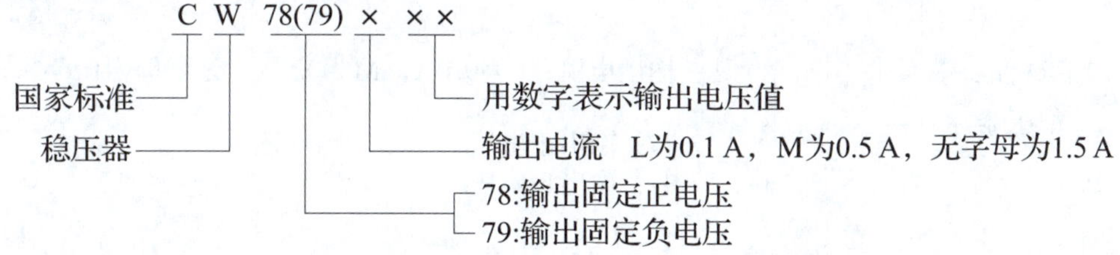

三端固定式集成稳压器有输入端、输出端和公共端三个引出端，其引脚排列如图 6-4 所示。

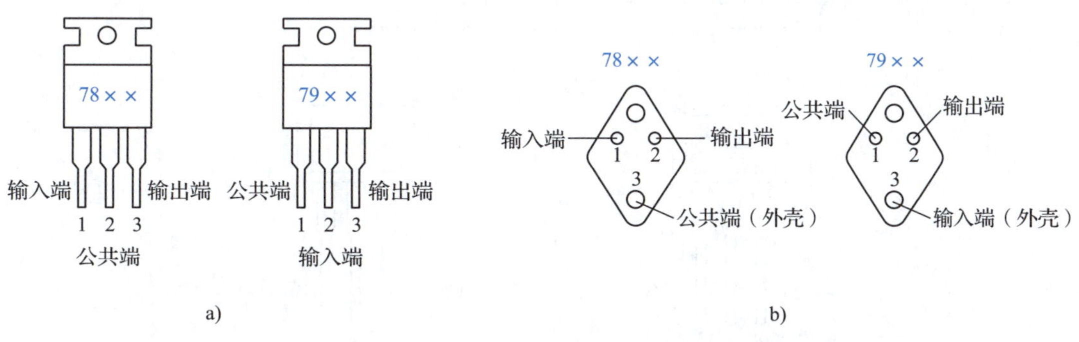

图 6-4 三端固定式集成稳压器的引脚排列
a）TO-220 塑料封装集成稳压器 b）TO-3 金属封装集成稳压器

图 6-5 所示为三端固定式集成稳压器的基本应用电路。

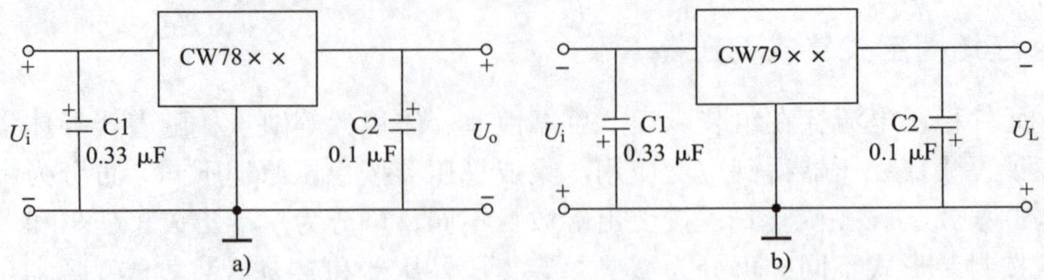

图 6-5　三端固定式集成稳压器的基本应用电路
a）正电压输出　b）负电压输出

图中，输入端电容 C1 用于减少输入电压的脉动和防止过电压，通常取 0.33 μF；输出端电容 C2 用于削弱电路的高频干扰，并具有消振作用，通常取 0.1 μF。为保证稳压器正常工作，输入与输出电压之间至少相差 2~3 V。

三、三端可调式集成稳压器

三端可调式集成稳压器不仅可调输出电压，且稳压性能优于固定式。它的三个引出端分别为输入端、输出端和调整端。常见的三端可调式集成稳压器有 CW317、CW337 等型号。根据国家标准，其型号含义如下：

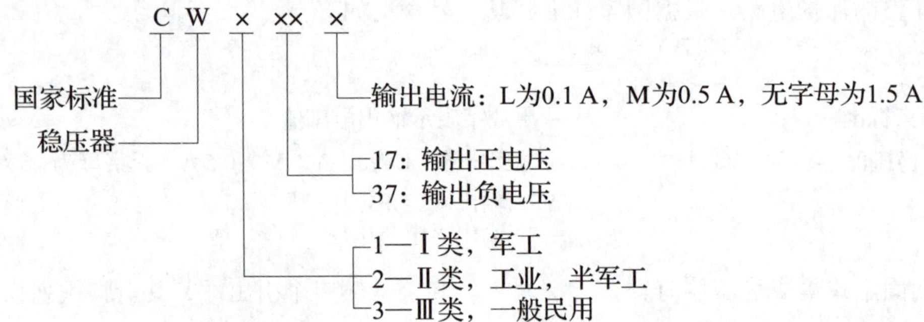

三端可调式集成稳压器引脚排列如图 6-6 所示。

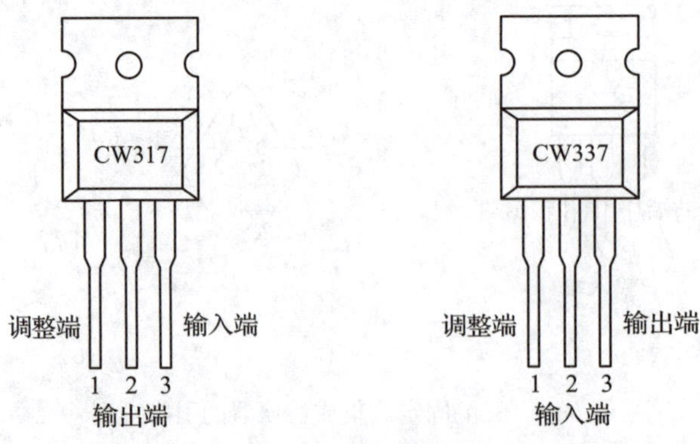

图 6-6　三端可调式集成稳压器引脚排列

图 6-7 所示为三端可调式集成稳压器基本应用电路。它的输出端与调整端之间具有很强的维持 1.25 V 电压不变的能力，所以 R 上的电流值基本恒定。又由于调整端输出电流极小（50 μA），故可忽略，则输出电压为

$$U_o = \left(1 + \frac{R_P}{R}\right) \times 1.25\ \mathrm{V}$$

该稳压器最大输入电压为 40 V，取 $R = 120\ \Omega$，$R_P = 0 \sim 3.5\ \mathrm{k\Omega}$，改变 R_P，则输出电压在 1.25~37 V 范围内连续可调。

由于 C3 容量较大，一旦输出端断开，C3 将会向稳压器放电，则易使稳压器损坏。在稳压器输入端和输出端之间跨接二极管 VD1 可起到保护作用。二极管 VD2 则用于当输出端短路时为 C2 提供放电回路，防止 C2 向稳压器调整端放电，电容器 C2 的作用是减小 RP 两端的纹波电压。

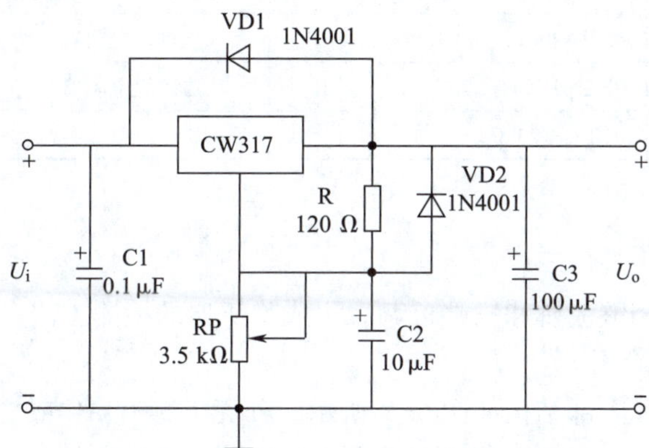

图 6-7 三端可调式集成稳压器基本应用电路

任务实施

一、识读电路

可调集成稳压电源电路如图 6-8 所示。

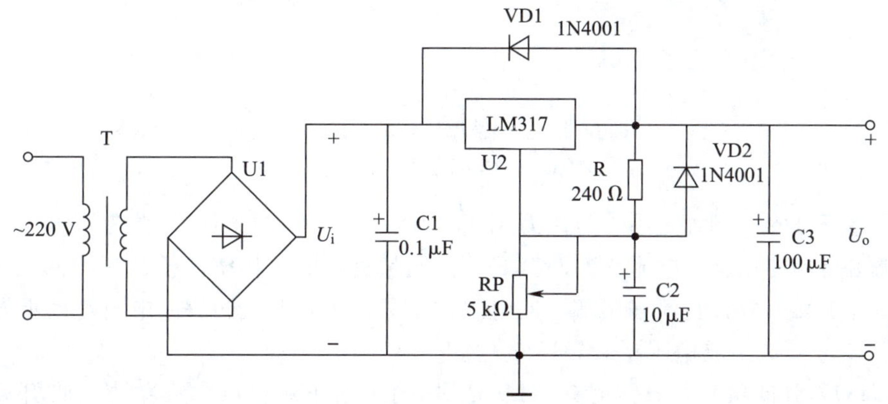

图 6-8 可调集成稳压电源电路

练一练

1. 在图 6-8 上标明集成稳压器引脚号。
2. 估算 U_o 的可调范围。
3. 简述二极管 VD1、VD2 的作用。

二、准备器材

万用表一个，常用电子组装工具一套。本任务所需元器件明细表见表 6-1。

表 6-1　元器件明细表

代号	名称	规格	数量	代号	名称	规格	数量
T	变压器	AC 220 V/12 V	1	C3	电解电容器	100 μF/25 V	1
U1	单相整流桥	15 A/100 V	1	U2	三端可调式集成稳压管	LM317	1
VD1、VD2	二极管	1N4001	2	RP	可调电阻器	5 kΩ	1
C1	电解电容器	0.1 μF/25 V	1	R	碳膜电阻器	240 Ω	1
C2	电解电容器	10 μF/25 V	1				

三、检测元器件

下面主要介绍单相整流桥和三端可调式集成稳压器的检测方法。

1. 单相整流桥的检测

单相整流桥外形和内部结构如图 6-9 所示。外壳上标有 AC 或“~”符号表示接输入交流电，标有“+”“-”号表示这两个端子为输出脉动直流电的正、负极。

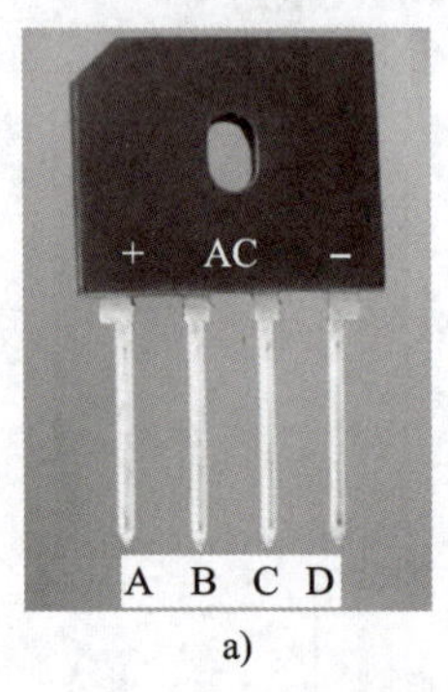

a)

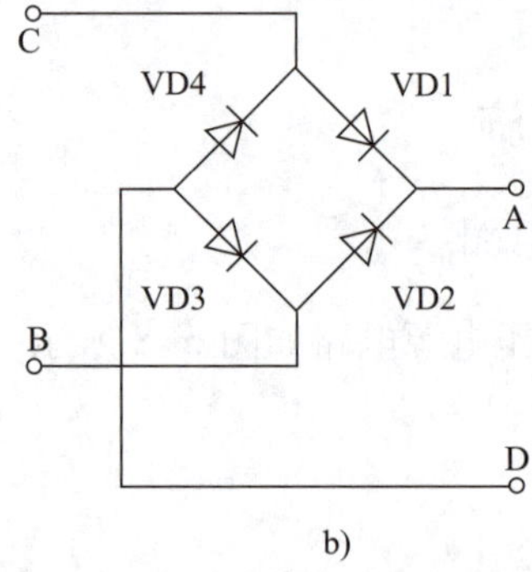

b)

图 6-9　单相整流桥外形和内部结构

a）外形　b）内部结构

单相整流桥的引脚确定后，可用万用表“R×100”或“R×1 k”挡分别测量交流输入端、直流输出端的正反向电阻来判断其好坏。质量良好的单相整流桥，交流输入端正反向电阻均趋近于无穷大；直流输出端正向电阻比单只二极管略大，反向电阻趋近于无穷大。

2. 三端可调式集成稳压器 LM317 的检测

将 LM317 引脚朝下，把标记有“LM317”的一面正对自己，从左边引脚开始依次是调整端、输出端和输入端，如图 6-10a 所示。

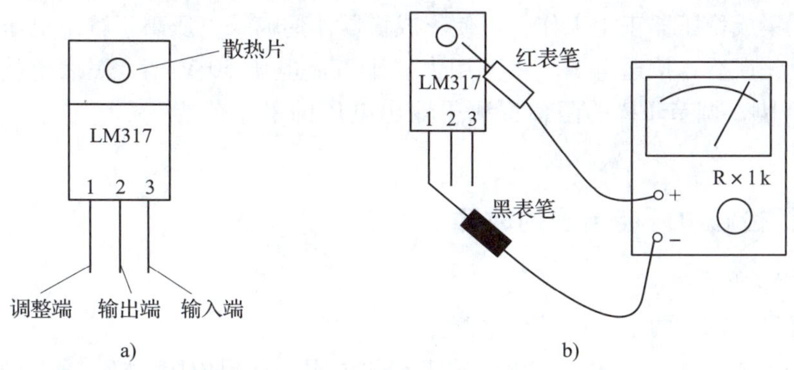

图 6-10　LM317 集成稳压器的检测

a）引脚排列　b）质量检测

集成稳压器的引脚确定后，将万用表置于“R×1 k”电阻挡，万用表红表笔接 LM317 的散热片（带小圆孔的金属片），黑表笔分别接 1、2、3 脚，如图 6-10b 所示，测量此时三个引脚的电阻。测量值应与表 6-2 所列参考值相近。

表 6-2　LM317 集成稳压器引脚间电阻参考值

黑表笔位置	电阻/kΩ	判断引脚
1	24	调整端
2	0	输出端
3	4	输入端

四、安装调试电路

1. 按工艺要求对元器件进行成形加工。
2. 参考图 6-11 所示安装实物图进行电路的插装焊接。

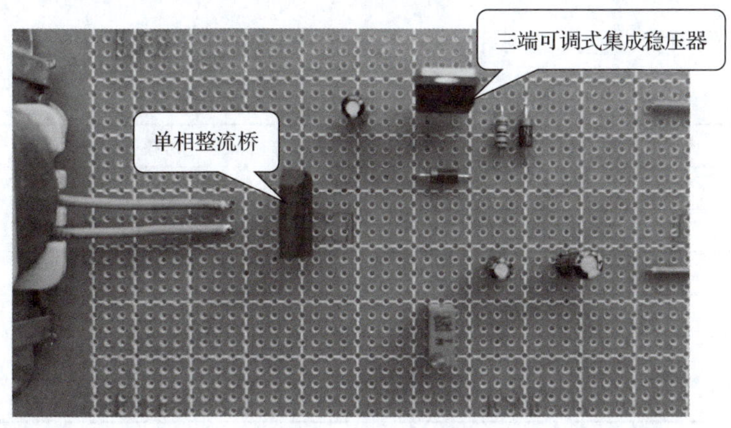

图 6-11　安装实物图

注意：集成稳压器的三个引脚不可接错，同时注意接地端不可悬空。

为了保证集成稳压器正常工作，应使集成稳压器的输入电压高于输出电压 2~3 V。

电路检查无误后，接通电源。将万用表置于直流电压 50 V 挡，黑表笔接地，红表笔接 LM317 的 2 脚，调节 RP 的阻值，测得输出电压的最小值为__________ V，最大值为__________ V。

五、分析检修中可能出现的故障

1. 无输出电压

此故障可以从以下两个方面进行检测。

（1）电源断电，用万用表检测电路输出端的电阻。如果电阻为 $R+R_{P}$，则电路输出端正常；如果电阻为 0，则输出端短路；如果电阻为∞，则输出端断路。

（2）接通电源，从前往后，分别测变压器的输入电压、输出电压，单相整流桥的输入电压、输出电压，集成稳压器的输入电压、输出电压，以检测这几个主要器件的好坏以及相关连线是否正常。如测到某个器件的输入电压或输出电压不正常，则有可能是该器件损坏或相关连线断路。

2. 输出电压的调整范围很小

此故障通常是因 R 或 R_{P} 变值，使调压电路的分压比达不到要求造成的。

3. 输出电压只有 2 V 且不可调

此故障通常是由电阻器 R 开路造成的。

4. 输出电压为最大值 12.5 V 且不可调

此故障的原因可能是 LM317 的 3 脚虚焊或可调电阻器 RP 开路。

5. 输出电压为最小值 1.25 V 且不可调

此故障通常是可调电阻器 RP 短路造成的。

任务测评

按表 6-3 所列项目进行任务测评，将结果填入表中。

表 6-3　测评记录

序号	考核项目	考核分值	考核得分
1	完成“识读电路”中的“练一练”	2	
2	单相整流桥的检测	2	
3	集成稳压器 LM317 的检测	2	
4	按工艺要求安装、焊接电路	2	
5	输出电压的调节和测量	2	
合计		10	

知识拓展

集成稳压器的功能扩展

一、扩大输入电压的电路

CW78××系列集成稳压器的最大输入电压一般不能超过 40 V，如果输入电压大于 40 V，可采用如图 6-12 所示的连接方法。电路中串入三极管 VT 后，输入电压的一部分降落在 VT 的集—射极间，这样就能使集成稳压器的输入电压小于它所允许的最大值。

二、提高输出电压的电路

电路如图 6-13 所示，它能使输出电压高于集成稳压器的固定输出电压。

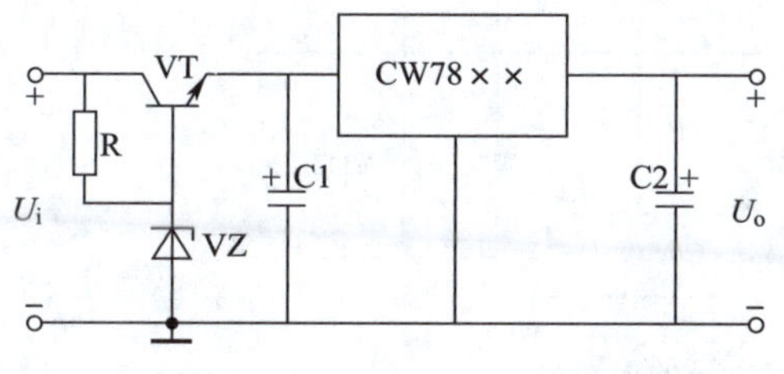

图 6-12　扩大输入电压的电路

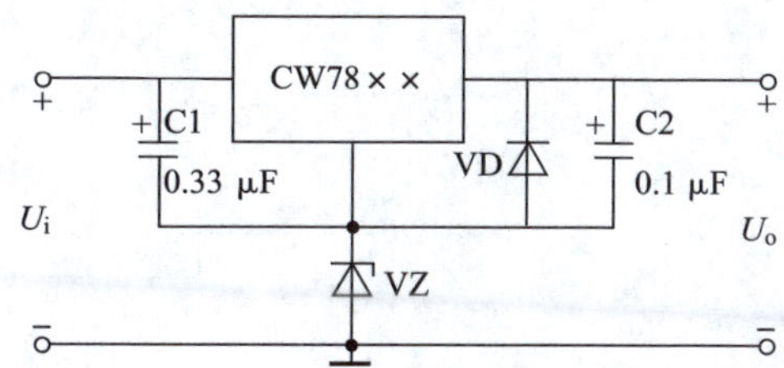

图 6-13　提高输出电压的电路

设集成稳压器的固定输出电压为 U_R，稳压管的稳定值为 U_Z，则该电路的输出电压为

$$U_o = U_R + U_Z$$

三、扩大输出电流的电路

当负载电流需要大于集成稳压器的最大输出电流时，可采用如图 6-14 所示的电路扩大输出电流。图 6-14a 所示是外接大功率三极管的电路。设集成稳压器的输出电流为 I_o，负载电流为 I_L，三极管 VT 的集电极电流为 I_C，由图可知，负载电流为

$$I_L = I_o + I_C$$

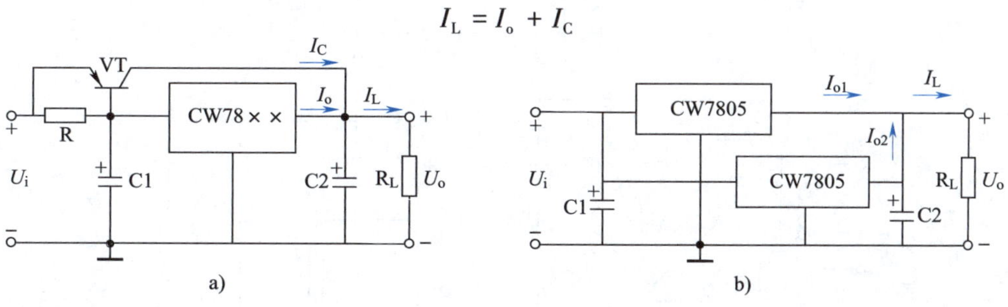

图 6-14　扩大输出电流的电路

a）外接大功率三极管　b）集成稳压器并联

适当选择电阻 R 的阻值，可使大功率三极管 VT 只有在输出电流 I_o 较大时才导通。

在图 6-14b 所示电路中，将两只集成稳压器并联使用，可使输出电流扩大一倍。但应注意，这两个集成稳压器的型号、参数最好相同，至少参数要接近。

四、输出正、负电压的电路

电路如图 6-15 所示。要求电源变压器带中心抽头，以该抽头作为参考点，以便输出一对幅度相等、相位相反的电压。图中二极管 VD1 和 VD2 对集成稳压器起保护作用，正常工作时均处于截止状态。当电路中任意一只集成稳压器未接入电压时，该稳压器输出端二极管导通，保护其不至于损坏。例如，若 CW79××的输入端未接输入电压，CW78××的输出电压将通过负载电阻使 VD2 导通，从而将 CW79××的输出端钳位在 0.7 V 左右。

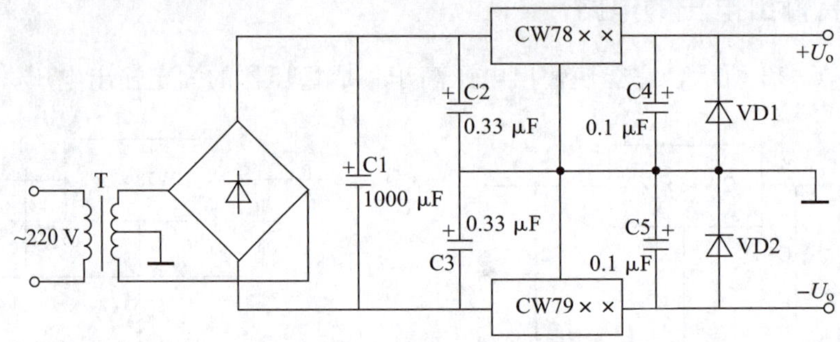

图 6-15　输出正、负电压的电路

思考与练习

1. 指出图 6-16 所示直流稳压电源中的错误，并改正。

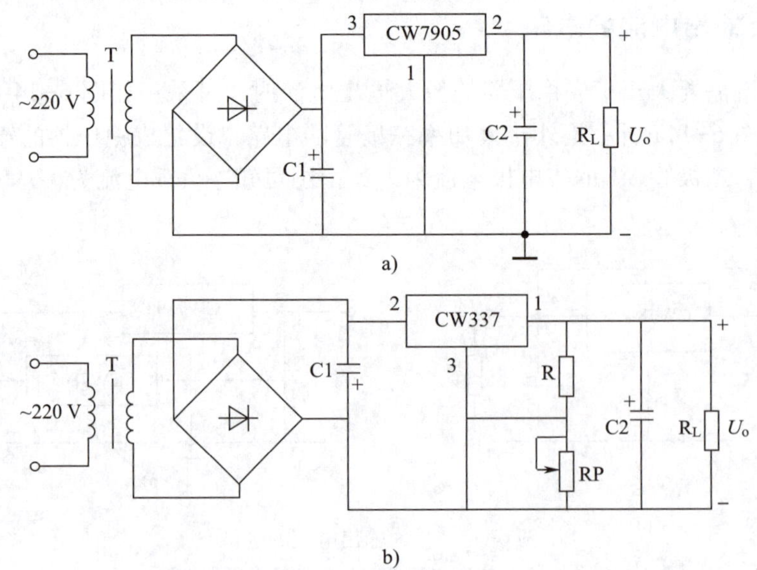

图 6-16　第 1 题图

2. 将图 6-17 所示的元器件正确地连接起来，组成一个电压可调的直流稳压电源。

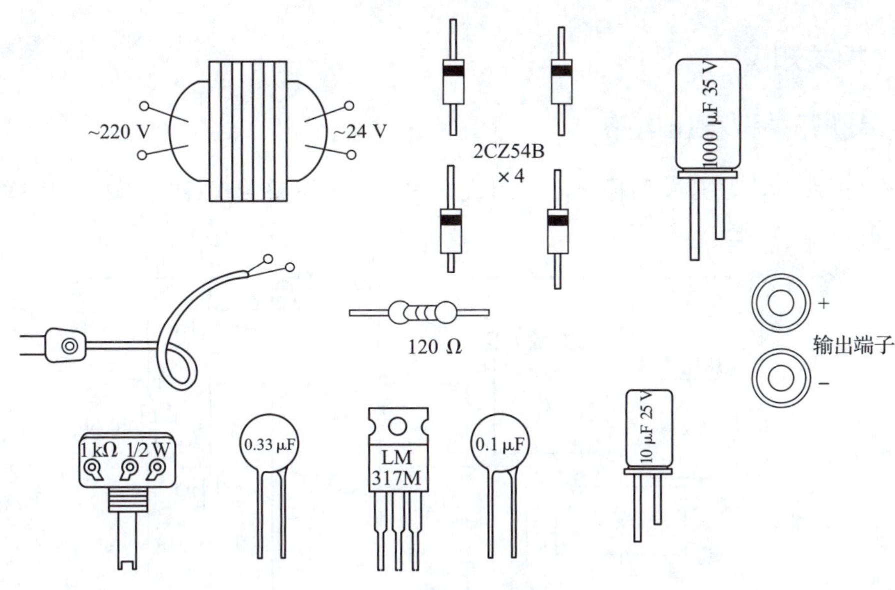

图 6-17　第 2 题图

课题二　开关型稳压电源的安装与检测

学习目标

1. 了解开关型稳压电源的特点。
2. 了解开关型集成电路的功能。
3. 能使用开关型集成电路构成开关型稳压电源。

任务引入

前面所介绍的稳压电路多属于线性稳压电路，调整管始终工作于线性放大状态，因此本身功耗大、效率低。为了解决散热问题，还要安装散热器，这必然要增大电源设备的体积和质量。

本任务将要完成的是开关型稳压电源的安装与检测。在开关型稳压电路中，调整管工作在开关状态。当其截止时，电流很小，因而管耗很小；当其饱和时，管压降很小，因而管耗也很小。这样就提高了效率，同时可减小体积，减轻质量。此外，开关型稳压电路更易于实现自动保护，因此在许多电子设备（如电视机、计算机、航天仪器等）中都得到广泛应用。

相关知识

一、串联开关型稳压电路

图 6-18 所示为串联开关型稳压电路组成框图，开关调整管 VT 与负载 R_L 串联。

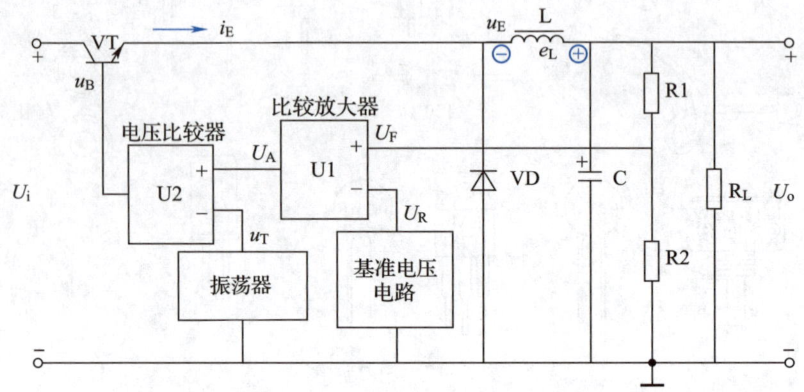

图 6-18　串联开关型稳压电路组成框图

基准电压电路提供稳定的基准电压 U_R，比较放大器 U1 对取样电压 U_F 与基准电压 U_R 的差值进行放大，其输出电压 U_A 送到电压比较器 U2 的同相输入端。振荡器产生一个频率固定的三角波 u_T，它决定了电源的开关频率。u_T 送到电压比较器 U2 的反相输入端，与 U_A 进行比较。当 $U_A>u_T$ 时，U2 输出电压 u_B 为高电平，调整管 VT 饱和导通；当 $U_A<u_T$ 时，输出电压 u_B 为低电平，调整管 VT 截止。U_A、u_T 和 u_B 的波形如图 6-19a、图 6-19b 所示。

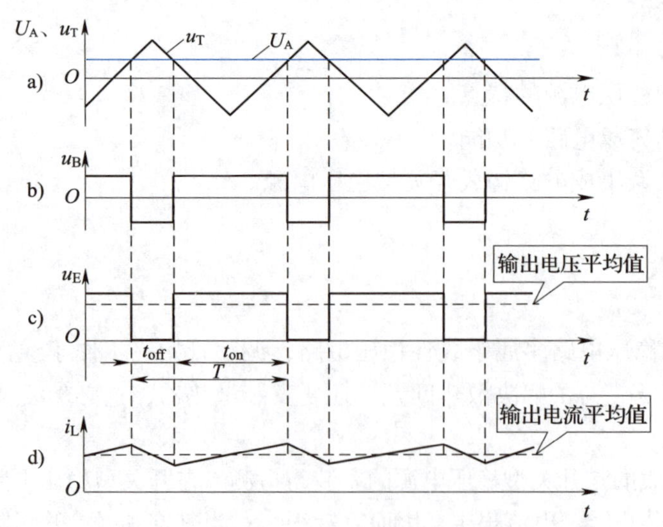

图 6-19　工作波形图

a）U_A、u_T 波形　b）u_B 波形　c）u_E 波形　d）i_L 波形

设开关调整管的导通时间为 t_{on}，截止时间为 t_{off}（图 6-19c），则脉冲波形的占空比定义为

$$q=\frac{t_{on}}{T}=\frac{t_{on}}{t_{on}+t_{off}}$$

当开关调整管饱和导通时，忽略饱和压降，$u_E\approx U_i$，则输出电压平均值为

$$U_o=qU_i$$

电路采取 LC 滤波，VD 为续流二极管。当调整管 VT 导通时，二极管 VD 截止；当 VT 截止时，电感 L 的自感电动势 e_L 极性如图 6-18 所示。自感电动势 e_L 加在 R_L 和 VD 的回路上，二极管 VD 导通（电容器 C 同时放电），负载 R_L 中继续保持原方向电流。续流滤波波形如图 6-19d 所示。

假设输出电压 U_o 升高，取样电压同时增大，比较放大器 U1 输出电压 U_A 下降，调整管 VT 导通时间 t_{on} 减小，占空比 q 减小，输出电压 U_o 随之减小，结果使 U_o 基本不变。调节过程可用下式表示：

$$U_o\uparrow\to U_F\uparrow\to U_A\downarrow\to u_B\downarrow\to q\downarrow\to U_o\downarrow$$

以上控制过程是在保持调整管开关周期 T 不变的情况下，通过改变调整管导通时间 t_{on} 来调节脉冲占空比，从而实现稳压的，故称脉宽调制式（PWM）稳压电源，简化电路如图 6-20 所示。

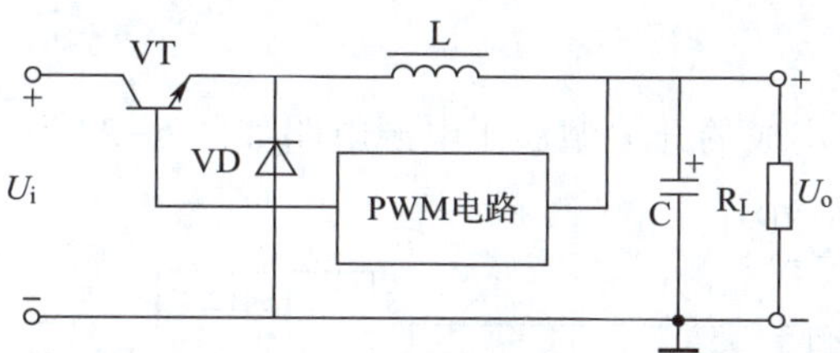

图 6-20　串联开关型稳压电路的简化电路

二、并联开关型稳压电路

并联开关型稳压电路如图 6-21a 所示，开关调整管 VT 与负载 R_L 并联。

当 PWM 电路输出高电平时，调整管 VT 饱和导通，集电极电位近似为零，电感 L 储能，续流二极管 VD 截止，电容器 C 对负载 R_L 放电，等效电路如图 6-21b 所示。

当 PWM 电路输出低电平时，调整管 VT 截止，电感 L 产生自感电动势，与输入电压 U_i 相加后通过二极管 VD 对 C 充电，等效电路如图 6-21c 所示。

并联开关型稳压电路的输出电压总是大于输入电压，电感 L 越大，储能时间越长，输出电压也就越大于输入电压。电容器 C 的电容量越大，输出电压的脉动则越小。

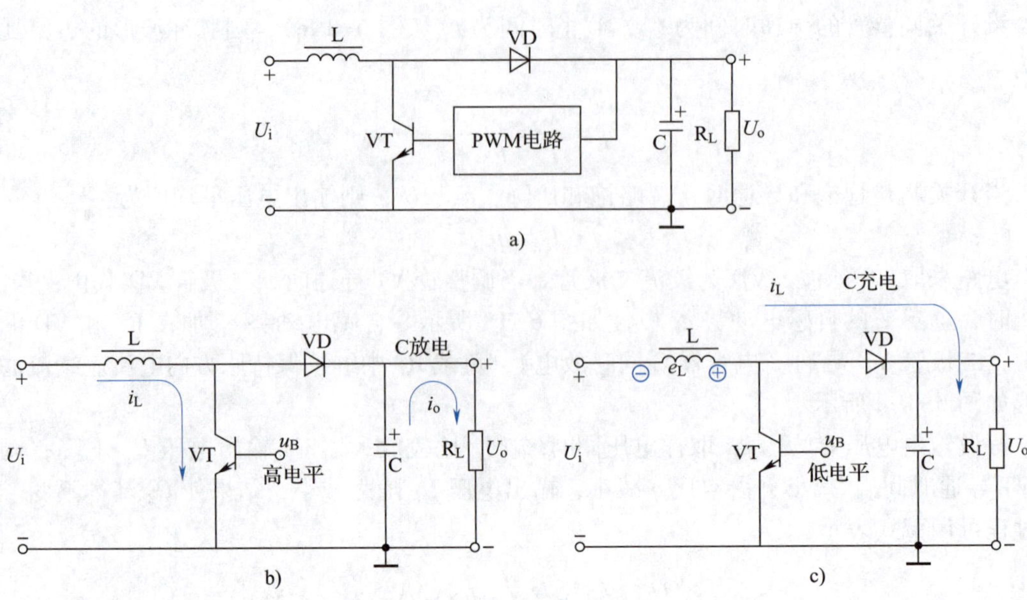

图 6-21　并联开关型稳压电路

a）简化原理电路　b）调整管饱和导通时的等效电路　c）调整管截止时的等效电路

任务实施

一、识读电路

由集成电路 BTS412 构成的开关型稳压电源电路如图 6-22 所示。

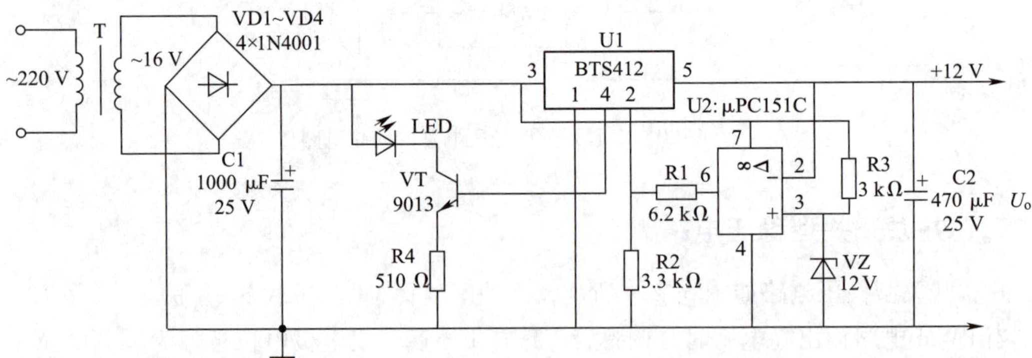

图 6-22　由集成电路 BTS412 构成的开关型稳压电源电路

BTS412 是一种智能型开关集成电路，其内部结构及外形如图 6-23 所示，各引脚功能见表 6-4。

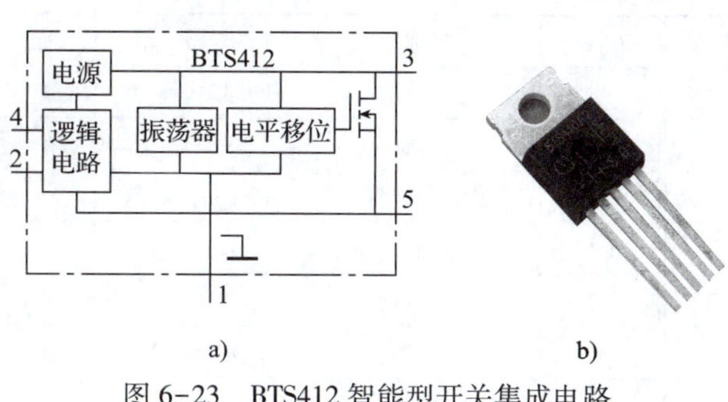

a)　　b)

图 6-23　BTS412 智能型开关集成电路

a）内部结构　b）外形

表 6-4　BTS412 引脚功能

引脚	功能
1	接地端
2	检测信号输入端
3	直流电压输入端
4	故障诊断端
5	电压输出端

图 6-22 所示电路主要由整流滤波电路、开关电路、比较放大电路组成。比较放大电路采用 μPC151C 单运算放大器，放大器同相输入端 3 接基准电压，该基准电压由稳压管 VZ 获得；反相输入端 2 与 BTS412 的 5 脚相接。

当输出电压低于集成运放 3 脚上的基准电压时，集成运放的 6 脚输出高电平，BTS412 启动导通，使输出电压升高；当输出电压高于集成运放的 3 脚基准电压时，集成运放的 6 脚输出低电平，BTS412 关断，使输出电压降低，从而使输出电压稳定。

当电路正常工作时，发光二极管 LED 导通发光。

图 6-24 所示为 μPC151C 集成运放外形，其引脚功能见表 6-5。

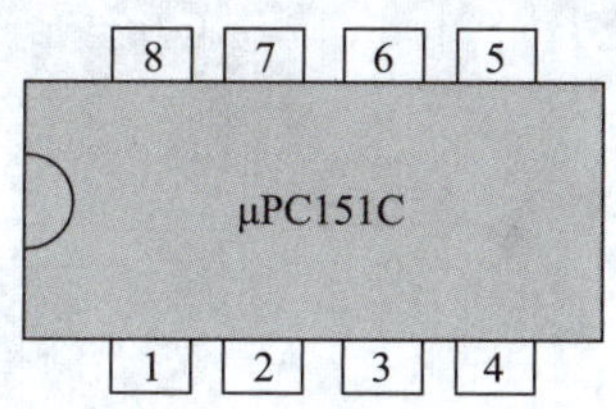

图 6-24　μPC151C 集成运放外形

表 6-5　μPC151C 引脚功能

引脚	功能	引脚	功能
1	调零端 1	5	调零端 2
2	反相输入端	6	输出端
3	同相输入端	7	正电源端（9~18 V）
4	负电源端（-18~-9 V）	8	空脚

二、准备器材

万用表一个，常用电子组装工具一套。本任务所需元器件明细表见表 6-6。

表 6-6　元器件明细表

代号	名称	规格	数量	代号	名称	规格	数量
R1	碳膜电阻器	6.2 kΩ	1	VZ	稳压二极管	12 V	1
R2	碳膜电阻器	3.3 kΩ	1	VT	三极管	9013	1
R3	碳膜电阻器	3 kΩ	1	LED	发光二极管	ϕ10 mm，红色	1
R4	碳膜电阻器	510 Ω	1	U1	开关集成电路	BTS412	1
C1	电解电容器	1 000 μF/25 V	1	U2	集成运放	μPC151C	1
C2	电解电容器	470 μF/25 V	1	T	变压器	220 V/16 V	1
VD1~VD4	整流二极管	1N4001	4		插座	8 脚	1

三、安装调试电路

1. 检测元器件的质量。

2. 参考图 6-25 所示实物图安装电路。

3. 正常接通电源后，输出电压应为 12 V，发光二极管 LED 导通发光。

4. BTS412 的 4 脚为故障诊断端，若电路工作正常，该端输出为高电平（约 5 V），从而使发光二极管导通；若输出电压过低，甚至出现短路故障时，该端输出则为低电平，发光二极管熄灭，同时，BTS412 内部电路也进入自动保护状态。

图 6-25　开关型稳压电源实物图

5. 注意输出滤波电容器 C2 的电容量不可过大，否则会因启动电流过大而导致 μPC151C 自动保护。

6. 测量输出电压为__________ V。

任务测评

按表 6-7 所列项目进行任务测评，将结果填入表中。

表 6-7　测评记录

序号	考核项目	考核分值	考核得分
1	识别 BTS412 和 μPC151C 引脚功能	2	

续表

序号	考核项目	考核分值	考核得分
2	元器件的质量检测	2	
3	按工艺要求安装、焊接电路	2	
4	输出电压的测量	2	
5	检测电路保护功能	2	
合计		10	

知识拓展

一、TOP Switch 集成电路简介

TOP Switch 是一种三端式脉宽调制（PWM）开关电源集成电路，其外形和内部结构如图 6-26 所示。

TOP Switch 外形与三端集成稳压器相似，其内部结构如图 6-26b 所示。开关调整管 VT 为 MOS 管，它的源极 S 和漏极 D 分别为端子 2 和端子 3。端子 1 称为控制极 C，用以输入从开关电源输出端得到的取样电压。该取样电压与内部的基准电压进行比较，并通过脉宽调制（PWM）比较器控制开关调整管导通时间来稳定输出电压。

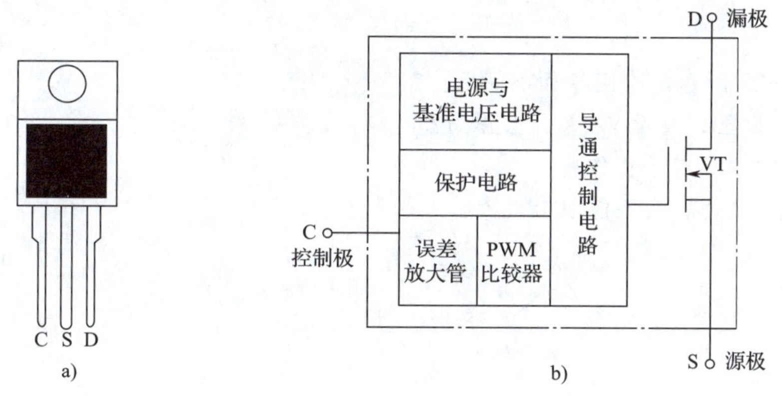

图 6-26　TOP Switch 开关电源集成电路外形和内部结构
a）外形　b）内部结构

二、TOP Switch 的典型应用电路

图 6-27 所示为用 TOP Switch 构成的开关电源电路。其工作原理如下：

交流电压经整流、滤波后在 C1 两端得到的直流电压，经脉冲变压器 T2 的一次绕组 1-2、TOP Switch 的 D 端和 S 端形成回路。TOP Switch 以固定的频率导通、截止，使经过整流、滤波后的直流电压转变为脉冲电压。脉冲变压器的二次绕组 3-4 的脉冲电压经过二极管 VD2 的整流、π 型 LC 滤波器的滤波后转换为平滑的直流输出电压。从脉冲变压器的另一组二次绕组 5-6 取样得到反馈电压，经二极管 VD3 整流后送到 TOP Switch 的 C 端，TOP Switch 根据反馈电压的大小调整内部开关调整管的导通、截止时间，从而达到稳压的目的。

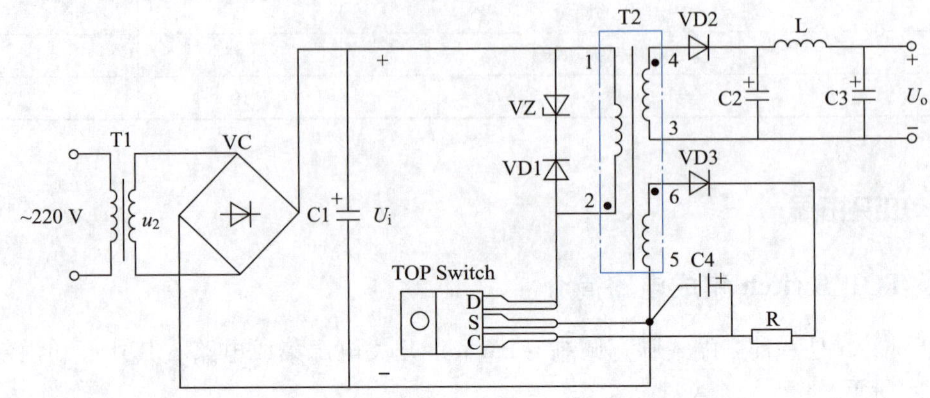

图 6-27　用 TOP Switch 构成的开关电源电路

改变脉冲变压器一、二次绕组的匝数比，即可改变输出电压 U_o 的大小。

思考与练习

根据图 6-22 所示电路回答如下问题：

1. 电路中稳压二极管 VZ 起什么作用？
2. 集成运放 U2 起什么作用？
3. 电容器 C2 为什么不能取值太大？

模块七　晶闸管及其应用

课题一　晶闸管、单结晶体管的识别与检测

学习目标

1. 了解晶闸管、单结晶体管的工作特性和主要参数。
2. 能使用万用表检测晶闸管和单结晶体管。

任务引入

晶闸管是硅晶体闸流管的简称，是一种可控制的硅整流器件，也称为可控硅（SCR）。它是一种大功率半导体器件，广泛应用于可控整流、无触点继电器、交流调压、电动机速度控制等领域。单结晶体管常用于组成晶闸管触发电路。本任务的主要内容是认识晶闸管和单结晶体管，练习用万用表对其进行检测，并通过实验观察晶闸管的导电特性。

相关知识

一、晶闸管

1. 晶闸管的外形、结构和符号

晶闸管的常见外形有塑料封装型（小功率）、平板型（中功率）和螺栓型（中、大功率）等，如图 7-1 所示。平板型和螺栓型晶闸管使用时固定在散热器上。图 7-2 所示为普通（单向）晶闸管的图形符号，它是在二极管符号的基础上又增加了一个控制极，表示其特性相当于一个带有控制端的特殊二极管。普通晶闸管的文字符号用 V 或 VS 表示。

普通晶闸管的三个电极分别称为阳极（A）、阴极（K）和控制极（G），其中控制极也称门极。

普通晶闸管可以根据其外形来判断各电极。表 7-1 为几种普通晶闸管的引脚排列。

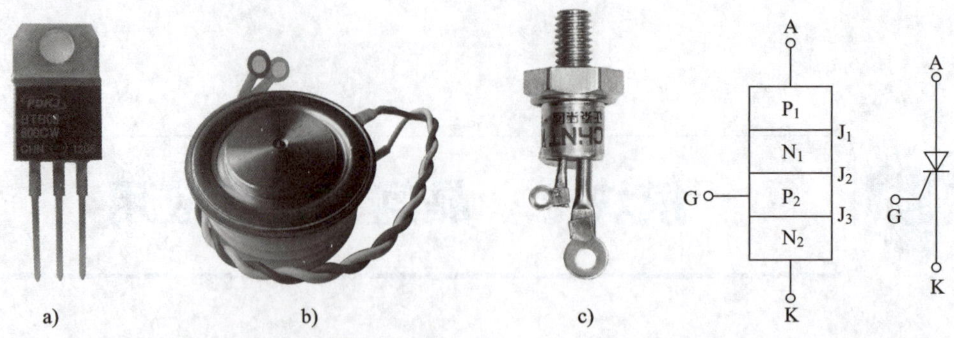

图 7-1　晶闸管的常见外形
a）塑料封装型　b）平板型　c）螺栓型

图 7-2　单向晶闸管的图形符号

表 7-1　几种普通晶闸管的引脚排列

类型	图示	引脚排列
金属封装螺栓型普通晶闸管	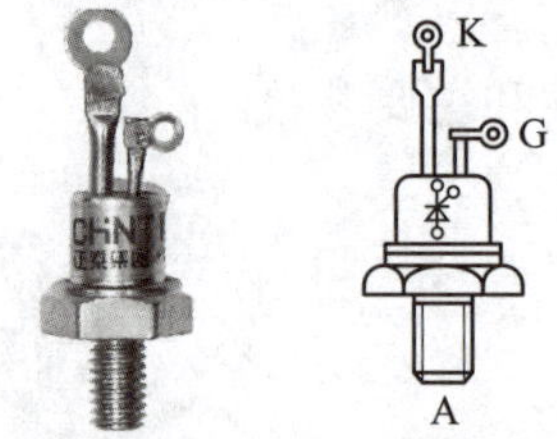 K G A	螺栓一端为阳极 A 较细的引线端为门极 G 较粗的引线端为阴极 K
平板型普通晶闸管	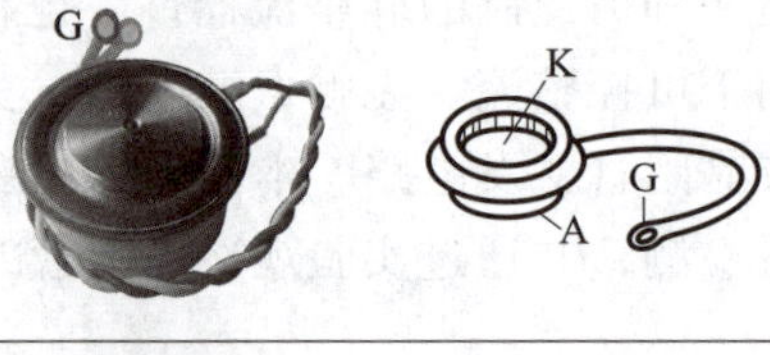 G K G A	引线端为门极 G 平面端为阳极 A 另一端为阴极 K
塑料封装型（TO-220）普通晶闸管	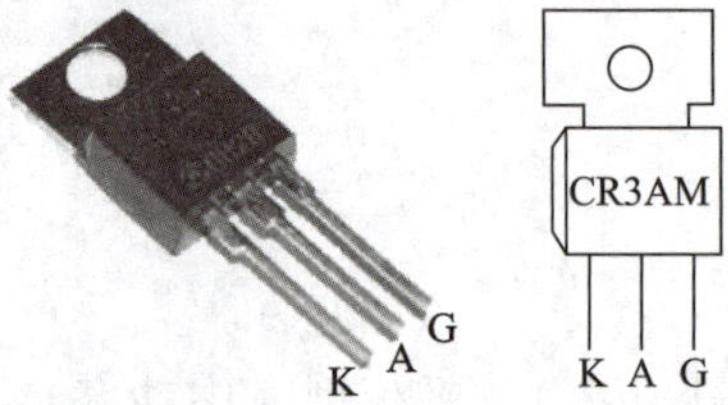 K A G　CR3AM K A G	中间引脚为阳极 A 且多与自带散热片相连
塑料封装型普通晶闸管	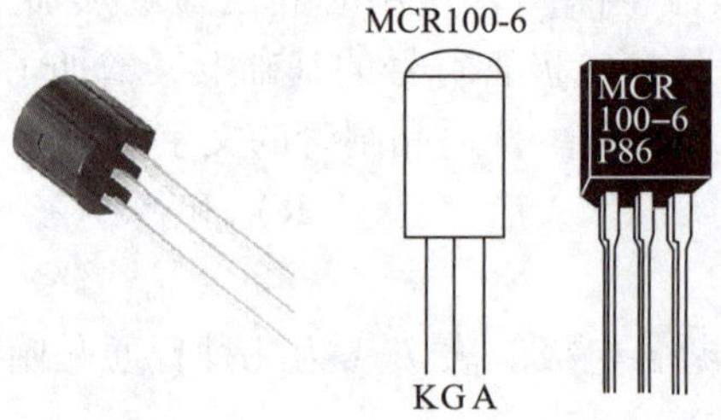 MCR100-6 KGA　MCR 100-6 P86	因型号不同 引脚排列有所不同

续表

类型	图示	引脚排列
贴片式晶闸管	A K A G	因型号不同 引脚排列有所不同

2. 晶闸管的导电特性

晶闸管的导电特性可通过图 7-3 所示的实验电路加以说明。图中，晶闸管阳极 A、阴极 K、灯泡 HL 和电源 GB1 构成主回路，控制极 G、阴极 K、开关 SA 和电源 GB2 构成控制回路。观察实验现象，可以发现晶闸管工作有以下特点：

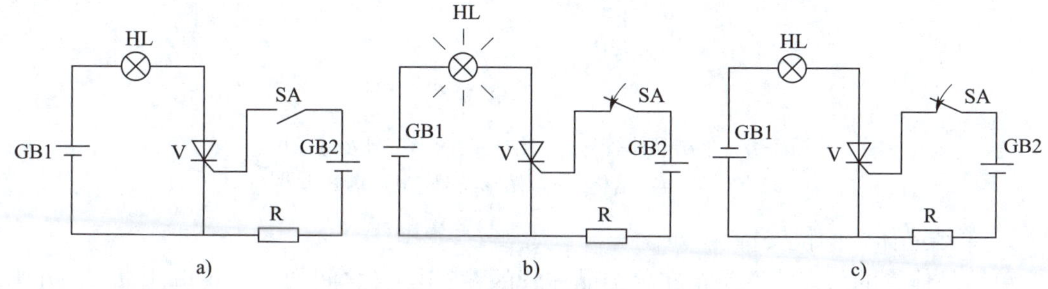

图 7-3　晶闸管特性实验电路

a）正向阻断　b）触发导通　c）反向阻断

（1）晶闸管阳极、阴极间加正向电压，控制极不加电压（开关 SA 断开），灯不亮，这种状态称为正向阻断。

（2）晶闸管阳极、阴极间加正向电压，再闭合开关 SA，使控制极和阴极之间也加上正向电压（触发电压），这时灯亮，说明晶闸管已导通。这种状态称为触发导通。这时断开开关 SA，灯仍亮。这种状态称为维持导通。这说明，晶闸管一旦导通，控制极就失去控制作用。

晶闸管由导通转为截止必须使阳极电流小于维持电流（保持晶闸管正向导通的最小阳极电流），这就是晶闸管的触发维持特性。

（3）晶闸管阳极、阴极间加反向电压，这时不论控制极是否加电压，灯都不亮，晶闸管都不导通，这种状态称为反向阻断。

二、单结晶体管

1. 单结晶体管的外形、结构和符号

单结晶体管也称双基极晶体管，其外形与普通小功率三极管相似，如图 7-4a 所示。常用的型号有 BT31、BT32、BT33、BT35 等。B 表示半导体器件，T 表示特种管，3 表示有三个电极，第 4 部分表示耗散功率为 100 mW、200 mW、300 mW、500 mW 等。它只有一个 PN 结，有三个电极，分别为发射极 E、第一基极 B1、第二基极 B2，其结构及图形符号如图 7-4b 和图 7-4c 所示。文字符号也用 V 或 VT 表示。

单结晶体管的等效电路如图 7-4d 所示。发射极与第一基极之间为一个 PN 结，故用二极管等效，二极管负极与第二基极之间的等效电阻为 r_{B2}，二极管负极与第一基极之间的等效电阻为 r_{B1}，r_{B1} 的阻值受 E、B1 极之间的电压控制，所以等效为可变电阻。

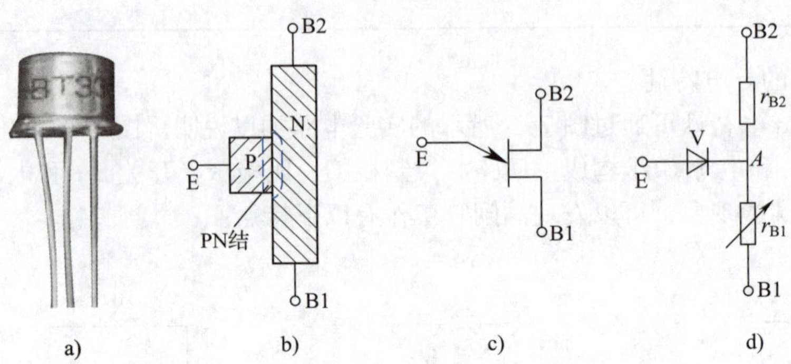

图 7-4　单结晶体管外形、结构、图形符号及等效电路

a）外形　b）结构　c）图形符号　d）等效电路

2. 单结晶体管的伏安特性

单结晶体管的伏安特性是指在单结晶体管的 E、B1 极之间加一个正电压 u_{EB1}，在 B2、B1 极之间加一个正电压 U_{BB}，其发射极电流 i_E 与发射极电压 u_{EB1} 的关系。单结晶体管的伏安特性曲线如图 7-5 所示。

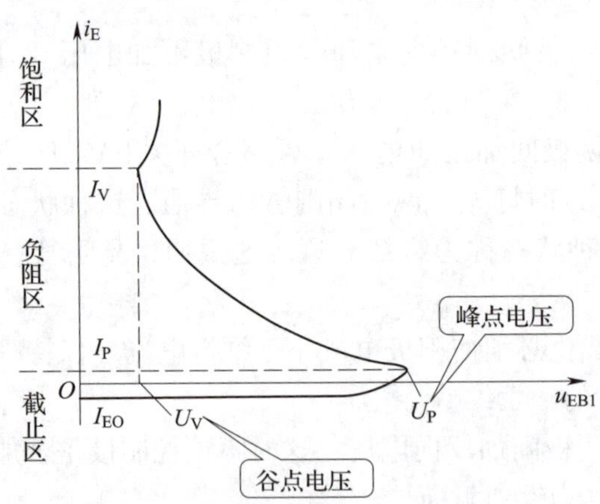

图 7-5　单结晶体管的伏安特性曲线

当发射极不加电压时，外加电压 U_{BB} 在 r_{B1} 和 r_{B2} 之间分压：

$$U_{AB1}=\frac{r_{B1}}{r_{B1}+r_{B2}}\cdot U_{BB}=\eta U_{BB}$$

式中，η 称为单结晶体管的分压比，是它的主要技术参数，其数值与单结晶体管的结构有关，一般为 0.5~0.85。

当 u_{EB1} 小于 $u_{AB1}+u_{EA}$ 时，PN 结承受反向电压而截止；当 u_{EB1} 增大至峰点电压 U_P（$u_{AB1}+u_{EA}$）时，PN 结正向导通，使 r_{B1} 急剧减小，η 下降，呈现负阻特性，进入导通状态。所谓负阻特性，是指输入电压增大到某一数值后，输入电流越大，输入端的等效电阻越小的特性。随着 i_E 增大，r_{B1} 减小，当 u_{EB1} 等于谷点电压 U_V 时，PN 结进入饱和状态；当 u_{EB1} 小于 U_V 时，PN 结又回到截止状态。

任务实施

一、认识晶闸管

观察教师在示教板上排列好的若干不同外形的普通晶闸管，按照表 7-1 所示各种封装形式，对晶闸管进行分类，记入表 7-2。根据晶闸管外形特点判别三个引脚，做好标志，留待后面测量验证。

表 7-2　识别晶闸管记录

序号	型号	封装形式	判别引脚是否正确
1			
2			
3			
4			
5			

二、观察晶闸管的导电特性

1. 实验电路

晶闸管导电特性的实验电路如图 7-6 所示。

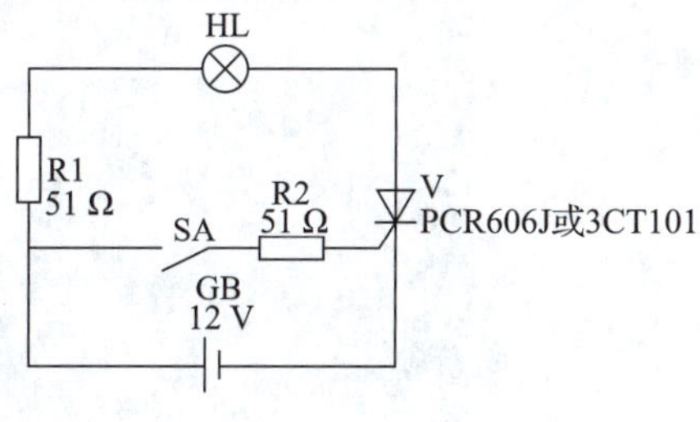

图 7-6　晶闸管导电特性的实验电路

2. 准备器材

直流稳压电源一台，常用电子组装工具一套。本任务所需元器件明细表见表 7-3。

表 7-3　元器件明细表

代号	名称	规格	数量	代号	名称	规格	数量
R1、R2	碳膜电阻器	51 Ω	2	V	晶闸管	PCR606J 或 3CT101	1
HL	指示灯	12 V	1	SA	开关		1

3. 实验步骤

按照工艺要求安装好电路后，按表 7-4 要求进行实验，并做记录。

表 7-4　晶闸管导电特性实验记录

实验步骤	晶闸管工作条件	指示灯（HL）状态	晶闸管状态
1	接通电源，开关 SA 断开		
2	接通电源，闭合开关 SA		
3	灯亮后断开 SA		
4	将电源反接后，断开开关 SA		
5	将电源反接后，闭合开关 SA		
6	关闭电源，断开开关 SA		

4. 结论

由以上实验可知，晶闸管和半导体二极管比较，_________特性是相同的，但晶闸管还具有_________和_________特性。

三、用万用表检测单向晶闸管

对于单向晶闸管，可以用万用表检测其好坏，如图 7-7 所示。

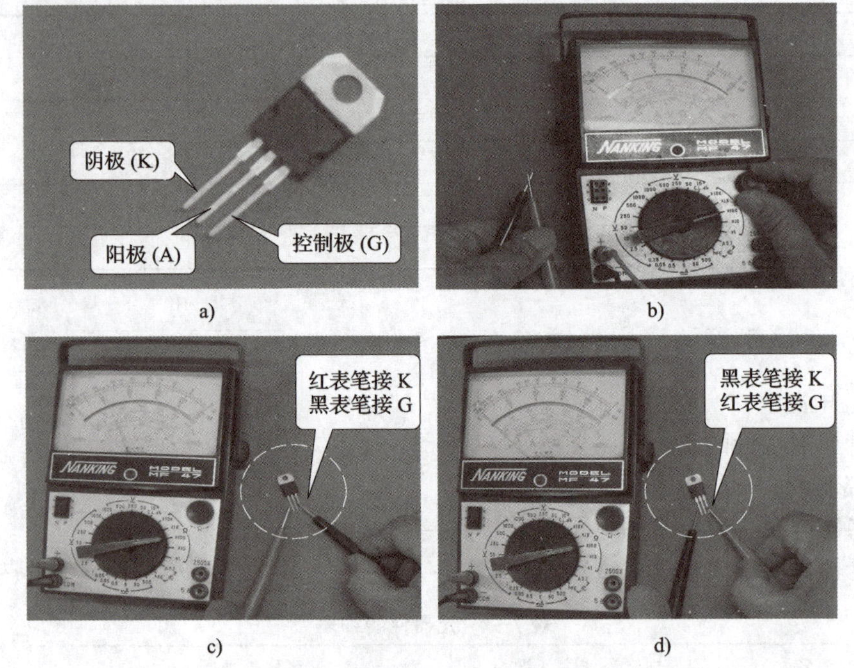

a)　b)　c)　d)

图 7-7　用万用表检测单向晶闸管

a）先检查待测晶闸管表面有无损坏，引脚是否完好

b）将万用表置于“R×100”挡，进行欧姆调零

c）红表笔接 K，黑表笔接 G，测得电阻较小

d）除图 7-7c 外，红黑表笔接在任意两引脚，测得电阻都很大

课堂活动

按上述方法对表 7-2 所列各晶闸管进行检测，比较原判别结果，看是否相符。

四、用万用表检测单结晶体管

1. 从外形识别电极

单结晶体管的引脚排列如图 7-8 所示。面对管底，由定位标志起，按顺时针方向，引脚依次为发射极 E、第一基极 B1、第二基极 B2。

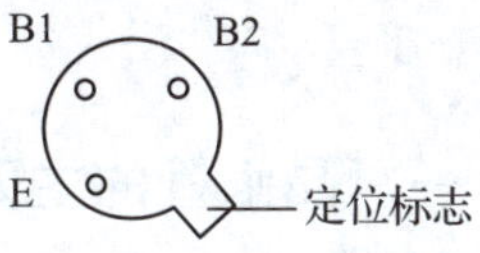

图 7-8　单结晶体管的引脚排列

2. 用万用表判别电极

（1）用万用表“R×1k”挡，依次测量三个电极每两个电极之间的正、反向电阻，若测得其中两个电极的正、反向电阻相等，则该两极为第一基极 B1、第二基极 B2，余下的电极为发射极 E。

（2）分别测量发射极 E 与第一基极 B1、第二基极 B2 之间的正向电阻（黑表笔接 E），其中阻值较小的一次红表笔接的是第二基极 B2，则另一个电极为第一基极 B1。

实际应用中第一基极 B1、第二基极 B2 接错，不会损坏管子，只会影响输出的脉冲幅度。

3. 质量判别

（1）测量单结晶体管 E、B1 极之间 PN 结的正向电阻和反向电阻，并记入表 7-5 中。E、B1 极之间 PN 结特性和一般晶体管的 PN 结特性相似，正向电阻小于反向电阻，且正向电阻比一般晶体管的正向电阻略大。

（2）测量 B1、B2 极之间的电阻，记入表 7-5 中。正常值约为 3~12 kΩ。其阻值随温度的上升而增大。

表 7-5　单结晶体管测量记录

项目	E、B1 极之间 PN 结正向电阻	E、B1 极之间 PN 结反向电阻	B1、B2 极之间的电阻
测量值			

任务测评

按表 7-6 所列项目进行任务测评，将结果记入表中。

表 7-6　测评记录

序号	考核项目	考核分值	考核得分
1	认识晶闸管的型号、封装形式和图形符号	2	
2	用万用表判别晶闸管的三个极	2	
3	晶闸管导电特性实验电路的安装	2	
4	实验现象的观察和记录	2	
5	用万用表检测单结晶体管	2	
合计		10	

知识拓展

晶闸管的主要参数、类型和图形符号

一、晶闸管的主要参数

1. 额定正向平均电流 I_F

额定正向平均电流是指在环境温度小于 40 ℃和标准散热条件下，允许连续通过晶闸管阳极的工频（50 Hz）正弦波半波电流的平均值。

2. 维持电流 I_H

维持电流是指在控制极开路和规定的环境温度下，晶闸管维持导通时的最小阳极电流。

3. 门极触发电流 I_{GT} 和门极触发电压 U_{GT}

门极触发电流是指在规定条件下，能安全地触发晶闸管所需的最小门极电流。门极触发电压是指产生门极触发电流所需的门极电压。

4. 正向重复峰值电压 U_{DRM}

正向重复峰值电压是指在控制极开路的条件下，允许重复作用在晶闸管上的最大正向电压。

5. 反向重复峰值电压 U_{RRM}

反向重复峰值电压是指在控制极开路的条件下，允许重复作用在晶闸管上的最大反向电压。

二、晶闸管的类型

1. 按封装形式分类，可分为金属封装型晶闸管、塑料封装型晶闸管和陶瓷封装型晶闸管等。其中，金属封装型晶闸管又分为螺栓型、平板型、圆壳型等多种；塑料封装型晶闸管又分为带散热片型和不带散热片型两种。

2. 按功率大小分类，可分为大功率晶闸管、中功率晶闸管和小功率晶闸管。通常大功率晶闸管多采用金属壳封装，而中、小功率晶闸管则多采用塑料封装或陶瓷封装。

3. 按关断、导通及控制方式分类，可分为单向晶闸管、双向晶闸管、逆导晶闸管、门极可关断晶闸管（GTO）、温控晶闸管和光控晶闸管等。

门极可关断晶闸管可以用正脉冲加入控制极使之导通，用负脉冲加入控制极使之截止，这样更便于实现小信号对晶闸管导通和关断两种状态的控制。门极可关断晶闸管主要用于高压直流开关、高压脉冲发生器、过电流保护等电路。

4. 按关断和导通转换速度分类，可分为普通晶闸管和快速晶闸管。快速晶闸管采用特殊制造工艺，使其导通时间减小到 8 μs 以下，关断时间也减小到几微秒。快速晶闸管广泛应用于中频逆变器和直流斩波器中。

三、晶闸管的图形符号（见表 7-7）

表 7-7　晶闸管的图形符号

图形符号	名称	图形符号	名称
	反向阻断二极晶闸管		反向阻断三极晶闸管 P 栅（阴极侧受控）
	逆导二极晶闸管		可关断三极晶闸管 （未指定栅极）
	双向二极晶闸管		双向三极晶闸管
	反向阻断三极晶闸管 N 栅（阳极侧受控）		逆导三极晶闸管 （未指定栅极）

思考与练习

1. 晶闸管导通的条件是什么？
2. 导通后的晶闸管关断的条件是什么？
3. 图 7-9 所示为一种简单的晶闸管开关电路，试简要说明其工作原理。

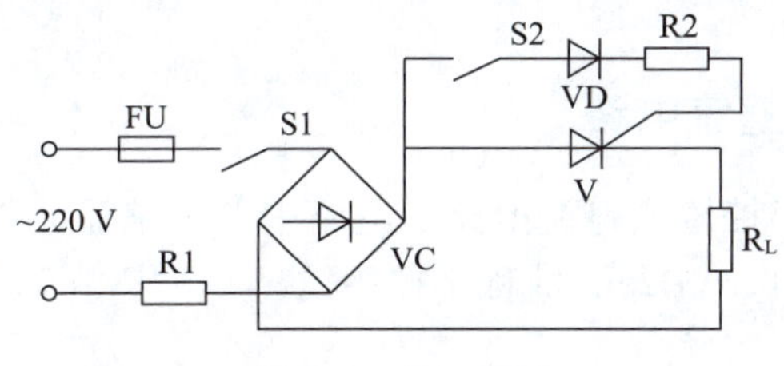

图 7-9　第 3 题图

4. 图 7-10 所示为一个防盗报警电路，使用时，*A*、*B* 间用短路线连接，若短路线断开则报警。试简要说明其工作原理。

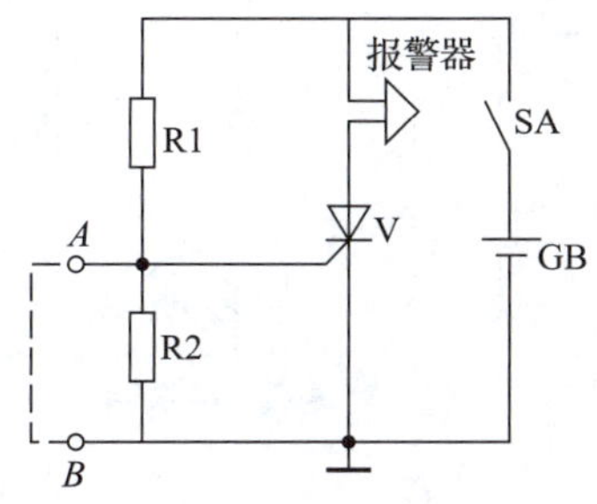

图 7-10　第 4 题图

课题二　晶闸管调光电路的安装与检测

学习目标

1. 了解晶闸管可控整流电路的组成和工作原理。
2. 了解单结晶体管自激振荡电路的组成和工作原理。
3. 能完成晶闸管调光电路的安装和检测。

任务引入

在模块一中所介绍的整流电路，当变压器二次电压确定后，整流电路输出的直流电压随即确定，如果要改变其大小，需要改变变压器的变比，而采用本任务完成的晶闸管组成的可控整流电路，可以十分方便地将交流电转换为电压大小可以调节的直流电，并不需要改变变压器的变比。晶闸管调光电路是晶闸管可控整流电路的典型应用。

相关知识

一、单相半控桥式整流电路

图 7-11 所示为单相半控桥式整流电路。电路中四个整流元件有两个是晶闸管（V1、V2），两个是二极管（VD1、VD2），故称半控桥式。

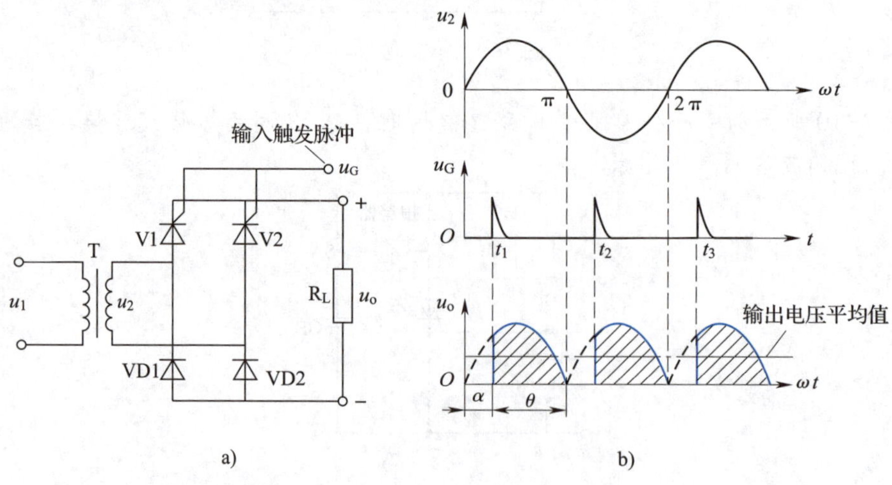

图 7-11　单相半控桥式整流电路
a）电路图　b）波形图

工作原理如下：

1. u_2 为正半周期时，晶闸管 V1 和二极管 VD2 承受正向电压，如果这时未加触发电压，则晶闸管处于正向阻断状态，输出电压 $u_o=0$。

2. 在 t_1 时刻（$\omega t=\alpha$）加入触发脉冲 u_G，晶闸管 V1 触发导通。

3. 在 $\omega t=\alpha\sim\pi$ 期间，尽管触发脉冲 u_G 已消失，但晶闸管仍保持导通，直至 u_2 过零（$\omega t=\pi$）时，晶闸管才自行关断，在此期间 $u_o=u_2$，极性为上正下负。

4. u_2 为负半周期时，晶闸管 V2 和二极管 VD1 承受正向电压，只要触发脉冲 u_G 到来，晶闸管就导通，负载上得到的仍为上正下负的电压。

在控制极加上触发脉冲使晶闸管开始导通的角度 α 称为控制角。在 $0\sim\alpha$ 期间，晶闸管正向阻断。$\pi-\alpha$ 被称为晶闸管的导通角（θ）。显然控制角越小，导通角越大，输出电压越高。当 $\alpha=0$ 时，导通角 $\theta=\pi$，称为全导通。

可见，改变触发脉冲输入的时刻，即可改变控制角 α 的大小，也就可改变导通角 θ，负载 R_L 上的电压平均值也随之改变，从而达到可控整流的目的。控制角为 0°、30°、60°、90°、180°时所对应的输出电压 u_L 波形分别如图 7-12 至图 7-16 所示。

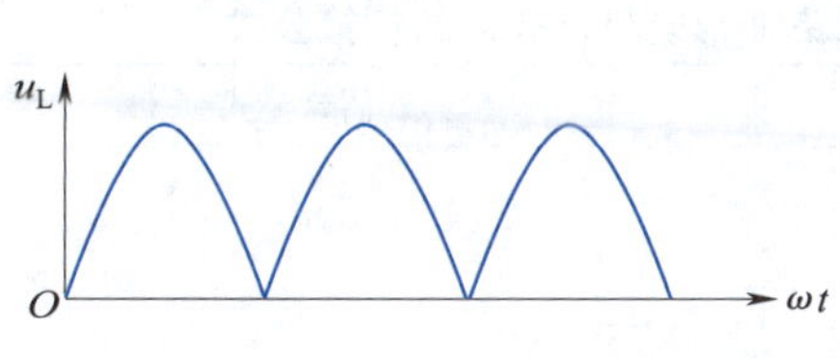

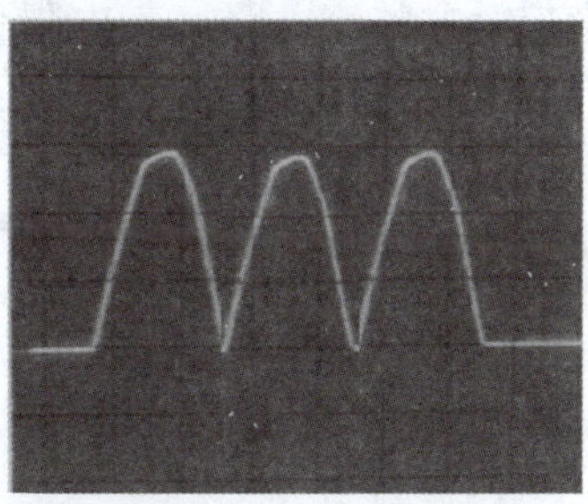

图 7-12　$\alpha=0°$时输出电压波形

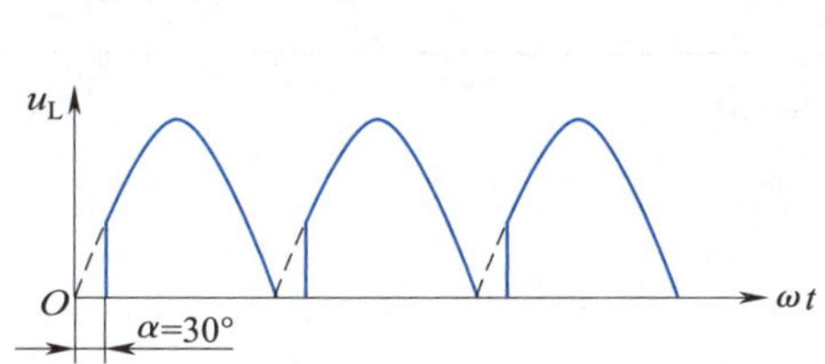

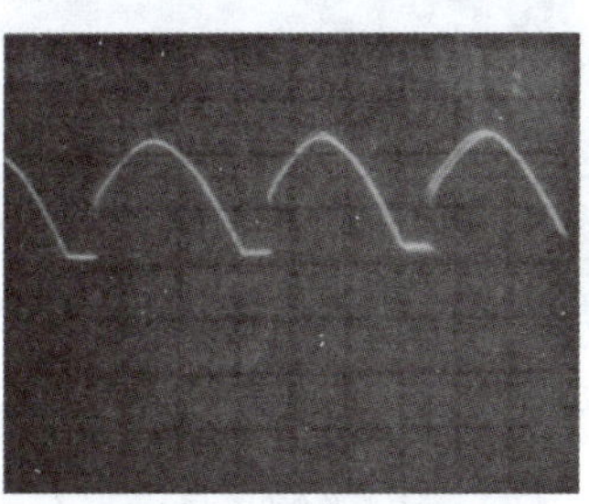

图 7-13　$\alpha=30°$时输出电压波形

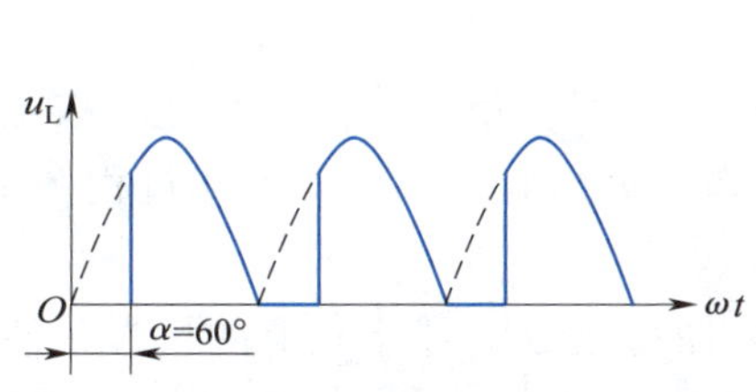

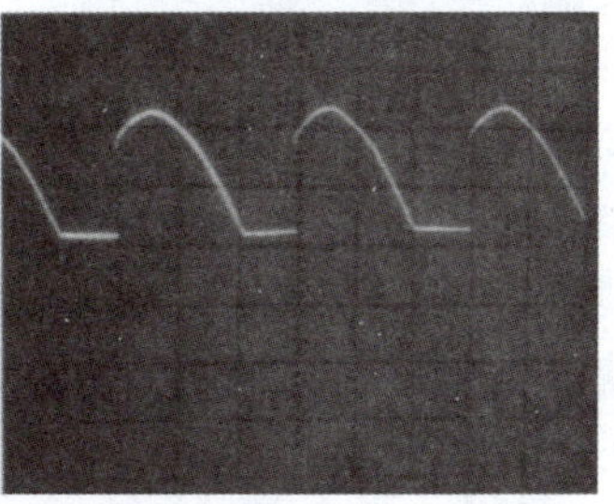

图 7-14　$\alpha=60°$时输出电压波形

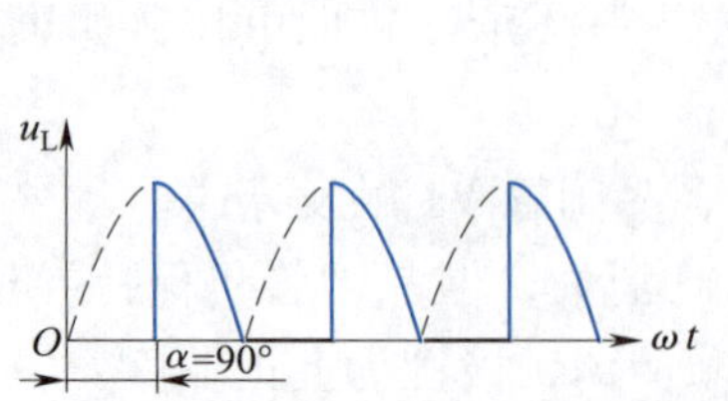

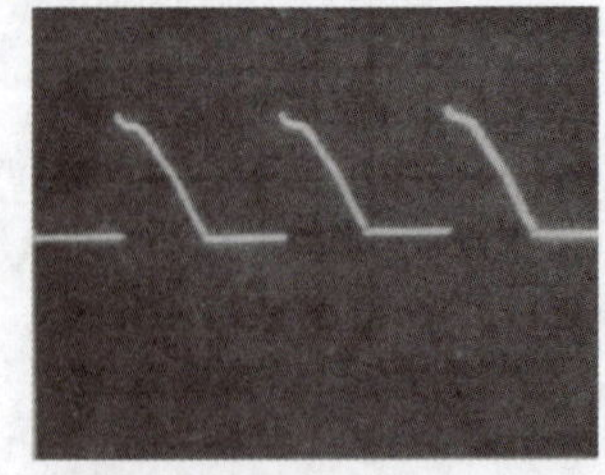

图 7-15　α = 90°时输出电压波形

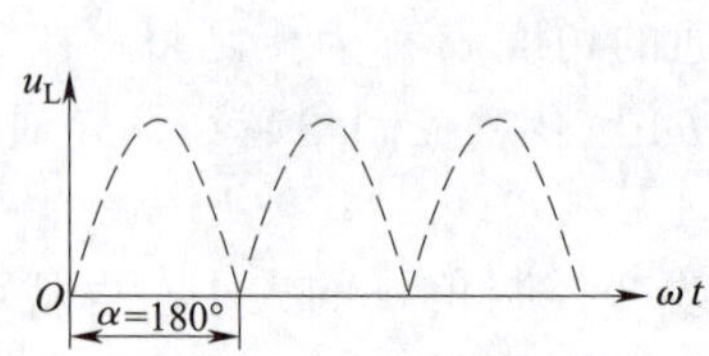

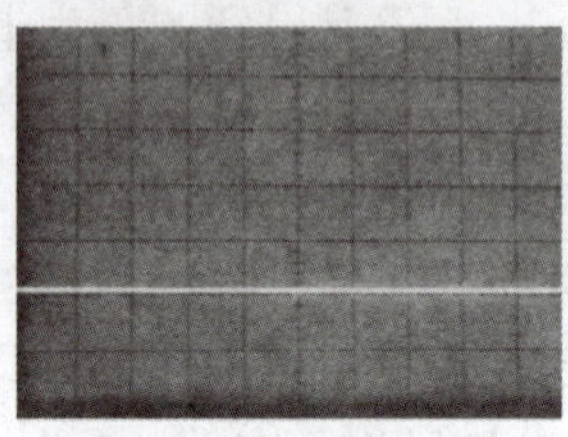

图 7-16　α = 180°时输出电压波形

单相半控桥式整流电路（带电阻负载）的估算公式见表 7-8。

表 7-8　单相半控桥式整流电路（带电阻负载）的估算公式

电路参数	估算公式
输出电压平均值	$U_L = 0.9U_2 \dfrac{1+\cos\alpha}{2}$
负载电流平均值	$I_L = \dfrac{U_L}{R_L}$
晶闸管电流平均值	$I_T = \dfrac{1}{2} I_L$
晶闸管承受最大电压	$U_{RM} = \sqrt{2} U_2$

二、单结晶体管自激振荡电路

图 7-17 所示为单结晶体管自激振荡电路。工作原理如下：

接通电源后，电源 U_{BB} 通过 R2、R1 加在单结晶体管的两个基极上，同时，通过 RP、R_E 给电容器 C 充电，电容器两端电压 u_C 按指数规律上升，当 u_C 达到峰点电压 U_P 时，单结晶体管导通，r_{B1} 的值迅速减小，电容器 C 通过 r_{B1}、R1 迅速放电，在 R1 上形成脉冲电压。

在电容器 C 放电过程中，当 u_C 下降到 $u_C < U_V$ 时，单结晶体管截止，放电结束，输出电压又降到零，完成一次振荡。电源对电容器再次充电，并重复上述过程，于是在 R1 上产生一系列尖脉冲电压，如图 7-17b 所示。

改变 RP 的阻值（或电容器 C 的大小），便可改变电容器充电的快慢，使输出脉冲波形前移或后移，从而控制晶闸管的触发导通时刻。显然，当 R_PC 增大时，触发脉冲后移，控制角增大；$R_P C$ 减小时，触发脉冲前移，控制角减小。

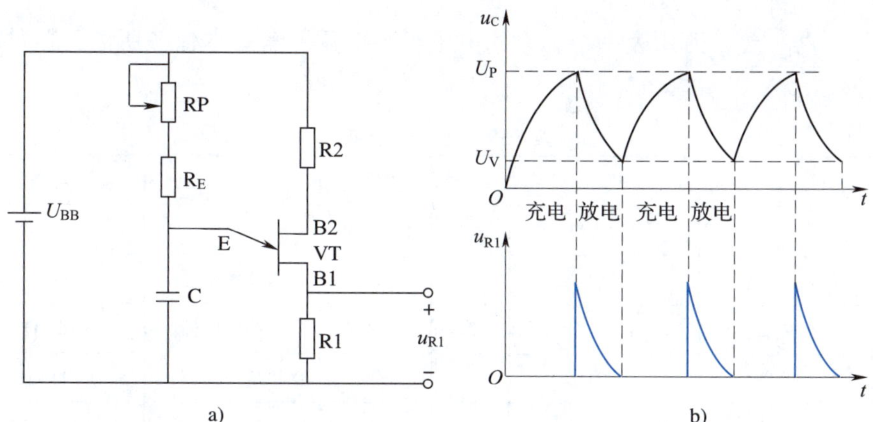

图 7-17　单结晶体管自激振荡电路

a）电路图　b）波形图

任务实施

一、识读电路

晶闸管调光电路如图 7-18 所示。

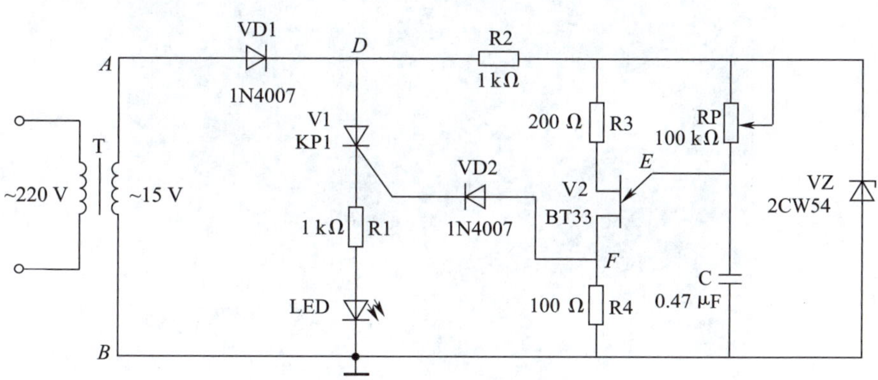

图 7-18　晶闸管调光电路

练一练

1. 分析二极管 VD1、VD2 的作用。
2. 该电路是半波整流电路还是全波整流电路？
3. 当 RP 中间滑动触点上移时，晶闸管导通角如何变化？
4. 稳压管 VZ 两端能否并接滤波电容器，为什么？

二、准备器材

双踪示波器一台，万用表一个，常用电子组装工具一套。本任务所需元器件明细表见表 7-9。

表 7-9　元器件明细表

代号	名称	规格	数量	代号	名称	规格	数量
T	变压器	AC 220 V/15 V	1	R1、R2	碳膜电阻器	1 kΩ	2
VZ	稳压二极管	2CW54	1	R3	碳膜电阻器	200 Ω	1
VD1、VD2	二极管	1N4007	2	R4	碳膜电阻器	100 Ω	1
V1	晶闸管	KP1	1	RP	可调电阻器	100 kΩ	1
V2	单结晶体管	BT33	1	C	涤纶电容器	0. 47 μF/25 V	1
LED	发光二极管	ϕ3 mm，红色	1				

三、安装调试电路

1. 检测元器件。
2. 按工艺要求对元器件进行成形加工。
3. 参考图 7-19 所示安装实物图进行电路的插装焊接。

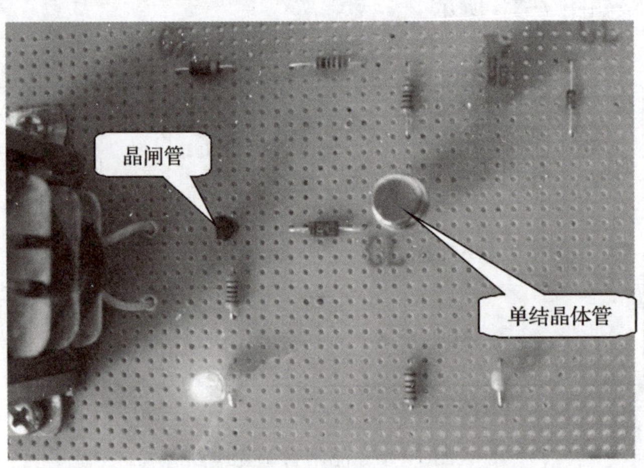

图 7-19　安装实物图

4. 电路经检查无误后，将 15 V 交流电压由 A、B 两点输入。
5. 调节 RP，使发光二极管达到中等亮度，用双踪示波器观察电路中 A、D、E、F 各点的波形，记入表 7-10 中。

表 7-10　测试记录

测试点	*A*	*D*	*E*	*F*
波形图				

6. 调节 RP，使发光二极管的亮度从暗变到亮，用万用表测量电路中 *D* 点直流电压的变化，用双踪示波器观察 *D* 点波形的变化，记入表 7-11 中。

表 7-11　测试记录

LED 亮度	较暗	中等	较亮
D 点直流电压/V			
D 点波形			

四、注意事项

1. 15 V 交流电压可以由电源变压器获得，也可以由调压器获得。

2. 如果不用发光二极管，也可以用 6.3 V 小灯泡（此时不用 R1）。

3. 发光二极管不亮或不可调光，可能是单结晶体管自激振荡电路停振造成的，此时应检测 BT33 和 C 等元器件是否损坏。

任务测评

按表 7-12 所列项目进行任务测评，将结果填入表中。

表 7-12　测评记录

序号	考核项目	考核分值	考核得分
1	检测元器件	2	
2	实验电路的安装	2	
3	用双踪示波器观测波形	2	
4	用万用表测量电压	2	
5	测试记录表的填写	2	
合计		10	

知识拓展

一、微机控制晶闸管触发电路

用分立元件或集成电路组成的触发器控制精度不够高，各相脉冲不均衡度较大，近年来，用微机（单片机）组成的触发电路，其控制精度可达到0.1°~0.01°。

图7-20所示为微机控制晶闸管触发电路，其技术关键是正弦交流电压过零信号的获得和触发脉冲的精确控制。

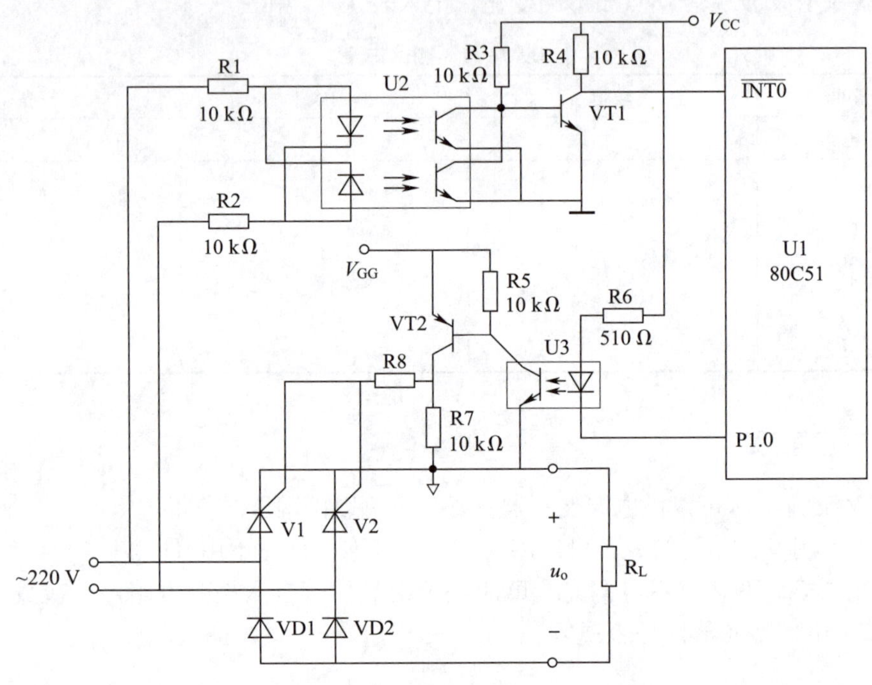

图7-20　微机控制晶闸管触发电路

1. 正弦交流电压过零信号的获得

正弦交流电压过零信号由U2（双光电耦合器）、VT1组成的电路取出，R1、R2为限流电阻，直接接至主回路正弦交流电源，交流电压过零时，无论是从正到负，还是从负到正，双光电耦合器中发光二极管总有一个截止，使VT1饱和导通，产生周期为10 ms的交流电压过零脉冲序列。

2. 触发脉冲的精确控制

CPU（80C51单片机）接收到交流电压过零脉冲信号后（由图7-20中的引脚$\overline{INT0}$接收），立即产生中断，并启动片内定时器，精确定时控制角α，定时时间到，及时发出低电平触发脉冲（由图7-20中的P1.0输出低电平），使U3（光电耦合器）中的发光二极管导通发光，VT2集电极输出一个正脉冲触发信号，控制触发V1或V2导通。触发脉冲宽度也由 CPU 控制引脚 P1.0 输出低电平信号的时间确定，触发脉冲的幅度（电压）由 V_{GG} 确定，触发脉冲电流的大小由 R8 确定。

需要指出的是，V_{GG} 是一组单独为触发脉冲供电的直流电源，其接地端接晶闸管阴极 K；V_{CC} 为微机电源，V_{CC} 与 V_{GG} 不能共地。

二、晶闸管的保护

普通晶闸管承受过电流和过电压的能力较差，在使用中，除了要使它的工作条件留有充分的余地外，还要采取一定的保护措施。

1. 过电压保护

晶闸管电路中含有电感元件（如变压器、电抗线圈等），当变压器一次侧拉闸，或整流装置直流侧切断开关，或晶闸管由导通转变为阻断时，电感中都会产生很高的电动势，使晶闸管承受很高的电压，过电压虽然持续的时间极短，但也可能使晶闸管误导通，甚至击穿损坏。因此，要采取相应的保护措施。

通常采用阻容吸收电路或压敏电阻器等进行过电压保护。

（1）阻容吸收电路

阻容吸收电路是利用阻容元件来吸收过电压，其实质是在电路切断瞬间，电感回路产生的磁场能量（感应电动势）被电容器吸收转换为电场能，之后电容器又通过电阻放电，将电场能释放出来，从而抑制了过电压，保护了晶闸管。阻容元件在电路中的接入方法有三种，如图 7-21 所示。

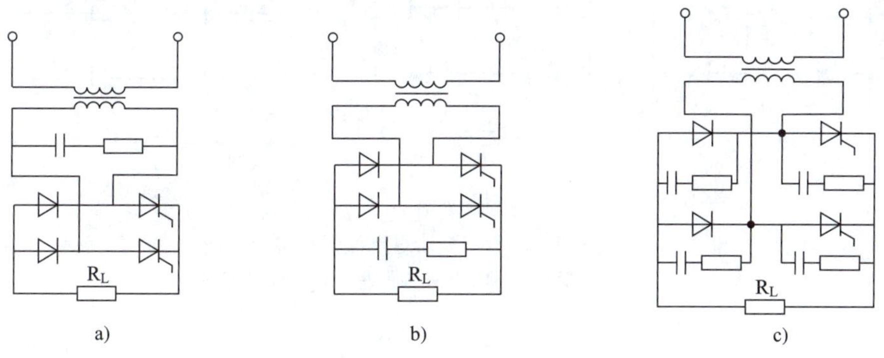

图 7-21 阻容元件在电路中的接入方法

a）交流侧保护 b）直流侧保护 c）直接保护

（2）压敏电阻器

压敏电阻器是一种伏安特性呈非线性的敏感元件。在正常电压下，压敏电阻器相当于一只小容量电容器，而当电路出现过电压时，它的内阻急剧下降并迅速导通，工作电流呈数量级增加，从而有效地保护了电路中的其他元器件不因过电压而损坏。

压敏电阻器在电路中的接入方法也有三种，如图 7-22 所示。

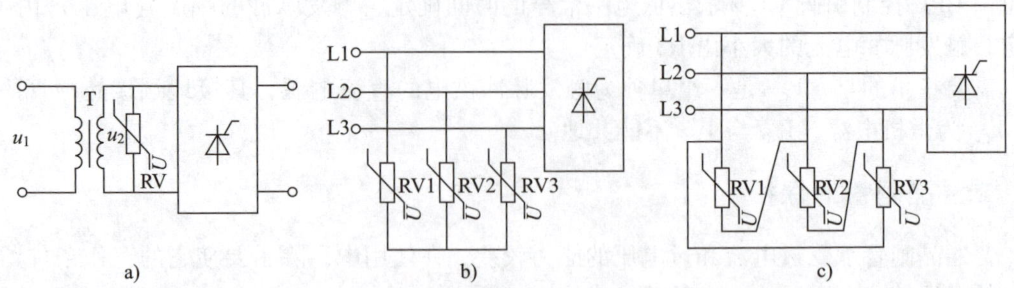

图 7-22　压敏电阻器在电路中的接入方法

a）单相电路中的接法　b）三相电路中的星形接法　c）三相电路中的三角形接法

2. 过电流保护

晶闸管的热容量很小，当它在大功率条件下产生过电流时，温度会急剧升高，若超过允许值，晶闸管就会损坏。产生过电流的原因主要有负载过载、短路、其他晶闸管击穿或触发电路使晶闸管误触发等。

过电流保护的作用是，一旦有过电流产生危害到晶闸管时，能在允许时间内快速地将过电流切断，以防晶闸管损坏。因此，常用快速熔断器进行过电流保护。快速熔断器过电流保护电路有三种接法，如图 7-23 所示。

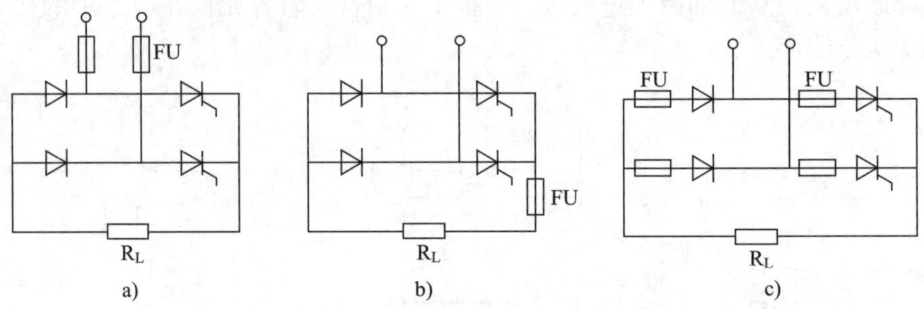

图 7-23　快速熔断器过电流保护电路

a）交流侧保护　b）直流侧保护　c）直接保护

快速熔断器熔断时间比普通熔断器短，所以实际使用时，切不可用普通熔断器来代替快速熔断器。否则，一旦发生过电流，普通熔断器还未来得及熔断，晶闸管就已经烧毁。

思考与练习

1. 在图 7-11 所示单相半控桥式整流电路中，当控制角分别为 0°、30°、60°、90°、180°时，对应的导通角 θ 分别为多少？

2. 图 7-24 所示是一种晶闸管调光电路，试与图 7-18 所示电路进行比较，指出它们之间的不同。

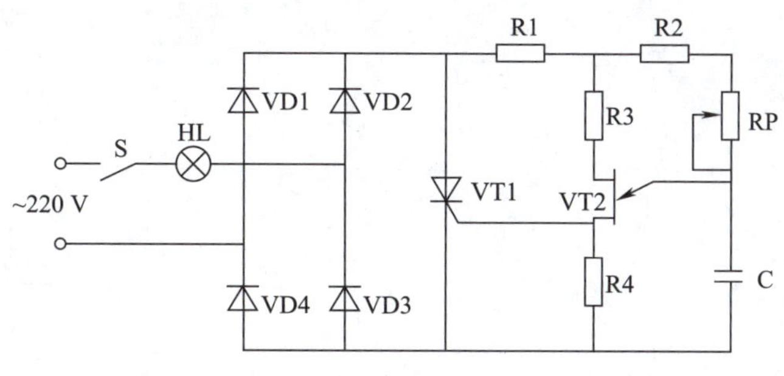

图 7-24　第 2 题图

课题三　触摸式电风扇调速器的安装与检测

学习目标

1. 了解双向晶闸管的导电特性、应用和检测方法。
2. 了解调光-调速集成电路 LS7232 各引脚的功能。
3. 能完成触摸式电风扇调速器的安装和检测。

任务引入

如果要用单向晶闸管控制交流电压，必须将两只晶闸管反极性并联，让每只晶闸管控制一个半波，为此需要两套独立的触发电路，使用不够方便。双向晶闸管可代替两只反极性并联的晶闸管，而且只需一个触发电路。本次任务将要完成触摸式电风扇调速器的安装与检测，其中就使用了双向晶闸管。

相关知识

一、双向晶闸管

1. 结构、符号及引脚排列

双向晶闸管的结构、符号及引脚排列如图 7-25 所示。它是一个具有 NPNPN 五层结构的半导体器件，功能相当于一对单向晶闸管反向并联，允许电流从两个方向通过。外形与单向晶闸管相似，有三个电极，分别称为主电极 T1（A1）、主电极 T2（A2）和门极 G。双向晶闸管的文字符号用 V 或 VS 表示。

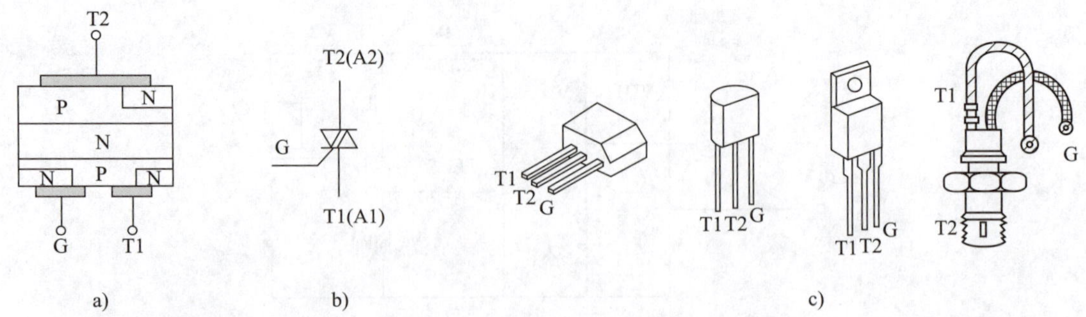

图 7-25　双向晶闸管的结构、符号及引脚排列

a）结构　b）符号　c）引脚排列

2. 导电特性

（1）双向晶闸管的主电极 T1、T2 无论加正向电压还是反向电压，其门极 G 的触发信号无论是正向还是反向，晶闸管都能触发导通。

（2）双向晶闸管导通后除去触发信号，能继续保持导通。

（3）当双向晶闸管工作电流小于维持电流，或主电极 T1 与主电极 T2 间外加电压过零时，双向晶闸管都将截止。

双向晶闸管的整流波形如图 7-26 所示。

二、双向晶闸管的应用

图 7-27 所示为用双向晶闸管构成的调光电路。电路中 VD 为双向二极管，其功能相当于两只二极管反向并联。小电感 L 串入主回路是为了减小高次谐波对通信、无线电波等信号的干扰。

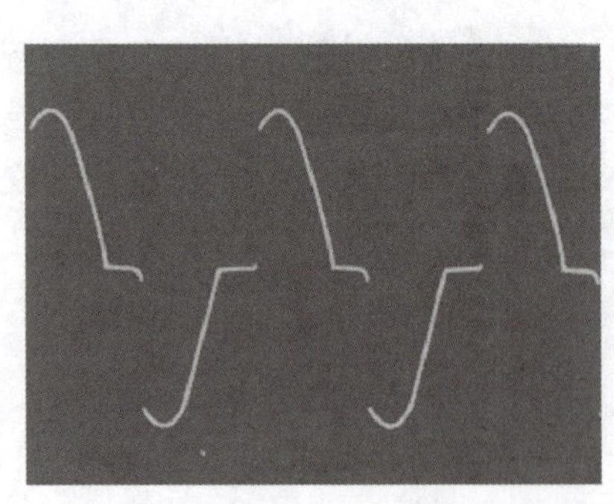

图 7-26　双向晶闸管的整流波形

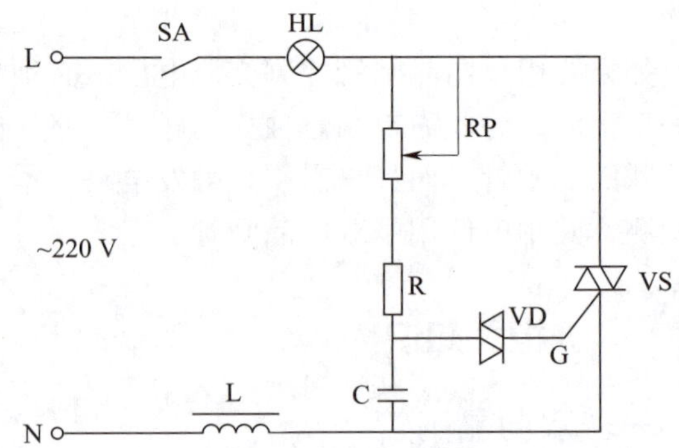

图 7-27　用双向晶闸管构成的调光电路

开关 SA 闭合后，交流电经 HL、RP、R 对电容器 C 充电，当电容器 C 两端的电压上

升到双向二极管 VD 的导通电压时，双向二极管导通，触发双向晶闸管 VS，使其导通，灯泡 HL 点亮。随着电容器 C 放电，电容器两端电压降低，VD 截止，晶闸管也随之截止，灯泡熄灭，电容器 C 又开始充电。充放电越快，灯泡越亮。调节 RP 的阻值可改变晶闸管 VS 的导通角，即改变灯泡两端的电压，从而起到调光作用。

三、双向晶闸管的电极判别与检测

1. 双向晶闸管电极的判别

用万用表“R×1”或“R×10”挡分别测量双向晶闸管三个引脚间的正、反向电阻，若测得某一引脚与其他两引脚间的正、反向电阻均为无穷大，则此引脚便是主电极 T2。

在确认 T2 极后，剩余的两个引脚便是主电极 T1 和门极 G。测量这两个引脚之间的正、反向电阻，会发现两次均呈现相对较小的电阻。在电阻相对较小（几十欧姆）的那次测量中，黑表笔接的是主电极 T1，红表笔接的是门极 G。

2. 双向晶闸管的检测

双向晶闸管的检测方法见表 7-13。

表 7-13　双向晶闸管的检测方法

检测方法	说　明
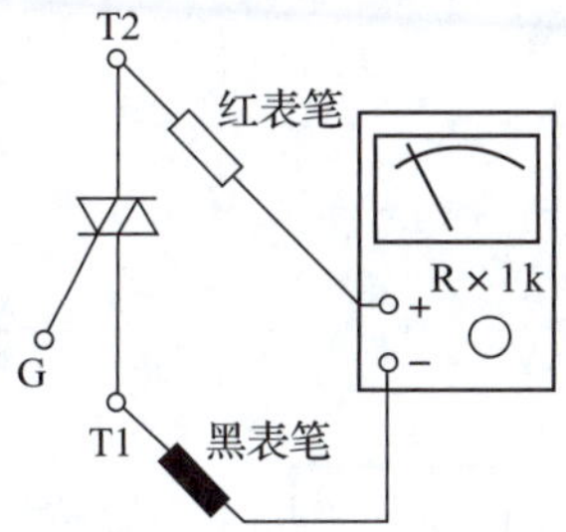	万用表置于“R×1 k”挡，用两表笔分别接 T1 和 T2，调换两表笔再次测量表针不动或微动为正常
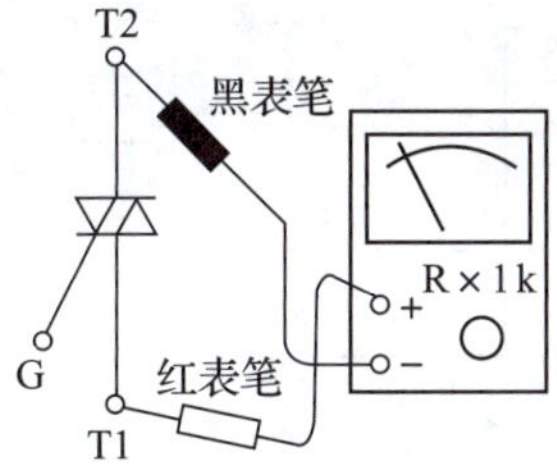	
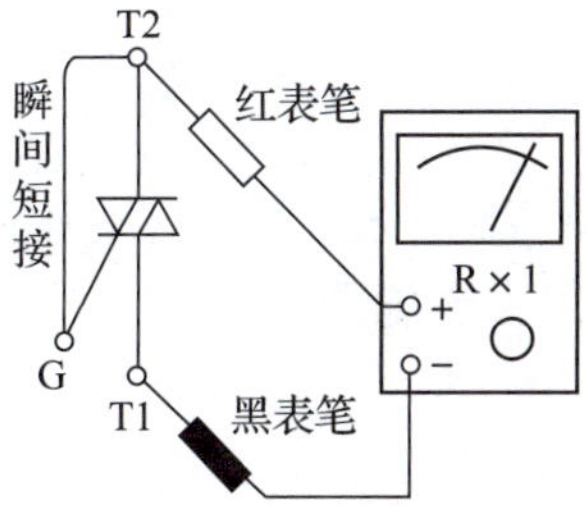	万用表置于“R×1”或“R×10”挡，黑表笔接 T1，红表笔接 T2。将 G 极与 T2 极瞬间短接一下，若表针向右偏转，并保持几十欧姆以下的读数，说明晶闸管已经导通并能维持导通，导通方向为 T1→T2

续表

检测方法	说　明
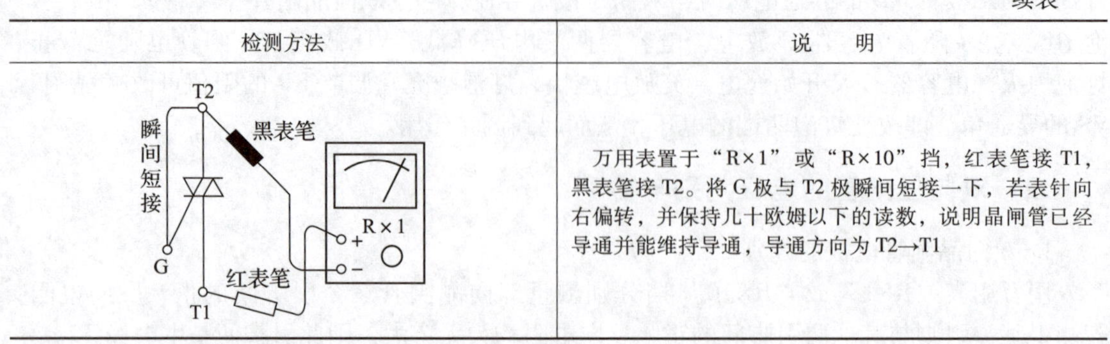	万用表置于“R×1”或“R×10”挡，红表笔接 T1，黑表笔接 T2。将 G 极与 T2 极瞬间短接一下，若表针向右偏转，并保持几十欧姆以下的读数，说明晶闸管已经导通并能维持导通，导通方向为 T2→T1

上述检测结果表明双向晶闸管具有双向触发特性。如按以上方法测量，双向晶闸管一直保持高阻值，则表明该管已损坏。

四、双向二极管的检测

将万用表置于“R×1 k”挡，测量双向二极管正、反向电阻应该都较大，以几百欧至几千欧为好。

任务实施

一、识读电路

触摸式电风扇调速器电路如图 7-28 所示。

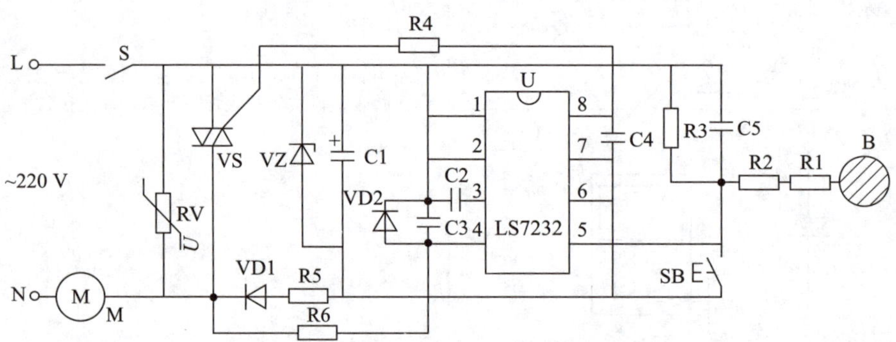

图 7-28　触摸式电风扇调速器电路

1. 电路组成

（1）电路中 RV 为压敏电阻器，用于保护双向晶闸管 VS，防止其因过电压而击穿。

（2）VZ、VD1、R5 和 C1 组成电源电路，为电路提供直流电源。

想一想

该电源电路属于何种类型？

（3）调光-调速集成电路 LS7232 外形及引脚排列如图 7-29 所示。

a)

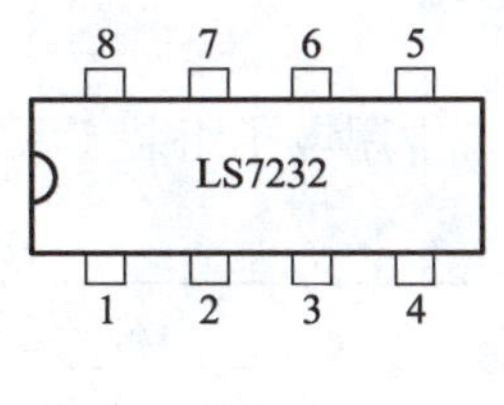

b)

图 7-29 调光-调速集成电路 LS7232 外形及引脚排列
a）外形 b）引脚排列

调光-调速集成电路 LS7232 各引脚功能如下：

1 脚——正电源端。

2 脚——渐暗端。当双向晶闸管 VS 的导通角最大（159°）时，若对该脚连续输入多个脉冲（83±3 个脉冲），则将使双向晶闸管 VS 的导通角从 159°连续变至 40°，最后截止（不输出触发脉冲），从而实现渐暗功能。

3 脚——电容端。外接滤波电容器 C2。

4 脚——同步信号输入端。通过 R6 和 C3 生成过滤信号的同步输入，同步内部电路的频率。

5 脚——触摸控制端。人体触摸点，低电平触发。

6 脚——远距离控制端。高电平触发，抗干扰性好，适用于较远距离的按键式调光控制。

7 脚——负电源端或接地端。

8 脚——输出端。输出触发脉冲信号。

（4）金属片 B、电阻器 R1、电阻器 R2、电阻器 R3 和电容器 C5 组成触摸输入控制电路，通过金属片将人体感应信号输入集成电路。

2. 工作原理

接通交流电 220 V 后，调速器电路进入工作状态，但双向晶闸管 VS 处于截止状态，电风扇电动机 M 不转动。

（1）定速运转

当用手触摸金属片 B，且时间不大于 0.4 s 时，集成电路第 8 脚输出触发脉冲信号，使双向晶闸管 VS 导通，电风扇的电动机 M 转动，电风扇的转速与前次停转时的速度相同。

（2）调速运转

若手触摸金属片 B 的时间大于 0.4 s，集成电路第 8 脚输出电压将会逐渐升高，电风扇的转速也由慢变快。当手离开金属片 B 后，电风扇的转速将被锁定。

（3）模拟自然风运转

在电风扇停转或定速运转状态下，若接通开关 SB，则调速器电路将进入连续循环调速状态，变速周期约 7 s，此时电风扇产生的风量时大时小，从而实现模拟自然风控制。断开 SB 后，电风扇的转速将被锁定。

二、准备器材

万用表一个，常用电子组装工具一套，本任务所需元器件明细表见表 7-14。

表 7-14　元器件明细表

代号	名称	规格	数量	代号	名称	规格	数量
VS	双向晶闸管	BT136，3 A/600 V	1	C1	电解电容器	100 μF/16 V	1
VZ	稳压二极管	2CW53，5.1 V	1	C2	涤纶电容器	0.047 μF	1
VD1	开关二极管	1N4148	1	C3	涤纶电容器	4 700 pF	1
VD2	整流二极管	1N4007	1	C4	涤纶电容器	0.1 μF	1
R1、R2	碳膜电阻器	3 MΩ	2	C5	涤纶电容器	680 pF	1
R3	碳膜电阻器	470 kΩ	1	S	单掷开关	220 V/5 A	1
R4	碳膜电阻器	100 Ω	1	SB	按键开关	小型	1
R5	金属膜电阻器	33 kΩ	1	B	金属片	薄铜片	1
R6	碳膜电阻器	1 MΩ	1	U	调光-调速集成电路	LS7232	1
RV	压敏电阻器	470 kΩ/470 V	1		插座	8 脚	1
M	电风扇	30 W/220 V	1				

三、安装调试电路

1. 检测元器件。
2. 参考图 7-30 所示安装实物图进行电路的插装焊接。

图 7-30　安装实物图

3. 电路经检查无误后，接通 220 V 交流电源。（注意：因电路直接与市电相连，因此调试时应注意安全，防止触电）

4. 改变 R3 的阻值，可以改变触摸灵敏度。

5. 设置定速运转、调速运转、模拟自然风运转三种运行方式，分别测量在这三种运行方式下，双向晶闸管控制极电压 U_G 的值，记入表 7-15 中。

表 7-15 测试记录

运行方式	定速运转	调速运转	模拟自然风运转
U_G			

任务测评

按表 7-16 所列项目进行任务测评，将结果填入表中。

表 7-16 测评记录

序号	考核项目	考核分值	考核得分
1	用万用表检测双向晶闸管	2	
2	用万用表检测双向二极管	2	
3	触摸式电风扇调速器电路的安装	2	
4	三种运行方式的设置	2	
5	测试记录表的填写	2	
合计		10	

知识拓展

逆变与变频

一、逆变

逆变是整流的逆过程，即把直流电变换为交流电。逆变可分为有源逆变和无源逆变两类。

有源逆变是将直流电逆变为与电网同频率的交流电，并反送给电网。其过程为直流电→逆变器→交流电→交流电网。有源逆变电路常用于直流可逆调速系统、交流绕线转子电动机串级调速，以及高压直流输电等方面。

无源逆变则是将直流电逆变为某一频率（或频率可调）的交流电，并直接供给交流负载使用。其过程为直流电→逆变器→交流电→负载。无源逆变器的应用非常广泛。在已有的各种电源中，蓄电池、干电池、太阳能电池等都是直流电源，当需要这些电源向交流负载供电时，就需要逆变电路。例如，交流电动机调速用变频器、不间断电源、感应加热电源等电力电子装置，其电路的核心部分都应用了无源逆变技术。

二、变频

将某一频率的电源转换成另一频率（或频率可调）的电源称为变频。变频技术的核心是变频器，变频器可分为交-交变频器和交-直-交变频器两大类。

交-交变频器是一种直接变频器，可由两组反向并联的整流器组成，如图 7-31 所示。如果令正组整流器和反组整流器轮流导通，负载上就获得交变的输出电压 u_L。输出电压 u_L 的频率由正、反两组整流器的切换频率决定。

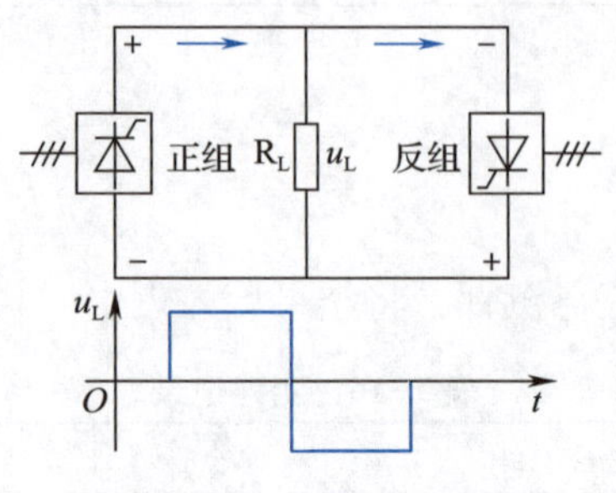

图 7-31　交-交变频器

交-直-交变频器是一种间接变频器，由整流器和逆变器组成，如图 7-32 所示。如果令两组晶闸管 VT1、VT4 和 VT2、VT3 轮流切换导通，负载上便可得到交流输出电压 u_L。输出电压 u_L 的频率取决于两组晶闸管的切换频率。交-直-交变频器广泛应用于异步电动机的变频调速。

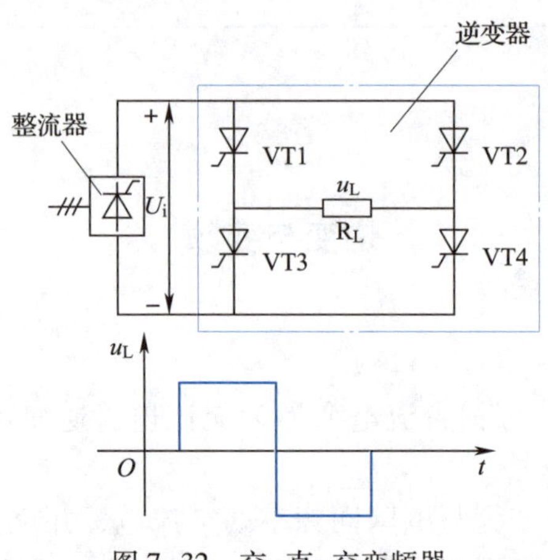

图 7-32　交-直-交变频器

如果把逆变器半个周期内的输出波形分割成若干脉冲，通过对每个脉冲的宽度进行控制，进而控制输出电压和改善波形（减少低次谐波），即相当于用输出波形的基波分量信号波对载波（作为开关基准）脉冲宽度进行调制，因此，被称为脉宽调制（PWM）技术。目前，这一技术已经在各个领域得到广泛应用。

思考与练习

图 7-33 所示为用负温度系数热敏电阻器制作的电风扇开关电路，试说明该电路的工

作原理，并回答以下问题：

1. 如果合上开关S，温控电路能够起作用吗？
2. 电路中RP是温度预置元件，如果将RP滑动触点上移，预置温度是升高还是降低？
3. 如果使用正温度系数的热敏电阻器，该电路应如何改接？

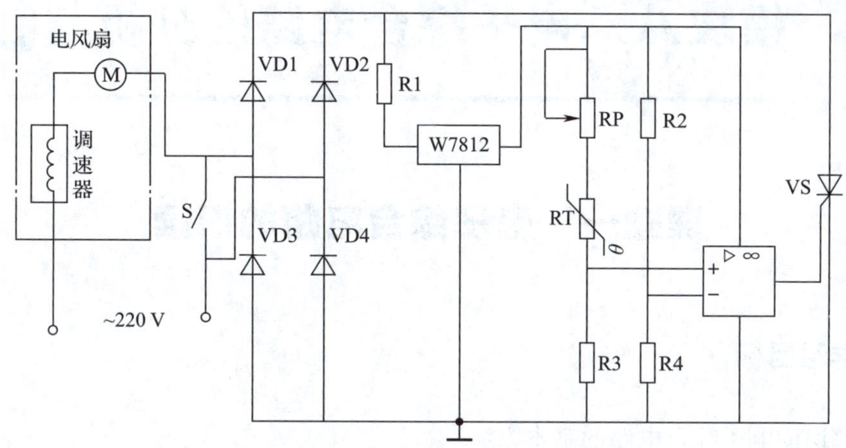

图7-33　用负温度系数热敏电阻器制作的电风扇开关电路

模块八　电子综合电路的分析与制作

课题一　电子综合电路的识读

学习目标

1. 了解识读电子综合电路的基本方法。
2. 掌握典型电子综合电路的工作原理。

任务引入

实际应用电路一般都较为复杂，通常都是多种单元电路的综合应用。根据所要实现的功能不同，其电路图的繁简程度也不同。如何“读图”，即如何分析电路，对于解决电路调试、维修中的技术问题，提高掌握电子技术的水平，都有十分重要的作用。本课题通过对可调直流稳压及充电电路、助听器电路、电容式接近开关电路、烟雾报警电路、酒精气味检测报警电路这五个典型电子电路的识读，进一步掌握电子电路读图的基本方法。

相关知识

一、单元电路识读方法

单元电路是指能完成某一电路功能的最小电路单位，如某一级放大电路、某一级振荡电路或某一级控制电路等。综合应用电路的整体功能是通过多个单元电路有机组合实现的，掌握单元电路的分析方法是分析复杂电路的基础。

单元电路的基本分析方法如下：

1. 了解本单元电路的组成及在整机电路中的作用。通常在某一单元电路中都有一个或数个起主要作用的功能元器件，如放大电路中的三极管、整流电路中的整流二极管、控制电路中的开关管等，据此可判断单元电路的类型。从广义角度上讲，一个集成电路的应用电路也可看作一个单元电路。

2. 画出直流等效电路和交流等效电路。由于电容器具有隔直流通交流的特性，电感具有通直流阻交流的特性，在画直流等效电路时，可将所有电容器视为开路，所有电感视为短路。在画交流等效电路时，电路中的耦合电容器和旁路电容器都视为短路。由于直流电源的内阻很小，而且电源两端通常都并联大容量的滤波电容器，因此将直流电源也视为短路。需要注意的是，在画交流等效电路时，对选频电路、振荡电路中的电抗元器件，例如 RC 串并联选频电路中的 C、LC 振荡电路中的 L 和 C 等必须保留。

3. 分析单元电路输入、输出信号有何特点，在这一传输过程中信号受到了怎样的处理。例如，经过本单元电路后，输入信号被放大了，说明该电路是放大电路；原来输入的是脉动电流，经过本单元电路后，波形变平滑了，说明该电路是滤波电路；原来输入的是矩形波，输出得到的是三角波，说明该电路是波形变换电路等。

在实际应用中，从产品说明书或从电路板上看到的单元电路，与平时从书本上读到的习惯画法往往相距甚远，各元器件之间的连接关系短时间不容易看清，必须认真辨识。

二、综合应用电路识读方法

1. 了解电路整体功能

首先要从阅读产品说明书，或从分析电路输入、输出信号特点及相互关系中，大致了解电路的用途和整体功能，这对于进一步分析各部分电路功能可起到指导作用。尤其注意要充分了解每一块集成电路的功能，因为集成电路是组成电路系统的核心器件，只有充分了解各集成电路的功能，才能了解各外接元器件的作用，也才能进一步了解电路的整体功能。

2. 划分功能块

根据信号的传送方向，将电路分解为若干个具有独立功能的部分，用框图表示。一般以晶体管或集成电路为核心进行划分。通过框图不仅能直观地看出电路的组成部分，还能分析各部分电路是如何相互配合来实现电路的整体功能的。

3. 分析工作过程

选择合适的方法分析各部分电路的工作原理和主要功能，运用电路的一些基本规律判断电路类型，分析其性能特点，然后再将各个功能块联系起来，分析整个电路从输入到输出的整个工作过程。主要进行定性分析，必要时做定量计算，或画出电路工作波形图，以弄清各部分电路信号波形以及在时间顺序上的关系。应首先分析电路主要组成部分的功能，然后再对次要部分做进一步的分析。由于各应用电路的复杂程度、组成结构、采用元器件各不相同，因此分析方法、读图步骤也不尽相同，可根据具体情况灵活运用，通过大量实践，积累经验，逐步提高读图的能力。

三、印制电路板图识读方法

印制电路板图从印制电路板设计的效果出发，电路元器件用图形符号表示，将各元器件之间用铜箔连接，有些铜箔线路之间还用跨线连接，而这些铜箔线路的排布和走向又没有固定的规律，这给印制电路板图的识读带来了诸多不便。

采用下列方法和技巧可以提高读图速度：

1. 电路板上大面积铜箔线路是地线，一块电路板上的地线处处相连。此外，一些元器件的金属外壳接地。找地线时，上述任何一处都可以作为地线使用；在同一设备的各块电路板之间，地线也是相连的。但是，当每块电路板之间的接插件没有接通时，各块电路板之间的地线是不通的，这一点在检修时须加注意。

2. 集成电路的外围元器件以及一些单元电路的元器件相对较集中，有些元器件的特征也较明显。例如，整流电路中的二极管比较多，功放管上装有散热片，滤波电容器的电容量最大、体积最大等。根据这些特征就可以在电路板上方便地找到。

3. 在将印制电路板图与实际电路板对照的过程中，应将二者取一致的看图方向，这样便于读图。

下面以某电池充电器电路为例，比较其原理图、印制电路板图的特点及相互联系。图 8-1 所示为电池充电器电路原理图。

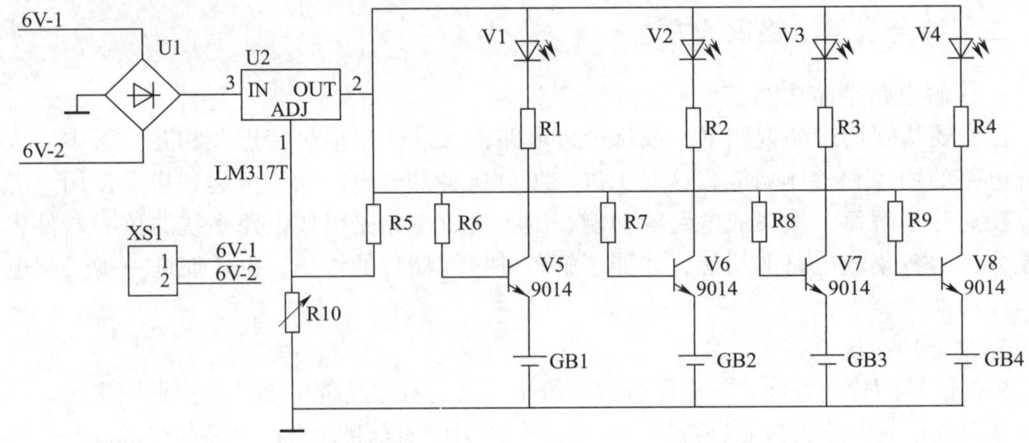

图 8-1　电池充电器电路原理图

图 8-2、图 8-3、图 8-4 分别为电池充电器印制电路板完整图、底层图和印制层图。

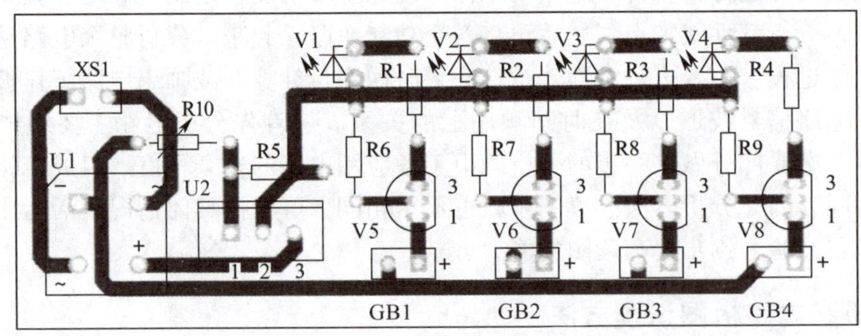

图 8-2　电池充电器印制电路板完整图

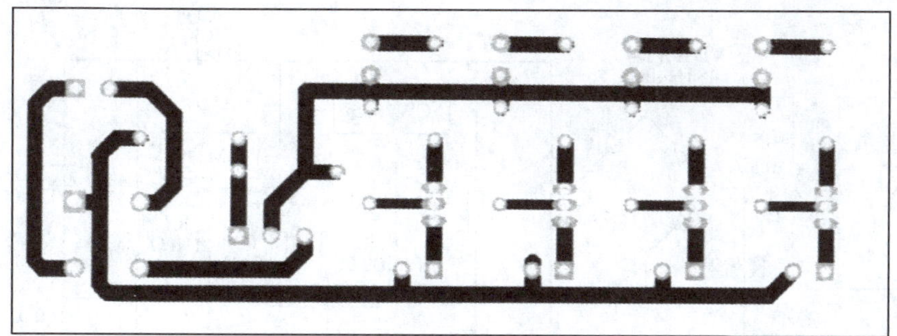

图 8-3　电池充电器印制电路板底层图

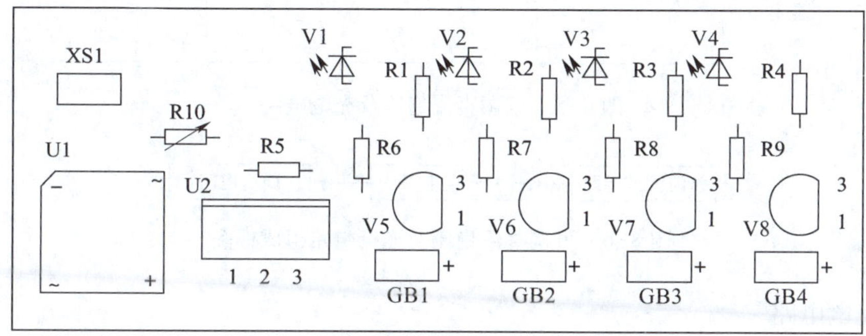

图 8-4　电池充电器印制电路板印制层图

任务实施

一、识读可调直流稳压及充电电路

1. 原理电路

图 8-5 所示为由集成稳压器 CW7805、LM317 构成的可调直流稳压及充电电路。

2. 电路功能

该电路可为 1~4 节普通镍镉电池串联充电，具有快充和慢充两种状态。此外，还可提供 1.25~12 V（输出电流达 0.5 A）可调直流电源。

3. 原理框图

可调直流稳压及充电电路组成框图如图 8-6 所示。

4. 电路分析

该电路以三端固定式集成稳压器 CW7805、三端可调式集成稳压器 LM317 为核心，由整流滤波电路、充电电路、稳压电路三部分组成。

（1）整流滤波电路

闭合 SA1，电源变压器二次侧输出 15 V 交流电压，经 VD1~VD4 桥式整流、C1 滤波后，得到较为平滑的直流电压；发光二极管 LED 导通发光，作为电源指示。

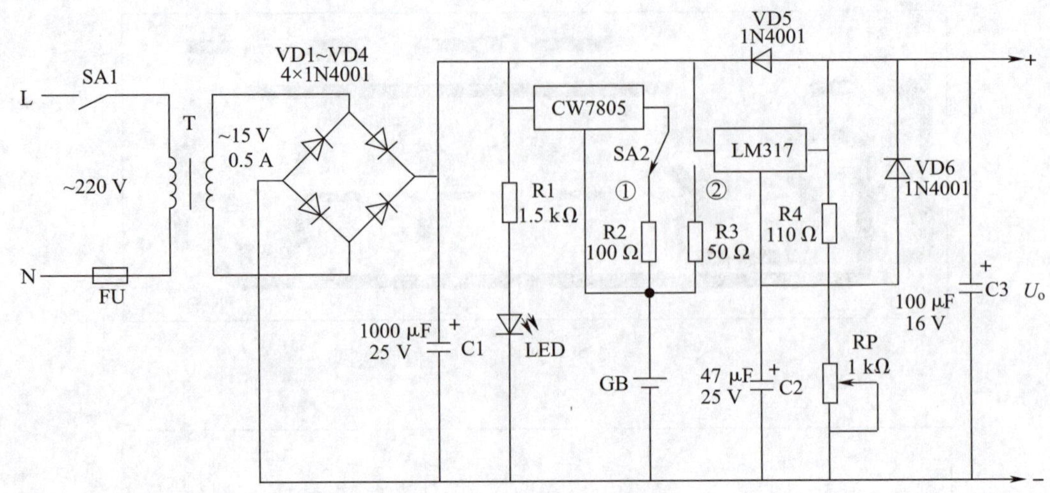

图 8-5　可调直流稳压及充电电路

图 8-6　可调直流稳压及充电电路组成框图

（2）充电电路

充电电路以 CW7805、R2、R3 为主构成。SA2 为快充、慢充切换开关。R2 阻值大，作为正常充电的恒流电阻；R3 阻值小，作为快充电的恒流电阻。

（3）稳压电路

稳压电路由 LM317、RP、C2、R4、VD6、C3 等组成。调节可调电阻器 RP，即可改变输出电压 U_o 的大小。VD5、VD6 作为 LM317 的保护二极管。C3 为电源滤波电容器。

二、识读助听器电路

1. 原理电路

助听器电路如图 8-7 所示。

2. 电路功能

将传声器输入的较弱音频信号放大成较强音频信号后，推动耳机发声。

3. 原理框图

助听器电路组成框图如图 8-8 所示。

4. 电路分析

（1）VT1 构成第一级放大电路。RP1 既是 VT1 的基极偏置电阻，也是反馈电阻。

（2）VT2 构成第二级放大电路。RP2 既是 VT2 的基极偏置电阻，也是反馈电阻。R_f 引入级间反馈。

（3）VT3 构成射极输出器。

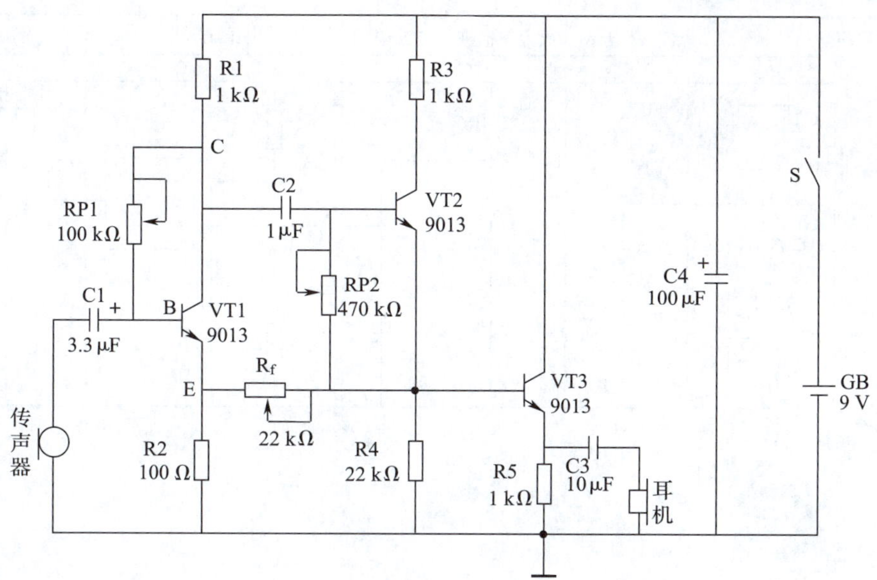

图 8-7　助听器电路

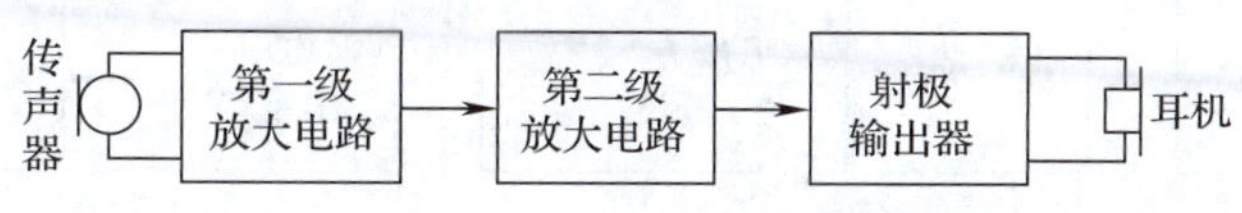

图 8-8　助听器电路组成框图

思考讨论：

（1）RP1 引入的反馈为__________反馈。

RP2 引入的反馈为__________反馈。

R_f 引入的反馈为__________反馈。

（2）以上各反馈环节在电路中起什么作用？

（3）电路采用射极输出器起什么作用？

（4）电容器 C4 起什么作用？

三、识读电容式接近开关电路

1. 原理电路

电容式接近开关电路如图 8-9 所示。

2. 电路功能

当有检测物体接近电容式接近开关的感应头时，感应头等效电容量增大，使振荡器停振，继电器 KA 得电动作。当检测物体远离时，振荡器起振，继电器 KA 不动作。

3. 原理框图

电容式接近开关电路组成框图如图 8-10 所示。

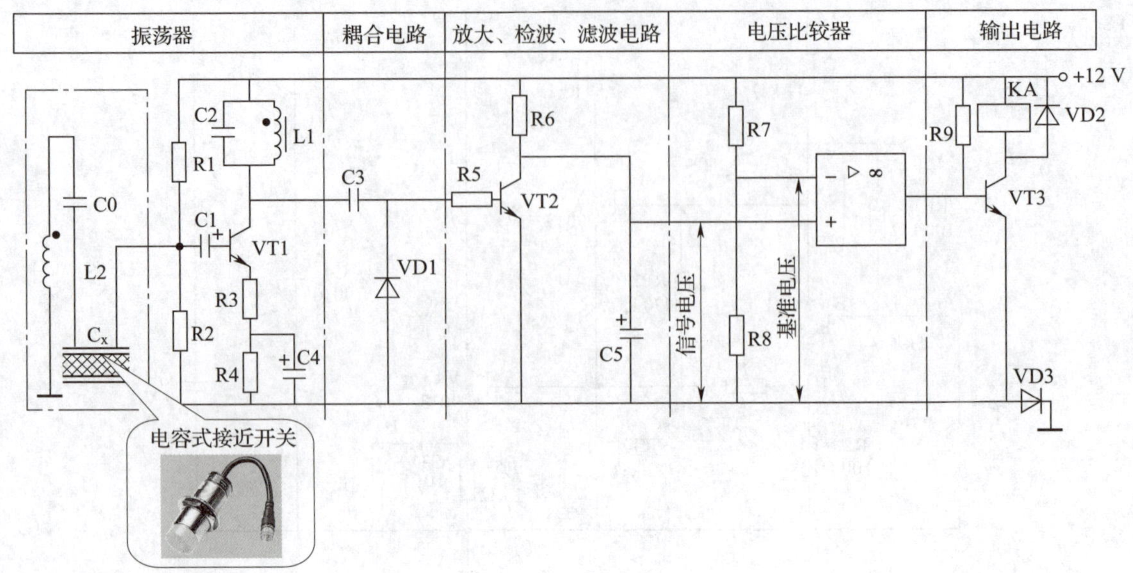

图 8-9　电容式接近开关电路

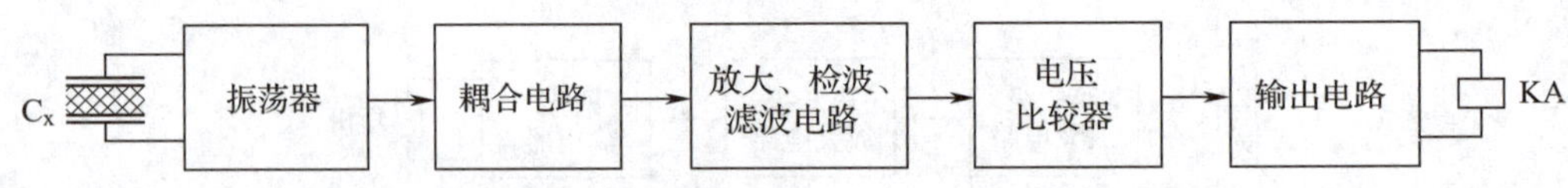

图 8-10　电容式接近开关电路组成框图

4. 电路分析

（1）电容式接近开关的感应头是一个圆形平板电极，这个电极与振荡电路的地线形成一个分布电容，设为 C_x。

（2）VT1 构成振荡器，正反馈信号从变压器二次绕组 L2 引出，经分压后送到 VT1 基极。VT2 构成放大器，集成运放构成电压比较器，VT3 为输出电路。

（3）当有检测物体接近探测电极时，感应头等效电容量增大，容抗减小，正反馈减弱，振荡器停振，输出端无信号输出，致使 VT2 截止，VT2 集电极电压近似为电源电压，加到集成运放的同相输入端，该电压高于反相输入端的基准电压（由电阻 R7、R8 对电源电压分压而得），因此集成运放输出为高电平，VT3 饱和导通，继电器 KA 得电动作。

思考讨论：

（1）说明当检测物体远离探测电极时电路的工作过程。

（2）说明电路中电容器 C5 起什么作用。

（3）说明电路中二极管 VD2 起什么作用。

四、识读烟雾报警电路

1. 原理电路

烟雾报警电路如图 8-11 所示。

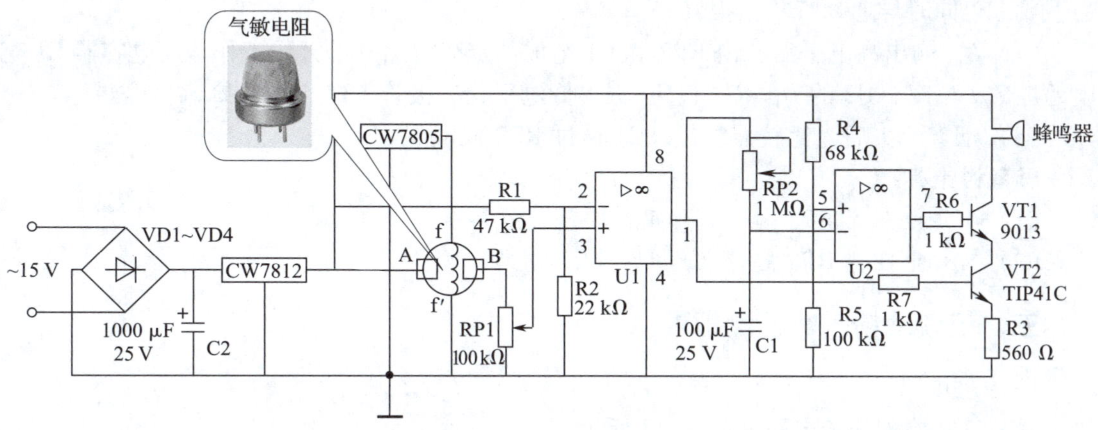

图 8-11　烟雾报警电路

2. 电路功能

当烟雾检测器周围烟雾浓度超标时，蜂鸣器报警。

3. 原理框图

烟雾报警电路组成框图如图 8-12 所示。

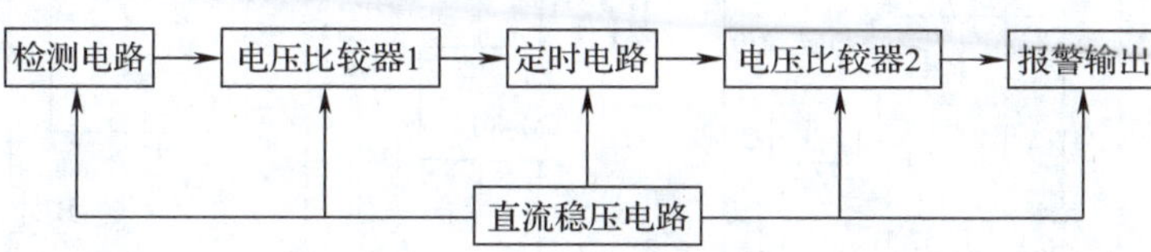

图 8-12　烟雾报警电路组成框图

4. 电路分析

（1）三端集成稳压器 CW7812、CW7805 为电路提供所需直流电压。

（2）集成运放 U1 和 U2（都来自 LM339）构成两个电压比较器。调节 RP1 可设置触发浓度大小。

（3）RP2 和 C1 构成定时电路。

（4）集成运放 U1 的基准电压：

$$U_{R1}=12\times\frac{22}{22+47}\text{ V}\approx 3.8\text{ V}$$

集成运放 U2 的基准电压：

$$U_{R2}=12\times\frac{100}{68+100}\text{ V}\approx 7.1\text{ V}$$

（5）当烟雾检测器周围烟雾浓度未超标时，集成运放 U1 的 $U_{P1}<U_{N1}$，U_{o1} 输出低电平。U2 的 $U_{P2}>U_{N2}$，U_{o2} 输出高电平，三极管 VT1 处于导通状态，因其发射极无通路，蜂鸣器不报警。

（6）当烟雾浓度超标时，集成运放 U1 的 $U_{P1}>U_{N1}$，U_{o1} 输出高电平，三极管 VT2 导通，VT1 也同时导通，蜂鸣器报警。

（7）U_{o1} 输出高电平后，由 RP2 和 C1 组成的定时电路立即开始工作。当电容器 C1 充电超过 7.1 V 时，U2 的 $U_{P2}<U_{N2}$，U_{o2} 输出低电平，三极管 VT1 截止，蜂鸣器停叫。

（8）烟雾消失后，比较器复位，C1 通过 RP2 放电。

思考讨论：

（1）可调电阻器 RP1 起什么作用？

（2）可调电阻器 RP2 起什么作用？

五、识读酒精气味检测报警电路

1. 原理电路

酒精气味检测报警电路如图 8-13 所示。

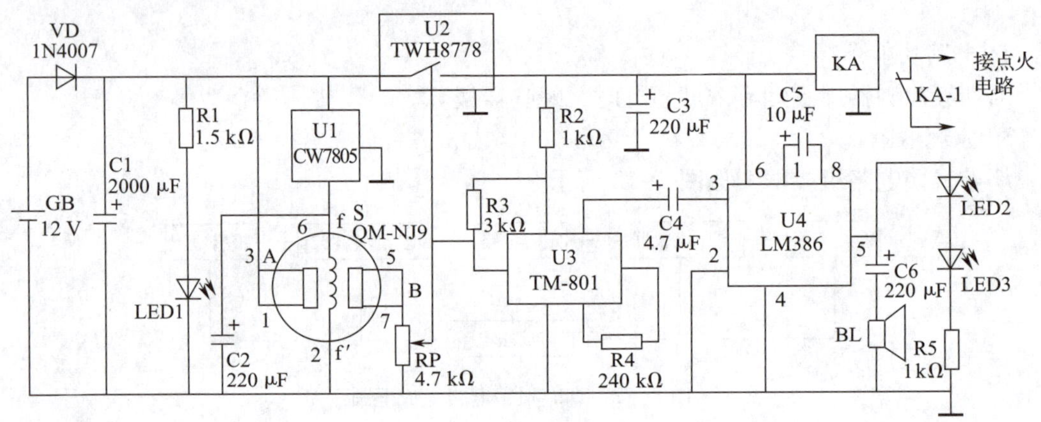

图 8-13　酒精气味检测报警电路

电路中的主要元器件有三端集成稳压器 U1（CW7805）、大功率开关电路 U2（TWH8778）、语音集成电路 U3（TM-801）、功率放大电路 U4（LM386）、酒精传感器 S（QM-NJ9）、继电器 KA 和扬声器 BL（1 W/8 Ω）等。

2. 电路功能

该电路可以安装在各种机动车上，用来限制驾驶员酒后开车，也可以安装成便携式报警器，供交通管理人员现场检测驾驶员是否酒后开车。

3. 原理框图

酒精气味检测报警电路组成框图如图 8-14 所示。

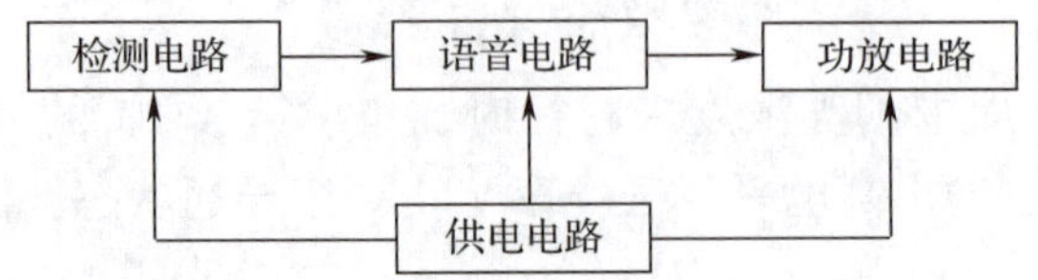

图 8-14　酒精气味检测报警电路组成框图

4. 电路分析

(1) 供电电路

如果电路安装在汽车上，可使用汽车上的 12 V 蓄电池电压供电。在无备用蓄电池的场合使用时，可配 8 节 1.5 V/0.5 A 的镍镉电池。12 V 电源经隔离二极管 VD、滤波电容器 C1 以后分为三路：

第一路经限流电阻 R1 使发光二极管 LED1 导通发光。

第二路经 U1 稳压为 5 V 后加到酒精传感器的 6 脚，为其提供稳定的工作电源。

第三路提供给 U2，由该电子开关导通以后，为后级电路提供工作电源。

(2) S 未检测到酒精气味

当酒精传感器 S 未检测到酒精气味时，其 B 端电位较低，经 RP 分压后加到 U2 上的控制电压不能使该电子开关导通，后级电路因无供电而不工作。

(3) S 检测到酒精气味

当酒精传感器 S 检测到酒精气味时，其 B 端电位就会随检测到的酒精浓度的增加而上升，当该点电位上升使经 RP 分压加到 U2 控制极上的电压为 1.6 V 以上时，U2 被控制导通，它的输出端就有电压输出，该电压也分为三路：

第一路经 R2、R3 为语音集成电路 U3 供电。

第二路加到功率放大电路 U4 的 6 脚。这两路供电使报警电路工作，U3 产生的语音信号，经电容器 C4 耦合，加到 U4 的 3 脚，经功率放大以后从 5 脚输出，该信号一路使发光二极管 LED2、LED3 闪亮；一路经 C6 驱动扬声器 BL 发出“酒后别开车”的语音报警声，从而实现了声、光报警。

第三路加到继电器 KA 线圈上，使其得电吸合，其常闭触点 KA-1 断开，从而切断车辆点火电路，强制发动机熄火。

任务测评

按表 8-1 所列项目进行任务测评，将结果填入表中。

表 8-1　测评记录

序号	考核项目	考核分值	考核得分
1	识读可调直流稳压及充电电路	2	
2	识读助听器电路	2	
3	识读电容式接近开关电路	2	
4	识读烟雾报警电路	2	
5	识读酒精气味检测报警电路	2	
合计		10	

思考与练习

图 8-15 所示为自动温度控制与显示电路的一部分。温度控制部分采用集成运放 LM324，该芯片内含四个集成运放。试分析电路组成及功能，完成下列各题。

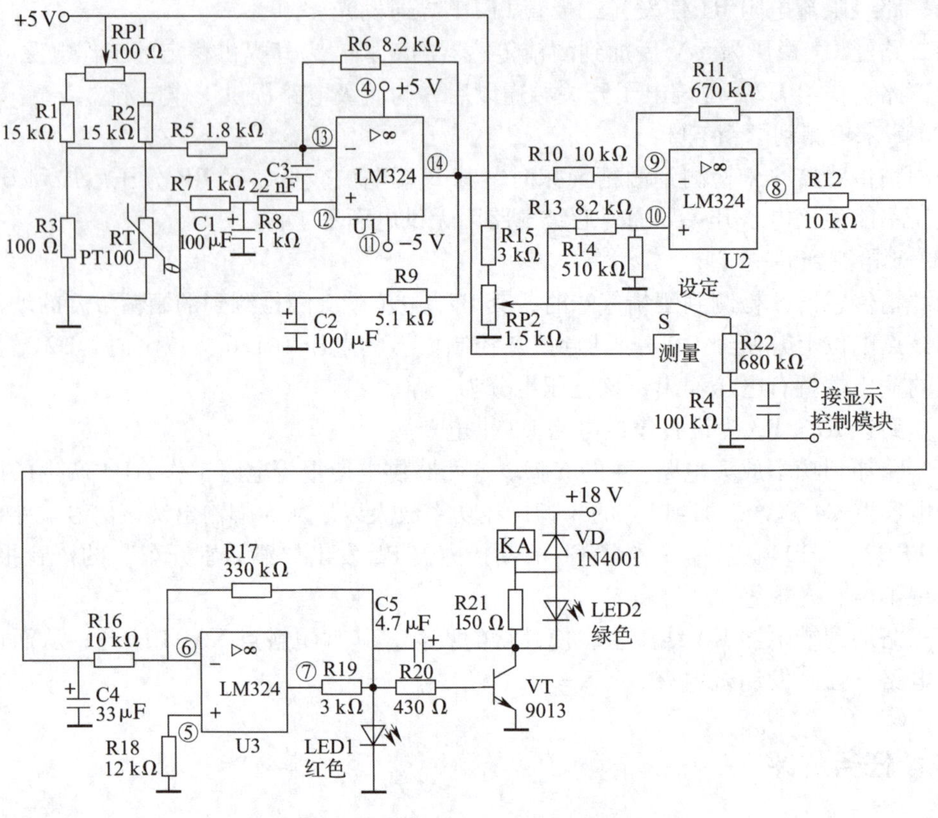

图 8-15　自动温度控制与显示电路（部分）

1. 画出电路组成框图。

2. 说明集成运放 U1、U2、U3 采用的输入形式。

3. 电路中 R1、R2、R3、RT 组成桥式温度检测电路。RT 采用正温度系数的热敏电阻器 PT100，其阻值与温度关系为 $R_T=100+0.385\,t$（Ω）。

设 RT 置于水中，当水温为 0 ℃时，热敏电阻器的阻值 R_T =__________ Ω，桥式温度检测电路输出电压__________（相等/不相等），集成运放 U1 输入为__________，输出为__________。当环境温度升高时，RT 的阻值__________（增大/减小），桥式温度检测电路输出电压__________（相等/不相等），经放大后实现控制与显示。

4. 说明 RP1 的作用。

5. 当开关 S 处于“设定”位置时，调节 RP2 可以调节控制电路动作的温度值。设定完成后转换到“测量”位置。

（1）当水的温度高于当前设定值时，集成运放 U1 输出电压比 RP2 设定的电压________（高/低），集成运放 U2 输出__________（正/负）电压，则集成运放 U3 输出__________（正/负）电压，三极管 VT __________（导通/截止），继电器__________（动作/复位）__________（切断/接通）加热电路，LED2 __________（点亮/熄灭），LED1 __________（点亮/熄灭）。

（2）当水的温度低于当前设定值时，集成运放 U1 输出电压比 RP2 设定的电压________（高/低），集成运放 U2 输出__________（正/负）电压，则集成运放 U3 输出__________（正/负）电压，三极管 VT __________（导通/截止），继电器__________（动作/复位）__________（切断/接通）加热电路，LED2 __________（点亮/熄灭），LED1 __________（点亮/熄灭）。

（3）若 RP2 中间滑动触点上移，设定温度将__________（提高/降低）。

课题二　电子综合电路的设计、安装与调试

学习目标

1. 了解电子综合电路的一般设计方法、安装与调试的注意事项。
2. 能设计典型的电子综合电路，并完成电路的安装调试。

任务引入

本课题中将综合运用前面各个模块所学理论知识和实际操作能力，完成以下两个典型电子综合电路的设计、安装与调试。

1. 实用的 RC 桥式正弦波振荡器

设计一个 RC 桥式正弦波振荡器，要求振荡频率为 1 kHz，输出信号幅度大于 6 V。使用 Multisim 软件进行电路设计和分析，使用 Protel 软件设计印制电路板图，并最终完成产品制作。

2. 红外遥控计算机用有源音箱

设计红外遥控计算机用有源音箱，要求：

（1）最大输出信号功率不小于 25 W。

（2）功率带宽不小于 140 kHz。

（3）在功放部分安装调试完成后，再加装红外遥控模块，使其能够通过遥控器对输出信号功率进行调节。

相关知识

一、电子综合电路的设计流程

电子综合电路的设计流程如图 8-16 所示。

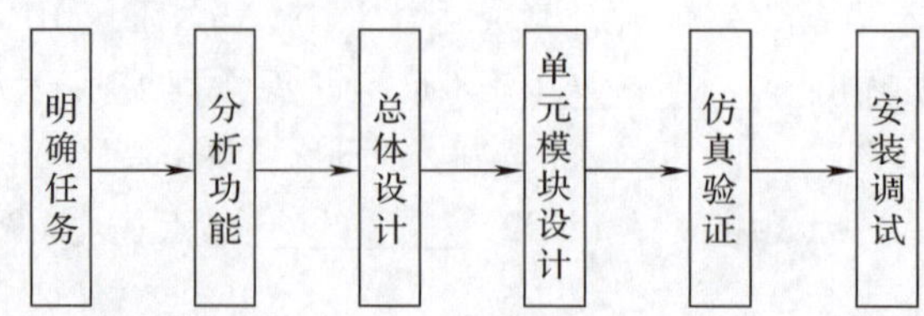

图 8-16　电子综合电路的设计流程

电子综合电路设计过程中应当遵循以下几项基本原则：

1. 设计方案必须完全满足设计要求的功能特性和技术指标。

2. 针对同一课题，可能会有多种设计方案，设计者应从电路的先进性、结构的繁简、成本的高低和制作的难易等方面进行综合的比较和评价，最后确定一种可行的方案。

3. 对选用的方案必须细化到实际元器件，应尽量选用常用的标准电路和元器件，优先选用中、大规模集成电路。这样不仅可以减少元器件数量，而且可以提高电路的可靠性，降低成本。

4. 绘制总体电路图应包含所有元器件。一般由信号输入端开始从左向右或从上到下按信号流向依次绘制出各单元电路。

5. 为了验证电路的总体功能，减少调试中出现的故障，在安装电路前可先采用仿真软件对电路进行仿真测试，及时发现问题，改进电路。

二、印制电路板的设计和制作

已知电路原理图，可以用计算机辅助设计软件来进行印制电路板（PCB）的设计。PCB 计算机辅助设计软件有很多，其中 Protel 是目前常用的 PCB 设计工具之一。

1. 印制电路板的结构

印制电路板承载着实现电路功能所需的元器件，并敷设有元器件之间连接的导线（主要是敷铜）。此外，还印制有一些元器件的标号等信息。PCB 对于各种电子设备来说至关重要，在一些高频电路中，印制电路板设计的优劣更是直接影响到系统功能的实现。

印制电路板有单面板、双面板和多层板三种。单面板只在一面敷设铜箔导线，双面板则在两面都有。多层板就是除了 PCB 的正反两面布有导线外，板子间隙中还布有一层或多层导线。

PCB 的表面一般有三层，从上到下依次是印制层、阻焊层和铜箔层，如图 8-17 所示。

（1）印制层

也称丝印层，位于印制电路板的最上层，记录着一些标志图案和文字标号（一般为白

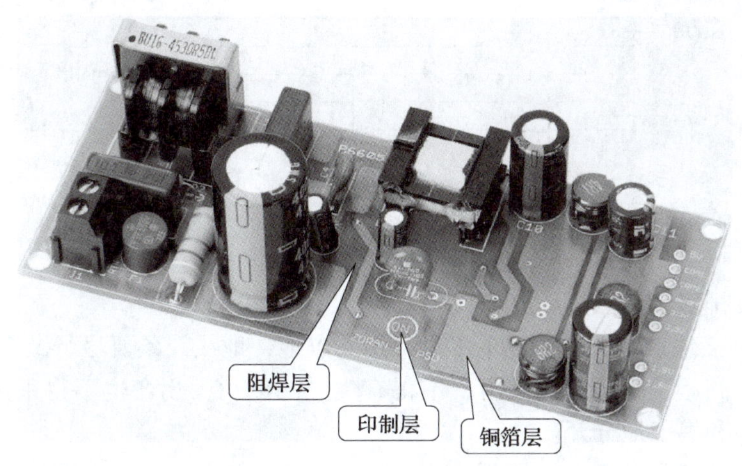

图 8-17　PCB 的表面结构

色），如元器件的标号、型号、封装形状、厂家标志和一些设计信息等。

（2）阻焊层

印制层下是阻焊层，该层除了焊盘和过孔外，将铜箔导线用阻焊剂保护起来。

（3）铜箔层

即信号层或布线层，铜箔层完成电路的电气连接。通常将铜箔的层数定义为电路板的层数，即单面板只有一面铜箔层，双面板上、下表面都有铜箔层，而更复杂的电路板则有多个铜箔层。

铜箔层的几个主要部分如下：

1）焊盘。PCB 上的焊盘用于完成电气连接的任务，各个元器件的引脚都是焊接在焊盘上的。通过焊盘完成各个元器件间信号的输入与输出，并通过铜箔导线与 PCB 的其他部分连接起来。

2）布线。在 PCB 上的铜箔导线起着实际电路中导线的作用。布线将焊盘与焊盘之间相连接，完成整个电路板上电气特性的连接任务。布线通常受到线宽和线间距等条件的限制。

3）过孔。过孔主要完成不同铜箔层之间的电气连接任务，在层与层之间需要连通的导线上打通一个公共的孔，在制板时通过沉铜技术将孔壁圆柱面上镀一层金属，以连通各层需要连通的铜箔。过孔的上、下两面大多做成焊盘的形状，可以连在上、下两面的线路上，也可以不连。Protel 2020 中提供通孔、盲孔、半盲孔三种过孔形式，它们的区别如图 8-18 所示。通孔是从顶层打通到底层的过孔；盲孔只用于中间层的导通连接，而没有穿透到顶层或底层；半盲孔则是从顶层或底层到某个中间层，不打通且在板子的表面可见的过孔。

2. 设计印制电路板的注意事项

（1）印制电路板上的导线要有合理的走向，尽量走直线，避免走环形，不得相互交叉或跨接，其目的是防止相互干扰。同向并行的线条密度不要太大，避免焊接时线间相连。

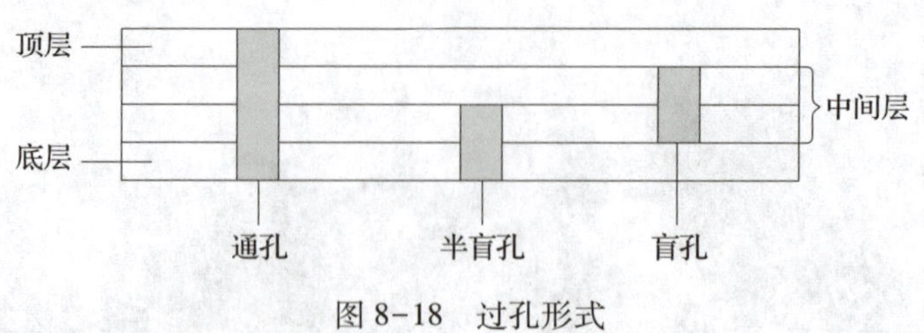

图 8-18　过孔形式

元器件的位置安排要满足散热的要求。

（2）选择好接地点，一般情况下尽量采用共点地，地线线条要尽量做宽，最好使用大面积敷铜接地；高压及高频线应圆滑，不得有尖锐的倒角，拐弯也不得采用直角。同时，要注意将数字地和模拟地分开。

（3）如果是手工制作双面电路板，不可能进行过孔金属化，所以在制板时要尽量减少过孔，并尽量用电阻器、电容器、三极管、二极管等实现过孔金属化工艺，但不能使用集成电路的引脚实现过孔金属化。当使用双列直插式集成电路时，与集成电路相连的敷铜线应全部放在电路板的底层。

3. 印制电路板的设计和制作

印制电路板绘制完成并经过 DRC 检查（设计规则检查）无误后，即可交付印制电路板厂家生产。

以下简要介绍手工制作印制电路板的方法：将设计完成的 PCB 图打印后，放在敷铜板面上，在敷铜板面上记好引脚焊盘过孔位置作为定位标记，然后用毛笔蘸油漆在敷铜板面描画好 PCB 图，待油漆干透后，将敷铜板浸入三氯化铁溶液中。当敷铜板上无漆部分铜箔都被腐蚀掉后（一般 15~30 min 即可完成），取出敷铜板，用清水冲洗，擦干水迹后，用 0. 8 mm 钻头钻孔，最后涂上保护膜待用。也可以先钻孔后画电路，这样可避免印制电路板腐蚀好之后，在钻孔过程中铜箔与绝缘底板剥离。

三、电路安装与调试的注意事项

1. 电路安装注意事项

（1）元器件安装应遵循先小后大、先低后高、先里后外、先易后难、先一般元器件后特殊元器件的基本原则。

（2）对于电容器、三极管等立式插装元器件，应保留适当长的引线。引线太短会造成元器件焊接时因过热而损坏，太长会降低元器件的稳定性或者引起短路。一般要求元器件距离电路板面 2 mm。插装过程中，应注意元器件的电极极性，有时还需要在不同电极上套上相应的套管。

（3）元器件引线穿过焊盘后应保留 2~3 mm，以便沿着印制导线方向将其打弯固定。

（4）安装水平插装的元器件时，标记号应向上，且方向一致，便于观察。功率小于 1 W 的元器件可贴近印制电路板平面插装，功率较大的元器件要求元器件距离印制电路板平面 2 mm，以便于元器件散热。

（5）插装体积、质量较大的大容量电解电容器时，应采用胶黏剂将其底部粘在印制电路板上或用加橡胶衬垫的方法，以防止其歪斜、引线折断或焊点焊盘的损坏。

（6）元器件的引线直径与印制电路板焊盘孔径应有 0.2~0.3 mm 的间隙。间隙太大，焊接不牢，强度差；间隙太小，元器件难以插装。对于多引线的集成电路，可将两边的焊盘孔径间隙做成 0.2 mm，中间的做成 0.3 mm，这样既便于插装，又有一定的强度。

（7）集成电路常见外形有晶体管式和扁平式两种。晶体管式器件的插装方法与功率三极管直立插装法相同。扁平式器件引脚触片有轴向式和径向式两种，轴向式器件应先将触片成型，然后直接焊在印制电路板的接点上；径向式触片直接插入印制电路板焊接即可；为了便于拆换集成电路，有些电路板上先焊接好专用插座，然后将集成电路直接插入插座中，如图 8-19 所示。

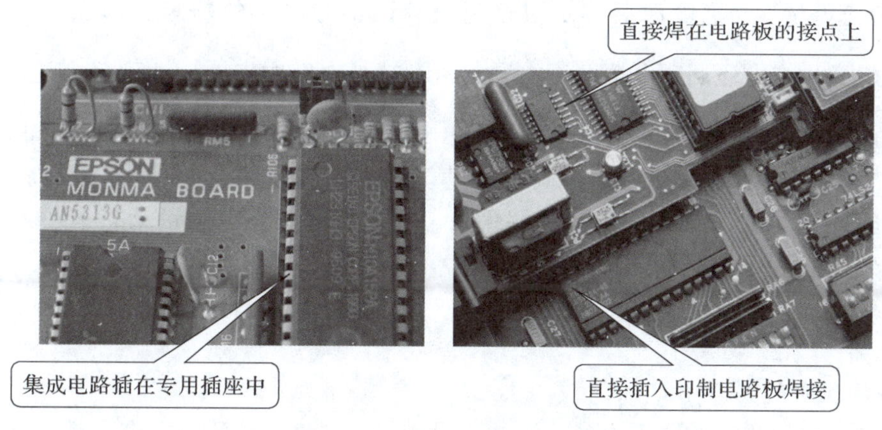

图 8-19　扁平式集成电路的安装方法

2. 电路调试注意事项

（1）通电前直观检查

安装好电路后不要急于通电，要认真仔细地进行直观检查。

1）对照电路图检查元器件是否齐全，电源线、地线、信号线及集成电路引脚是否连接好，有无遗漏、接错、短路和接触不良等现象。对复杂电路可用万用表检查，如图 8-20 所示。图 8-20a 所示测量结果表明电路内部有短路现象，不能通电测试。图 8-20b 所示测量结果表明电路内部无短路现象，可以通电测试。

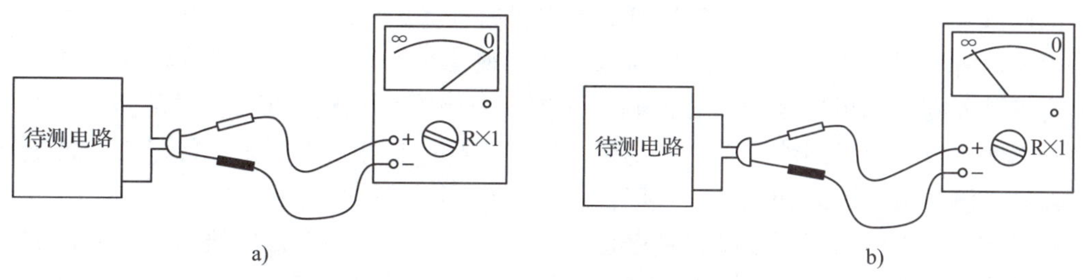

图 8-20　用万用表检查电路有无短路现象

a）内部电路有短路现象　b）内部电路无短路现象

2）注意检查集成电路的方向有无插反，某些不允许悬空的输入端是否按要求接入，电路中二极管、三极管、电解电容器等引脚有无接错。

（2）通电检查

直观检查无误后，将规定电源接入电路。不要急于测试，要注意观察以下情况：

1）接通稳压电源后，稳压电源电压表所示电压值是否严重下跌，电流表所示电流值是否过大，如果出现以上情况，说明电路有短路现象，应立即断电检查。

2）接通电源后，如电压表、电流表显示正常，应静观一段时间，看是否有异常现象，包括冒烟、打火、异常气味、异常声音、元器件发烫等。如发现异常，应立即断电检查。

（3）通电调试

1）静态调试。接通电源后，使用万用表等调整好电路的静态工作点。例如，要把OTL功放电路中点电压调到电源电压的$\frac{1}{2}$，OCL功放电路中点电压调到0；调节电路中设置的可变电阻器、可变电容器等元器件参数，使电路能够达到设计功能和技术指标。

2）动态调试。接通电源后，结合电路功能输入相应信号，使用示波器、频率特性仪等仪表观察输出响应，分析波形，了解输入、输出信号关系，测量动态参数，调节电路（必要时改进电路），使其满足设计要求。

四、电路故障的检修

1. 故障出现的原因

电子电路故障出现的原因很多。例如，元器件检测疏漏；插件中出现错装、漏装；焊接中出现虚焊、假焊、漏焊、搭焊；调试中没有达到规定的技术要求；电子元器件长期使用，参数发生变化等。

2. 故障检修的步骤

电子电路故障检修的一般步骤为观察故障现象→判断故障范围→查找故障点（或故障元器件）→排除故障（更换故障元器件）→检查电路功能恢复情况。

3. 故障检查的方法

故障检查的方法主要有以下几种：

（1）直观检查法

即通过眼看、耳听、鼻闻、手摸等对电路进行检查的一种方法。直观检查法可以在断电和通电两种情况下进行。一般应先断电观察，观察有无导线松脱，有无漏装、错装元器件，有极性元器件的极性是否安装正确，元器件引脚有无短路、断线，电阻器有无烧焦、变色，电解电容器有无漏液、胀裂、变形，焊接点是否良好。也可用手轻轻拔一拔被怀疑的元器件，测试有无脱焊和松动，直接找出故障点，加以排除。

如果断电检查没有发现故障，可进行通电检查。重点观察容易发热的元器件，如变压器、大功率晶体管、集成电路、大功率电阻器等，有无冒烟、打火、异味和发出异常声响等现象。还可以通电一段时间后，再断电然后用手指去触摸元器件表面，看是否有过热现象，以判断故障元器件。注意：切忌在通电情况下用手指触摸电路元器件。

（2）测电压法

即通过用万用表检测电路的工作电压，将测量结果和正常值做比较，从而发现故障的方法。能够反映单元电路功能正常与否的电压值称为关键点电压，测量中常常先测量关键点电压。例如，测量模拟电路的静态工作点，数字电路的输入、输出电平等。

测量电压一般是以公共接地点为参考点，测量某点电位值，就是该点电压值。例如，三极管基极电压 U_B 就是基极对地电位，也可测量两点间的电压，如三极管 B、E 极间的电压 U_{BE}。根据三极管 U_B、U_{BE} 的测量值即可判断其工作状态。

（3）测电流法

即通过测量单元电路或整机电路的电流值，将其与正常值比较，帮助缩小故障范围并找出故障点的方法。这对于查明故障电路范围内的晶体管、集成电路、电容器、电路板等元器件的漏电或击穿非常有效。在检修中，还可以通过测量整机电流来防止大电流损坏元器件或扩大故障范围。具体做法是，将万用表直流电流挡串接在稳压电源与负载电路之间，然后接通电源，观察电流读数，发现电流过大应及时切断电源，再用其他方法检查故障原因。测电流法一般用于测量直流电流，使用时应注意表笔的正、负极性不要接错。

（4）在线电阻测量法

测量已经安装在电路中的元器件，大致判断其质量的好坏，这就是在线电阻测量法。应当注意，使用在线电阻测量法时，必须在电路断电的情况下进行，绝对不允许带电测量。分析测量结果时必须充分考虑周边电路对被测元器件的影响，必要时可临时将被测元器件与电路断开进行测量，为了准确判断故障元器件，还须把可疑元器件拆下单独测试才能确定。

在线电阻测量法可以大致判断电阻器、电容器、电感器、二极管和三极管的质量，万用表一般放在较小量程挡。检测电阻器时，应测量正、反两次的阻值，测量阻值均应小于或等于标称阻值，若其中有一次阻值大于标称阻值，该电阻器可能是开路或变值。

检测电容器时，若测量阻值等于零，则该电容器可能是短路故障；对电容器开路故障一般无法判断。检测电感器时，若测量阻值等于无穷大，则该电感器可能是开路故障；一般无法判断电感器匝间短路故障。

（5）波形分析法

利用示波器等仪表测量电路信号流程中的各点波形，通过对波形的幅度、周期、相位、形状的分析，确定故障原因。这是一种常用的检修方法，尤其适用于模拟电路的动态故障检修。

测量前，首先要掌握电路信号流程中各级波形的幅度、周期、相位、形状等的正确数值。在电路静态工作正常的情况下，给电路输入信号，然后测量各级输出信号波形，与正确波形进行比较，分析判断故障点。例如，针对多级放大电路中耦合电容器开路的故障，可以用示波器沿着信号流向检查各级放大电路输入、输出的波形，将故障范围确定在有波形和无波形的两点之间的电路段，检查测量耦合电容器就能找到故障元器件。

在表 8-2 所示各波形图中，从波形图①可以看到波形的变换；从波形图②可以看到输出波形正常；从波形图③可以看到直流电压中的纹波；从波形图④可以看到该矩形波上升沿较差；从波形图⑤与波形图⑥的对比，可以准确判断整流电路中有一个开关管已经断开。

表 8-2　波形分析示例

①矩形波和积分波	②行推动管集电极输出波形	③输出直流电压中的纹波
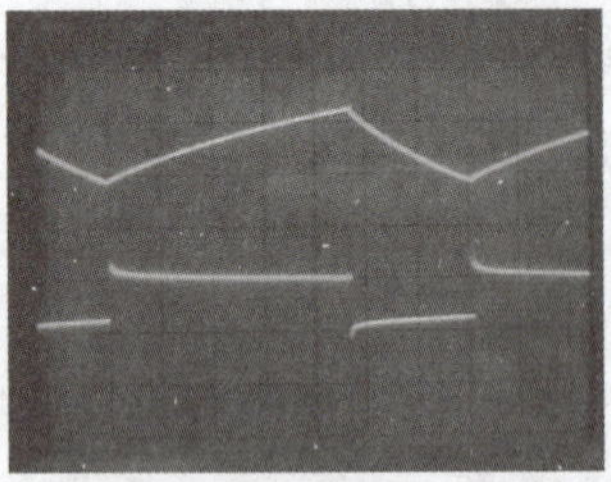	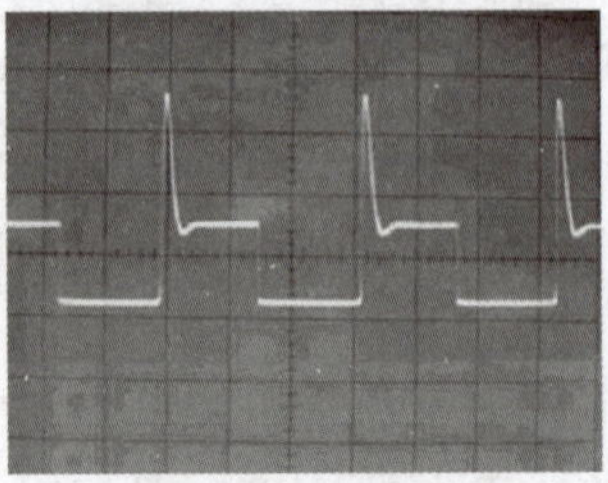	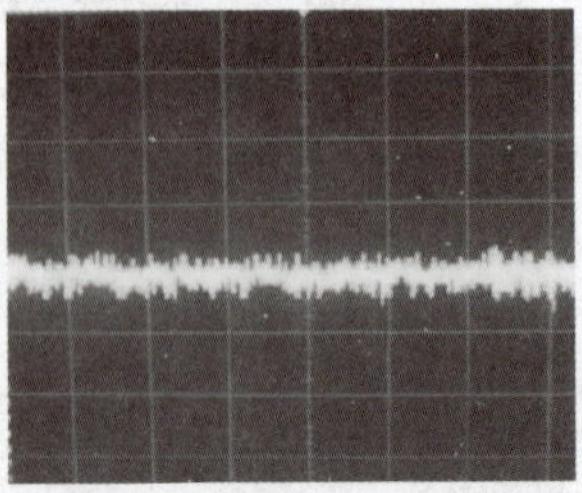
④上升沿较差的矩形波	⑤$\alpha=0°$时三相桥式全控整流电路输出电压波形	⑥$\alpha=0°$时三相桥式全控整流电路中有一个开关管烧断时的输出电压波形
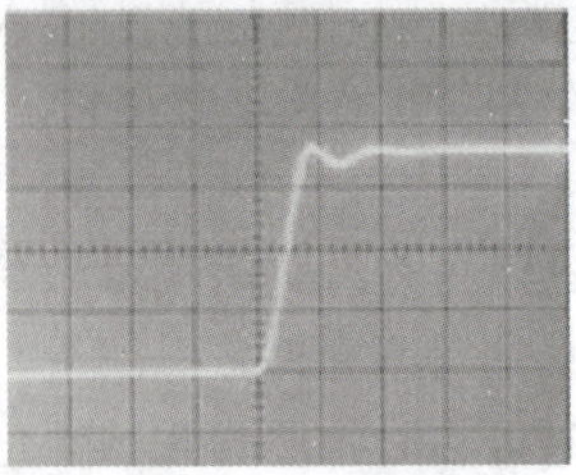	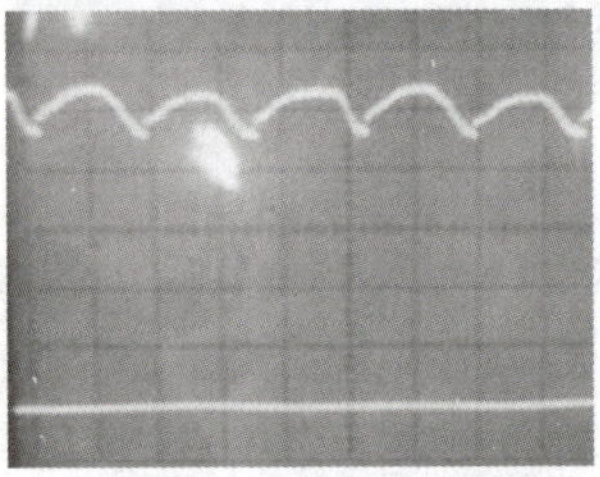	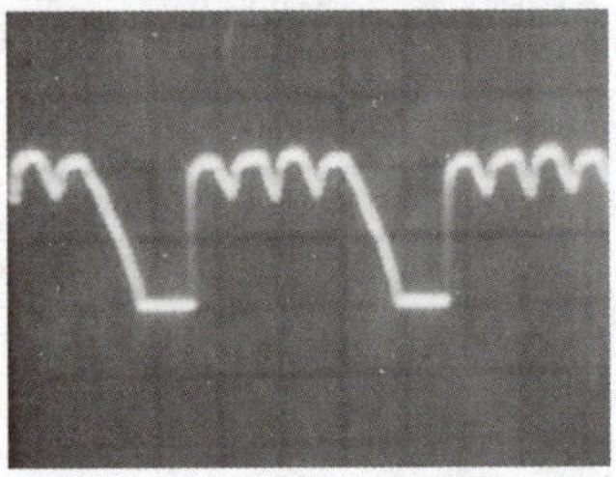

（6）元器件替换法

如怀疑某元器件（特别是集成电路、晶体管、电容器、电感器等非线性元器件）有故障，又没有专用仪表检测，一时无法准确测量和判定，可用一个完好的同型号元器件替代。置换后，若电路工作正常，则说明原有元器件或印制电路板存在故障，可做进一步检查。如果有多个输入端的集成器件在使用中有多余输入端，则可换用其他输入端进行试验，以判断原输入端是否有问题。

替换法检修电路要克服盲目性，必须根据故障现象，分析和判断出故障范围，再用其他方法进一步缩小故障范围，确定替换元器件后再进行，切忌瞎猜疑，乱替换。

4. 故障排除的注意事项

（1）拆下损坏的元器件后，要找到使其损坏的原因，对可能危及的相邻元器件也要进行检查。在确认无其他故障后，再动手更换元器件。

（2）更换集成电路时，必须确认型号、规格一致，性能完好方可换上。对于型号相同但前缀或后缀字母、数字不同的集成电路，应查阅相关资料，对照功能参数，确定其能否代用。

（3）更换大功率的电阻器、晶体管、集成电路时，应采用同一功率等级的元器件，一般不可用更高功率等级的元器件替换，以免电路原有的保护功能失效。

（4）故障排除过程中，要注意不可扩大故障范围，尤其在拆装元器件时不能损坏印制电路板的铜箔。故障排除后，重新通电检查电路，应能恢复原来的全部功能指标。

任务实施

一、实用的 RC 桥式正弦波振荡器的设计、安装与调试

1. 设计任务和要求

设计一个 RC 桥式正弦波振荡器，要求振荡频率为 1 kHz，输出信号幅度大于 6 V。

2. 电路的组成和工作原理

RC 桥式正弦波振荡器的参考电路如图 8-21 所示。

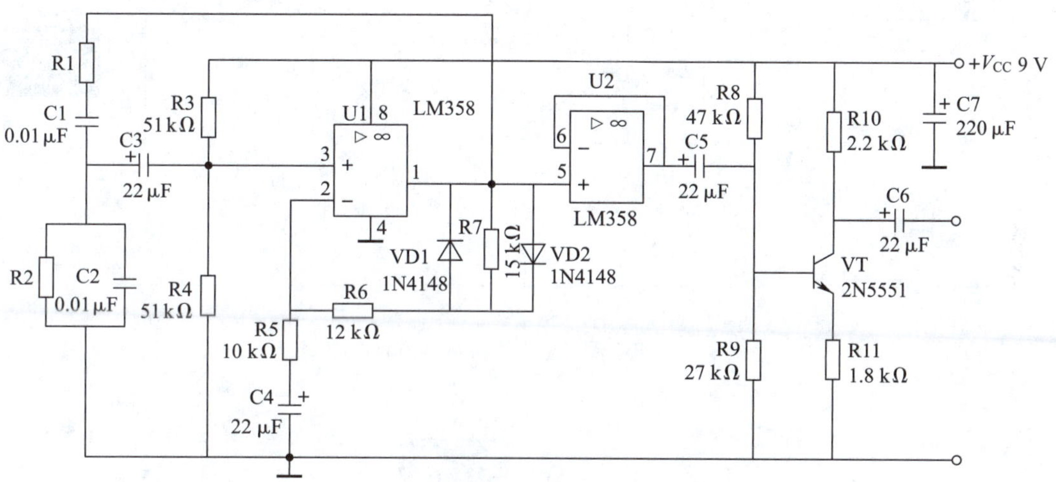

图 8-21　RC 桥式正弦波振荡器的参考电路

图 8-22 所示为 RC 桥式正弦波振荡器电路组成框图。

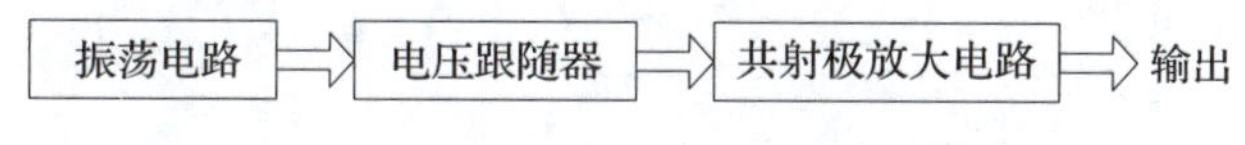

图 8-22　RC 桥式正弦波振荡器电路组成框图

（1）U1 组成 RC 桥式振荡电路。RC 串并联网络的谐振频率 $f_0=\dfrac{1}{2\pi\sqrt{R_1C_1R_2C_2}}$，要求 $f_0=1$ kHz，取 $C_1=C_2=0.01$ μF，取 $R_1=R_2$，则 $R_1=R_2\approx$__________ kΩ。R5、R6、R7 引入的反馈类型为__________反馈，取 $R_5=10$ kΩ，$R_7=15$ kΩ，通过仿真调试，确定 R6 的阻值。二极管 VD1 和 VD2 与 R7 并联，起__________作用。

（2）U2 组成电压跟随器，本身无电压放大作用，但可起__________作用。

（3）三极管 VT 组成分压式偏置共射极放大电路，根据参考电路中各元器件参数，估算 $I_{CQ}\approx$__________ mA。

3. 使用 Multisim 软件仿真调试电路

RC 桥式正弦波振荡器仿真电路图如图 8-23 所示。

（1）确定负反馈电阻 R6 的阻值

1）将耦合电容器 C3 与选频网络断开，连接函数发生器，由函数发生器输出的 1 kHz、20 mV 正弦波信号经 C3 输入 U1 同相输入端，用仿真示波器观测 U1 的输入和输出波形。

2）改变 R6 的阻值，如图 8-24 所示，使 U1 输出电压幅值略大于输入电压幅值的 3 倍，如图 8-25 所示。

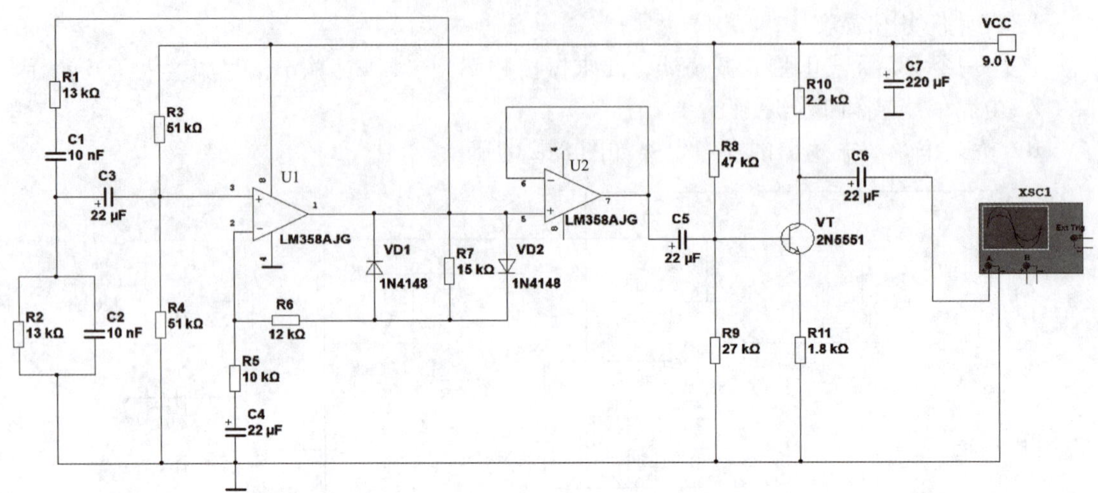

图 8-23　RC 桥式正弦波振荡器仿真电路图

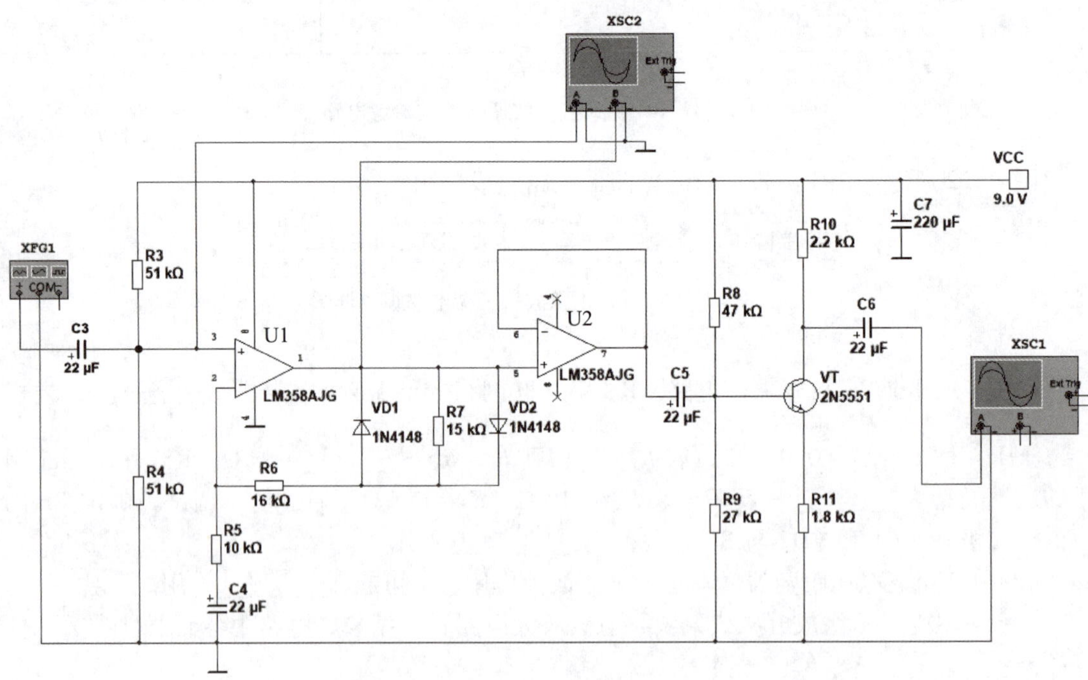

图 8-24　改变 R6 的阻值

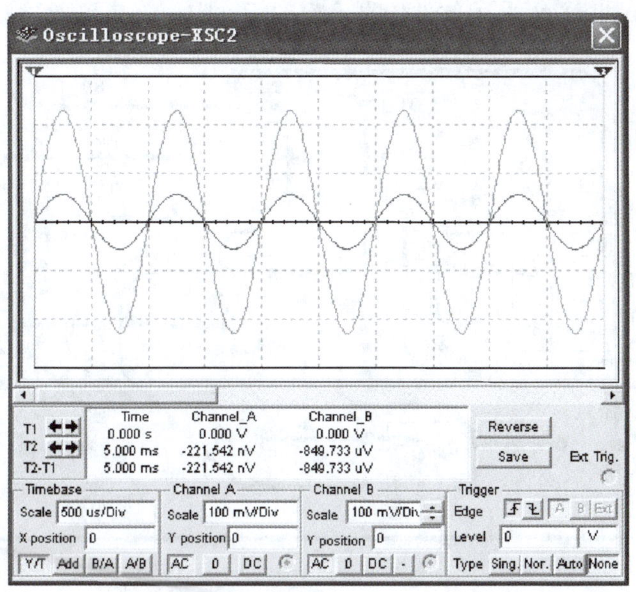

图 8-25　输出电压幅值略大于输入电压幅值的 3 倍

3）去掉函数发生器，将 C3 与选频网络相连，用仿真示波器观测电路是否起振。如果电路不起振，应将 R6 的阻值调__________（大/小）；如果振荡波形失真，应将 R6 的阻值调__________（大/小），最后确定 R6 的阻值为__________ kΩ。

（2）调整三极管 VT 的静态工作点

1）断开耦合电容器 C5，在仿真状态下，调节 R8、R10、R11 的阻值，使三极管 VT 静态电流 $I_E=1\sim2$ mA，管压降 $U_{CEQ}=3\sim6$ V。

2）用函数发生器经电容器 C5，向三极管 VT 基极输入 1 kHz 正弦波信号，逐步增大正弦波信号幅值，使信号动态范围最大，最后确定：$R_8=$________ kΩ，$R_{10}=$________ kΩ，$R_{11}=$__________ kΩ。

（3）电路级联统调

连接好电容器 C5，用仿真示波器观察输出信号波形。如要增大不失真输出电压幅值，可适当将 R10 的阻值调__________（大/小），或将 R11 的阻值调__________（大/小）。用仿真示波器测量输出信号频率 $f=$__________ kHz，最大不失真输出电压幅值为________ V。

4. 设计印制电路板图

RC 桥式正弦波振荡器印制电路板图如图 8-26 所示。

5. 产品制作

（1）印制电路板制作。

（2）元器件选择。

R1～R11 采用$\frac{1}{8}$ W 碳膜电阻器；C1 和 C2 采用瓷片电容器；C3～C7 采用电解电容器，

耐压大于 16 V；R6 和 R8 等采用软件仿真确定的标称阻值，也可通过实际调试确定。

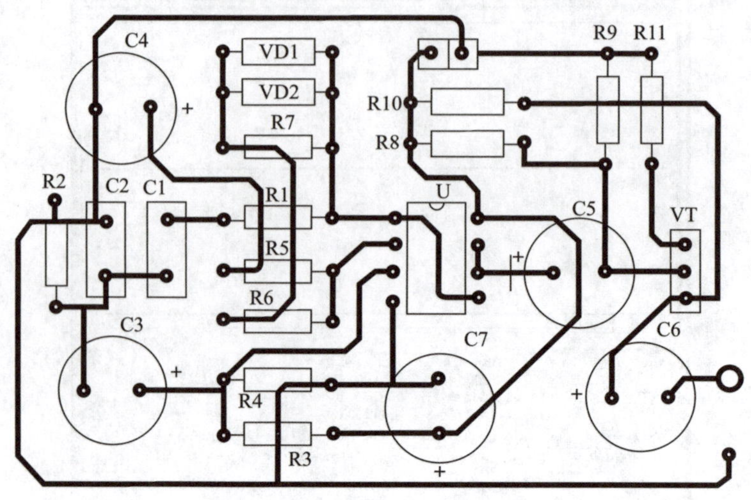

图 8-26　RC 桥式正弦波振荡器印制电路板图

（3）安装调试

1）对所用元器件进行检测。

2）按图 8-26 安装电路。

3）装配完成，检查无误后通电调试。

二、红外遥控计算机用有源音箱的设计、安装与调试

1. 设计任务和要求

设计一个红外遥控计算机用有源音箱，要求最大输出信号功率不小于 25 W，并可采用红外遥控对输出信号功率进行调节。

2. 电路组成

该有源音箱由电源电路、稳压电路、前置放大电路、功率放大电路、红外发射电路、红外接收电路等部分组成，其电路组成框图如图 8-27 所示。

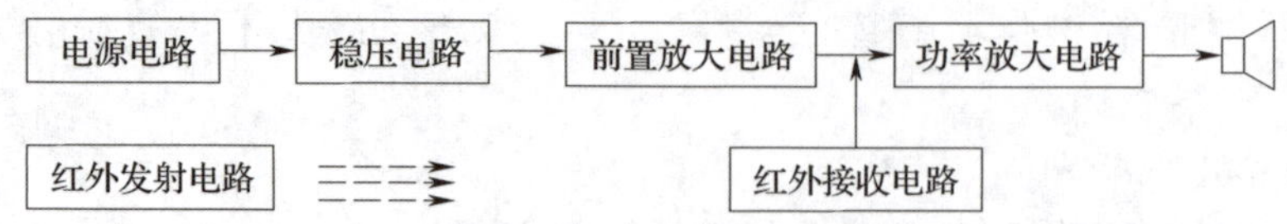

图 8-27　红外遥控计算机用有源音箱电路组成框图

3. 设计各单元电路

本课题主要以设计红外遥控计算机用有源音箱的电源电路、稳压电路、前置放大电路和功率放大电路为例。

（1）电源电路

电源电路为桥式整流电容滤波电路，如图 8-28 所示。为了保证功放的音质，除并联 6 只 4 700 μF/25 V 电解电容器作为滤波电容外，又并联了一些小容量电容器以抑制高频干扰。

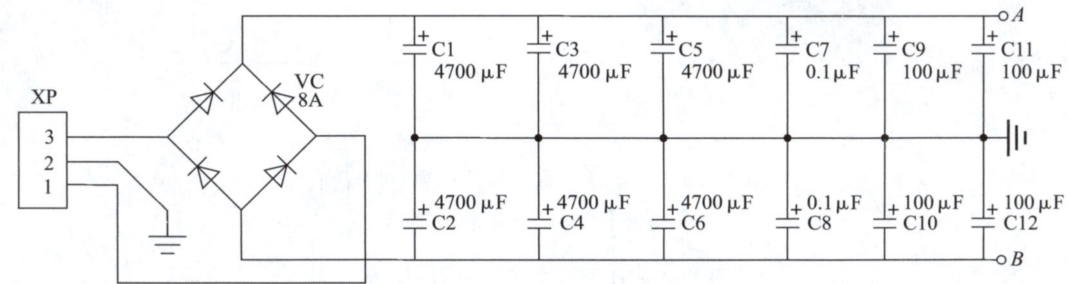

图 8-28　桥式整流电容滤波电路

（2）稳压电路

稳压电路如图 8-29 所示。采用三端可调式集成稳压器 CW317 和 CW337 作为电路主体，上、下两组电路分别对正、负电源进行稳压。调节可调电阻器 RP1 和 RP2 可以把输出电压调到±12 V。C13、C14 用于抑制高频干扰；C15、C16 为调节端旁路电容器，用于抑制纹波，防止纹波被放大；C17、C18 用于防止电路自激振荡；C19、C20、C21、C22 再次进行滤波。

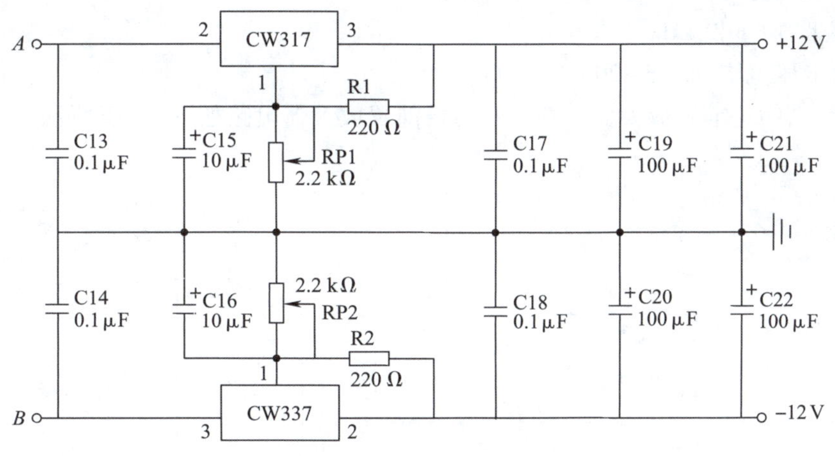

图 8-29　稳压电路

（3）前置放大电路

前置放大电路使用 NE5532 集成电路作为电路主体。

1）NE5532 集成电路。NE5532 集成电路的特点是低噪声、高增益，特别适用于高品质和专业音响设备。

NE5532 集成电路外形和引脚排列如图 8-30 所示，各引脚功能见表 8-3。

a)

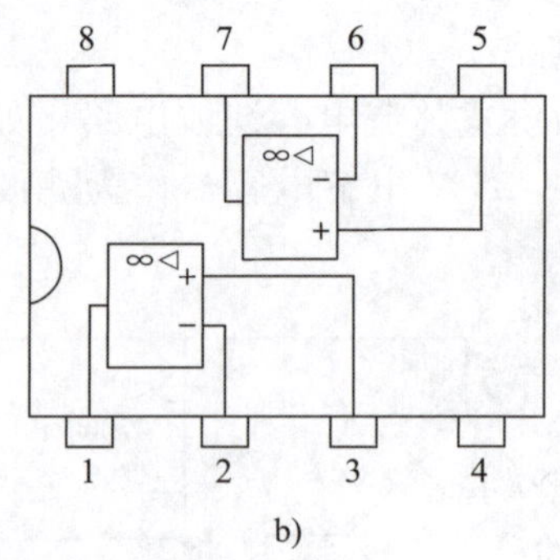

b)

图 8-30　NE5532 集成电路外形和引脚排列
a）外形　b）引脚排列

表 8-3　NE5532 集成电路引脚功能

引脚	名称	功能	引脚	名称	功能
1	AOUT	A 放大器输出端	5	+INB	B 放大器同相输入端
2	-INA	A 放大器反相输入端	6	-INB	B 放大器反相输入端
3	+INA	A 放大器同相输入端	7	BOUT	B 放大器输出端
4	-VCC	负电源端	8	+VCC	正电源端

NE5532 集成电路的主要参数如下：

①小信号带宽：10 MHz。

②输出驱动能力：600 Ω、10 V 有效值。

③功率带宽：140 kHz。

④电源电压范围：±(3~20) V。

2）左、右声道前置放大器。左、右声道前置放大器电路如图 8-31 所示。

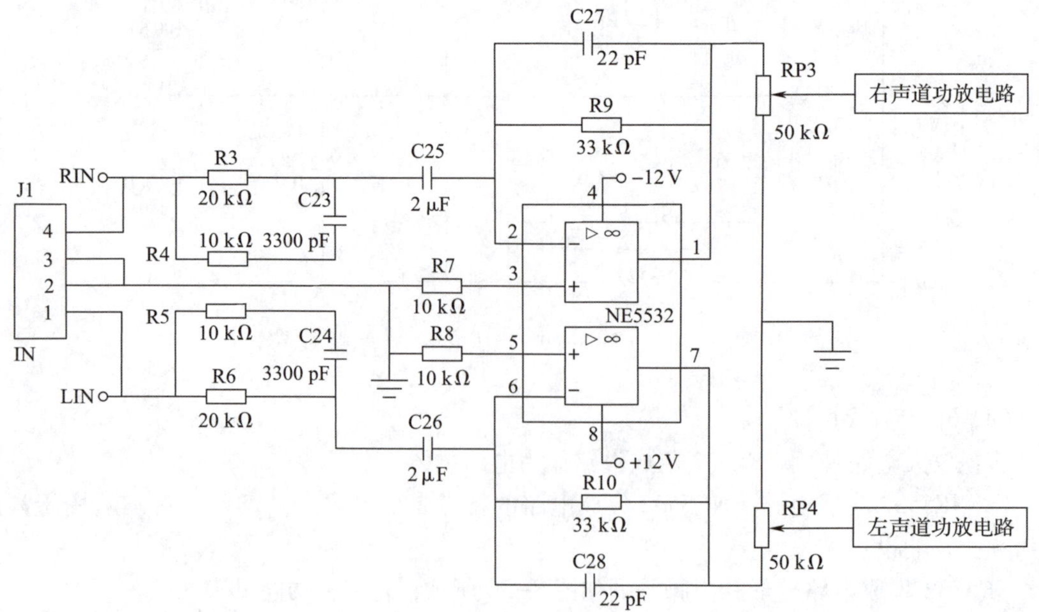

图 8-31　左、右声道前置放大器电路

其中，左半部分电路主要起增大输入电阻的作用，R3 并接了一个 R4 和 C23 的串联支路，起到调整频率特性的作用；R9、C27 组成频率响应调节网络（左、右两个声道相互对称）。右半部分电路中，RP3、RP4 起调节声道音量的作用。

3）低音部分前置放大器。低音部分前置放大器电路如图 8-32 所示。

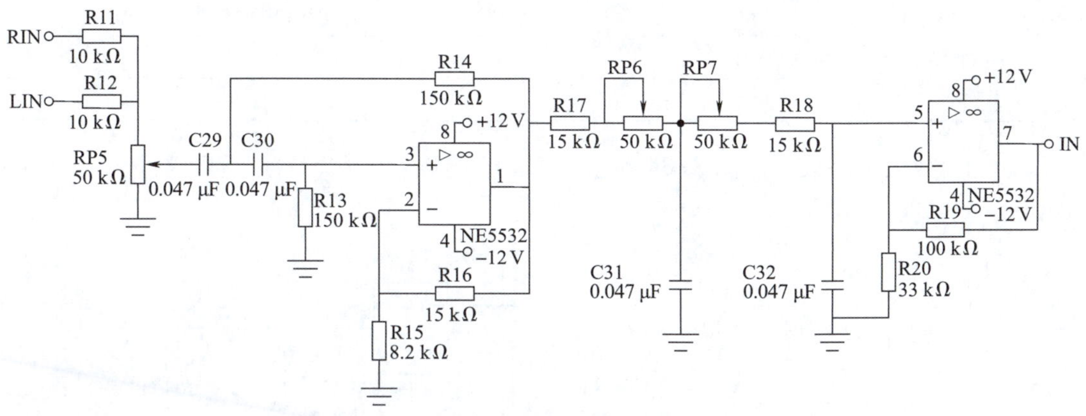

图 8-32　低音部分前置放大器电路

电路基本原理和左、右声道前置放大电路一致，R15、R16 是集成运放的负反馈电阻，决定放大量。RP6、RP7 部分电路组成一个 T 型滤波网络，用来调整信号的频率特性，在电路中起到调节低音频率的作用（50~150 Hz）。R11、R12 为输入电阻，RP5 为音量可调电阻器，C29 则为隔直耦合电容器，这部分电路是低音的音量调节部分。

（4）功率放大电路

功率放大电路主要由 LM1875 集成电路组成。

1）LM1875 集成电路简介。LM1875 集成电路是一款性能优异的音频集成功率放大器，具有失真低、工作稳定可靠、外围电路元器件少、功率带宽较宽、电流负载能力大等优点。LM1875 电路输出功率大，在±30 V 供电、负载为 8 Ω 时可达 30 W，且具有短路保护、过热保护、电流限制和安全工作区保护等。实际应用时，需要控制闭环增益在 20~24 dB，以使电路工作稳定。

LM1875 集成电路采用 TO-220 封装形式，其外形和引脚排列如图 8-33 所示，各引脚功能见表 8-4。

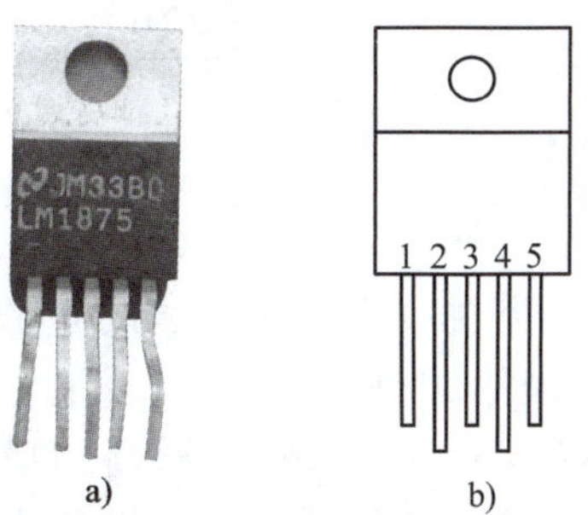

图 8-33　LM1875 集成电路的外形和引脚排列

a）外形　b）引脚排列

表 8-4 LM1875 集成电路引脚功能

引脚	名称	功能
1	+IN	同相输入端
2	-IN	反相输入端
3	VEE	负电源端或接地端
4	OUT	输出端
5	VCC	正电源端

2）功率放大电路设计。图 8-34 所示为本次音箱设计中左、右声道电路部分的功率放大电路。

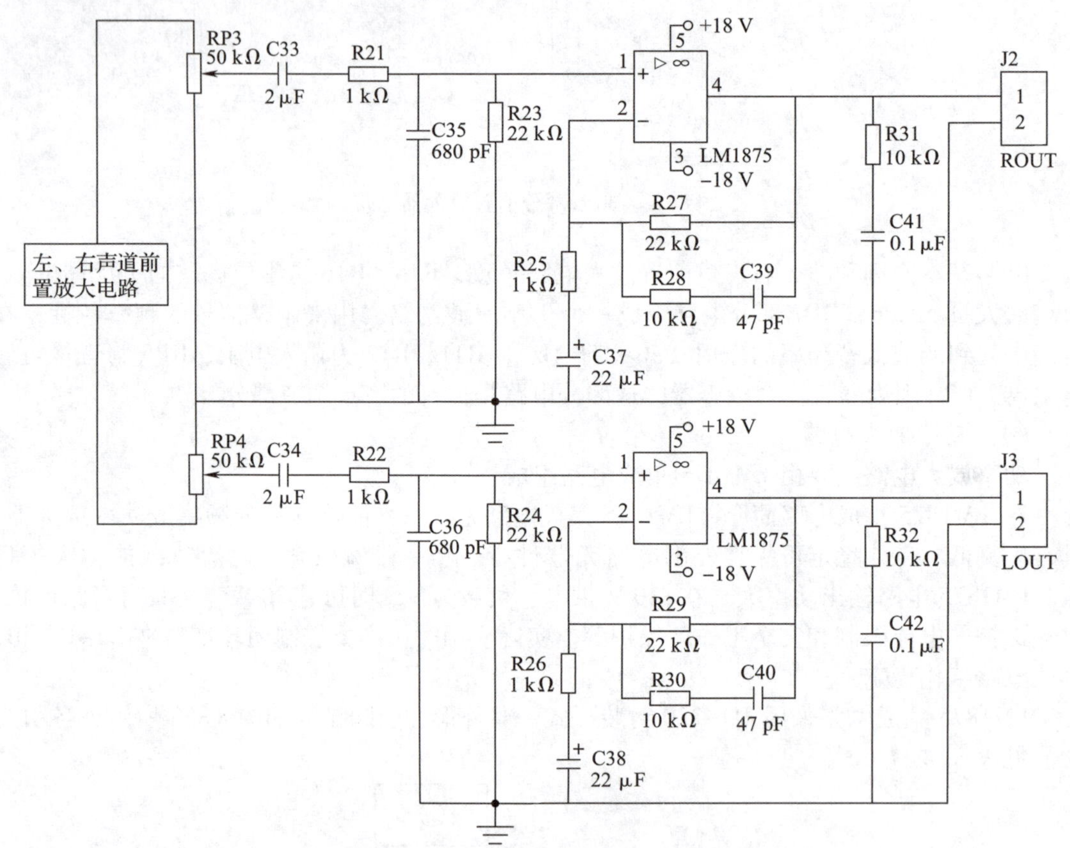

图 8-34 左、右声道电路部分的功率放大电路

图 8-34 中，RP3、RP4 分别为右声道和左声道的音量控制器，用于调节音量。C33、C34 为隔直耦合电容器，防止后级的 LM1875 直流电位对前级电路的影响。以电路下半部分为例，放大电路主要由 LM1875、R29、R26、C38 等组成，电路的放大倍数由 R_{29} 与 R_{26} 的比值决定。C42、R32 的作用是防止放大器产生低频自励。本放大器的负载阻抗为 8 Ω。

图 8-35 所示为用两块 LM1875 构成的 BTL 功率放大电路，作为本次设计的低音功放

电路。BTL 功放的优点是可以在较低的电源电压下，利用输出功率较小的功放集成电路获得较大的输出功率。在功放集成电路、负载阻抗和电源电压相同的情况下，BTL 功放中负载上所获得的输出电压是普通功放的两倍，所以，BTL 功放的输出功率是普通功放的四倍（$P=U^2/R$），其缺点是需多用一块功放集成电路。

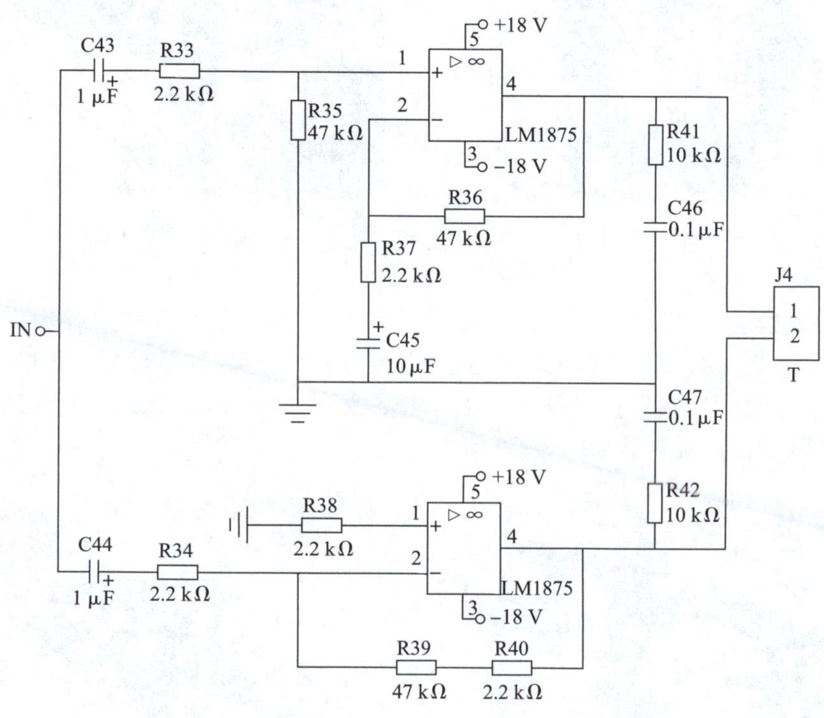

图 8-35　用两块 LM1875 构成的 BTL 功率放大电路

4. 选择主要器件

为了使设计出的音频电路获得最佳的性能，需要选择合适的匹配负载和电路连接线。

（1）选择扬声器

左、右声道采用 4 in（1 in=25.4 mm）喷胶纸盆防磁中频扬声器，阻抗为 8 Ω。低音声道采用专门的低音扬声器，如图 8-36 所示。

（2）选择变压器

本设计中电源电路要求为双 18 V，电路工作功率为 100 W，而红外遥控电路要求电源电压为 12 V，故选用 100 W 多级电压变压器（大电流 24 V-18 V-0 V-18 V-24 V，小电流 12 V-0-12 V），如图 8-37 所示。

（3）选择音频连接线

本次设计中选用标准 3.5 mm 立体声接头转双莲花公头。如图 8-38 所示，音频连接线的一端是 3.5 mm 立体声接头，接计算机声卡、收音机等设备的音频输出耳机插孔；另一端是两个莲花公头，插功放板的 AV 音频输入口。

图 8-36　低音扬声器

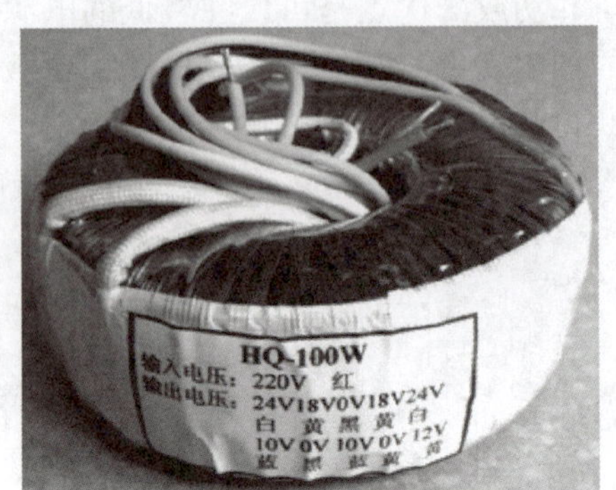

图 8-37　变压器

（4）选择散热器

因为集成电路内部含有过热保护电路，实际应用时一定要加散热器，否则当器件的结温升高到 170 ℃时，过热保护电路将开始动作，关断 LM1875。当结温下降到 145 ℃时，LM1875 才恢复工作。散热器如图 8-39 所示。

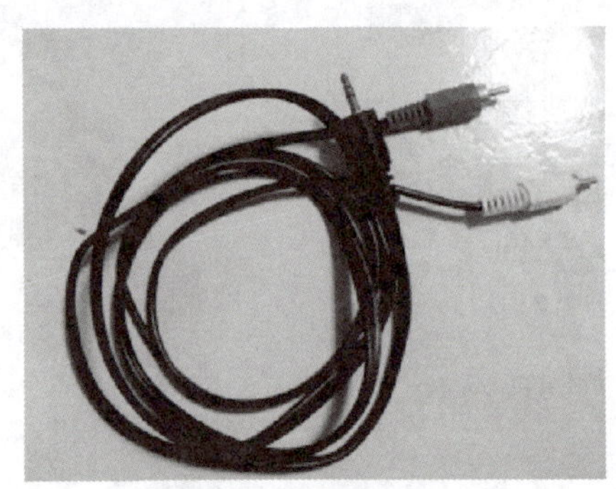

图 8-38　音频连接线

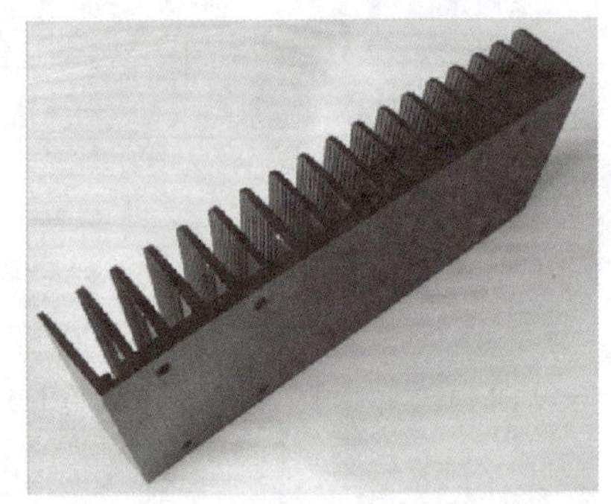

图 8-39　散热器

5. 安装与调试电路

设计和制作印制电路板，并安装、焊接电路。焊接时，遵循先焊接小元器件再焊接大元器件的原则。例如，在本电路中可以按电阻器、小电容器、整流二极管、可调电阻器、LM1875、大电容器的顺序进行焊接。在焊接 LM1875 前应先把 LM1875 用螺钉固定在散热片上，LM1875 与散热片接触部分必须放置偏振片，以利于散热。焊好电子元器件之后，要仔细检查印制电路板上的电子元器件有无焊接错误的地方，要特别注意有极性的电子元器件，如电解电容器、桥式整流堆，一旦焊接反了会有烧毁元器件的可能。焊接完成的电路板实物图如图 8-40 所示。

检查装配好的电源电路、稳压电路、前置放大电路和功率放大电路，确认无误后通电调试。调试完成后，加装红外发射电路和红外接收电路等，实现对有源音箱输出信号功率的遥控。

图 8-40　焊接完成的电路板实物图

任务测评

按表 8-5 所列项目进行任务测评，将结果填入表中。

表 8-5　测评记录

序号	考核项目	考核分值	考核得分
1	绘制电路组成框图	2	
2	设计各单元电路	2	
3	正确选择主要元器件	2	
4	按工艺要求安装、焊接电路	2	
5	调试电路达到设计要求	2	
合计		10	

思考与练习

从本模块课题一中选择电路，设计和制作印制电路板，按工艺要求安装、焊接元器件，完成产品的制作。

附 录

一、半导体分立器件的型号命名方法

按国家标准《半导体分立器件型号命名方法》（GB/T 249—2017）的规定，半导体分立器件的型号由五部分组成，各组成部分及其意义见附表 1。

附表 1　半导体分立器件型号的组成部分及其意义

第一部分		第二部分		第三部分		第四部分	第五部分
用阿拉伯数字表示器件的电极数目		用汉语拼音字母表示器件的材料和极性		用汉语拼音字母表示器件的类别		用阿拉伯数字表示登记顺序号	用汉语拼音字母表示规格号
符号	意义	符号	意义	符号	意义		
2	二极管	A	N 型，锗材料	P	小信号管		
		B	P 型，锗材料	H	混频管		
		C	N 型，硅材料	V	检波管		
		D	P 型，硅材料	W	电压调整管和电压基准管		
		E	化合物或合金材料	C	变容管		
3	三极管	A	PNP 型，锗材料	Z	整流管		
		B	NPN 型，锗材料	L	整流堆		
		C	PNP 型，硅材料	S	隧道管		
		D	NPN 型，硅材料	K	开关管		
		E	化合物或合金材料	N	噪声管		
				F	限幅管		
				X	低频小功率晶体管（f_a<3 MHz，P_C<1 W）		
				G	高频小功率晶体管（f_a≥3 MHz，P_C<1 W）		
				D	低频大功率晶体管（f_a<3 MHz，P_C≥1 W）		
				A	高频大功率晶体管（f_a≥3 MHz，P_C≥1W）		
				T	闸流管		
				Y	体效应管		
				B	雪崩管		
				J	阶跃恢复管		

二、常用半导体二极管的主要参数

常用半导体二极管的主要参数见附表 2~附表 7。

附表 2　部分常用检波二极管的主要参数

型号	反向击穿电压 U_{BR}/V	最大整流电流 I_{FM}/mA	正向压降 U_F/V	结电容 C_j/pF	截止频率 f_C/MHz	最高结温 t_{jm}/℃	最高反向工作电压 U_{RM}/V
2AP1	40	2. 5	≤1. 2	≤1	150	75	10
2AP2	45	2. 5					25
2AP3	45	7. 5					25
2AP4	75	5					50
2AP5	110	2. 5					75
2AP6	150	2. 5					100
2AP7	150	5					100

附表 3　部分常用整流二极管的主要参数

型号	最大整流电流 I_{FM}/A	最高反向工作电压 U_{RM}/V	正向压降 U_F/V	最大反向电流 I_{RM}/μA	浪涌电流 I_{FSM}/A	材料	备注
1N4001	1	50	1	5	3	Si	DO-41（封装形式）
1N4002		100					
1N4003		200					
1N4004		400					
1N4005		600					
1N4006		800					
1N4007		1 000					
1N5391	1. 5	50	1. 1	5	50	Si	DO-15（封装形式）
1N5392		100					
1N5393		200					
1N5394		300					
1N5395		400					
1N5396		500					
1N5397		600					
1N5398		800					
2CZ51A~X	0. 05	见附表 4	≤1. 2	5	1	Si	约 ϕ2. 5 mm×8 mm
2CZ52A~X	0. 1		≤1. 0	3	2	Si	约 ϕ3 mm×10 mm
2CZ53A~X	0. 3		≤1. 0	3	6	Si	约 ϕ7 mm×13 mm
2CZ54A~X	0. 5		≤1. 0	10	10	Si	有 M5 螺栓，可安装散热器
2CZ55A~X	1		≤1. 0	10	20	Si	
2CZ56A~X	3		≤0. 8	20	65	Si	有 M6 螺栓，可安装散热器
2CZ57A~X	5		≤0. 8	20	105	Si	
2CZ58A~X	10		≤0. 8	30	210	Si	有 M8 螺栓
2CZ59A~X	20		≤0. 8	40	420	Si	
2CZ60A~X	50		≤0. 8	50	900	Si	有 M12 螺栓

附表 4　国产整流二极管最高反向工作电压规定

分档标志	A	B	C	D	E	F	G	H	J	K	L
U_{RM}/V	25	50	100	200	300	400	500	600	700	800	900
分档标志	M	N	P	Q	R	S	T	U	V	W	X
U_{RM}/V	1 000	1 200	1 400	1 600	1 800	2 000	2 200	2 400	2 600	2 800	3 000

附表 5　部分常用开关二极管的主要参数

型号	反向恢复时间 t_n/ns	零偏压电容 C_0/pF	反向击穿电压 U_{BR}/V	最高反向工作电压 U_{RM}/V	最大整流电流 I_{FM}/mA	反向电流 I_R/μA
1N4148	4	4	100	75	450	25
1N4149		2	100	75		25
1N4151		2	75	50		50
1N4152		2	40	30		50
1N4153		2	75	50		50
1N4154		2	35	25		100
1N4446		4	100	75		25
1N4447		2	100	75		25
1N4448		2	100	75		5
1N914		4	100	75		5

附表 6　部分国产常用稳压二极管的主要参数

型号	稳定电压/V	最大工作电流/mA
2CW50	1～2. 8	33
2CW51	3～3. 5	71
2CW52	3. 2～4. 5	55
2CW53	4～5. 8	41
2CW54	5. 5～6. 5	38
2CW55	6. 2～7. 5	33
2CW56	7～8. 8	27

附表 7　1N47 系列稳压二极管的主要参数

型号	稳压范围				反向特性		动态电阻	
	U_Z/V			测试条件	I_R/μA	测试条件	r_d/Ω	测试条件
	额定值	最小值	最大值	I_Z/mA	最大值	U_R/V	最大值	I_Z/mA
1N4728A	3. 3	3. 14	3. 47	76	100	1. 0	10	76
1N4729A	3. 6	3. 42	3. 78	69	100	1. 0	10	69
1N4730A	3. 9	3. 71	4. 10	64	50	1. 0	9. 0	64
1N4731A	4. 3	4. 09	4. 52	58	10	1. 0	9. 0	58
1N4732A	4. 7	4. 47	4. 94	53	10	1. 0	8. 0	53
1N4733A	5. 1	4. 85	5. 36	49	10	1. 0	7. 0	49

续表

型号	稳压范围				反向特性		动态电阻	
	U_Z/V			测试条件	I_R/μA	测试条件	r_d/Ω	测试条件
	额定值	最小值	最大值	I_Z/mA	最大值	U_R/V	最大值	I_Z/mA
1N4734A	5.6	5.32	5.88	45	10	2.0	5.0	45
1N4735A	6.2	5.89	6.51	41	10	3.0	2.0	41
1N4736A	6.8	6.46	7.14	37	10	4.0	3.5	37
1N4737A	7.5	7.13	7.88	34	10	5.0	4.0	34
1N4738A	8.2	7.79	8.61	31	10	6.0	4.5	31
1N4739A	9.1	8.65	9.56	28	10	7.0	5.0	28
1N4740A	10	9.50	10.50	25	10	7.6	7.0	25
1N4741A	11	10.45	11.55	23	5.0	8.4	8.0	23
1N4742A	12	11.40	12.60	21	5.0	9.0	9.0	21
1N4743A	13	12.35	13.65	19	5.0	9.9	10	19
1N4744A	15	14.25	15.75	17	5.0	11.4	14	17
1N4745A	16	15.20	16.80	15.5	5.0	12.2	16	15.5
1N4746A	18	17.10	18.90	14	5.0	13.7	20	14
1N4747A	20	19.00	21.00	12.5	5.0	15.2	22	12.5
1N4748A	22	20.90	23.10	11.5	5.0	16.7	23	11.5
1N4749A	24	22.80	25.20	10.5	5.0	18.2	25	10.5
1N4750A	27	25.65	28.35	9.5	5.0	20.6	35	9.5
1N4751A	30	28.50	31.50	8.5	5.0	22.8	40	8.5
1N4752A	33	31.35	34.65	7.5	5.0	25.1	45	7.5
1N4753A	36	34.20	37.80	7.0	5.0	27.4	50	7.0
1N4754A	39	37.05	40.95	6.5	5.0	29.7	60	6.5
1N4755A	43	40.85	45.15	6.0	5.0	32.7	70	6.0
1N4756A	47	44.65	49.35	5.5	5.0	35.8	80	5.5
1N4757A	51	48.45	53.55	5.0	5.0	38.8	95	5.0
1N4758A	56	53.20	58.80	4.5	5.0	42.6	110	4.5
1N4759A	62	58.90	65.10	4.0	5.0	47.1	125	4.0
1N4760A	68	64.60	71.40	3.7	5.0	51.7	150	3.7
1N4761A	75	71.25	78.75	3.3	5.0	56.0	175	3.3
1N4762A	82	77.90	86.10	3.0	5.0	62.2	200	3.3
1N4763A	91	86.45	95.55	2.8	5.0	69.2	250	2.8
1N4764A	100	95.00	105.00	2.5	5.0	76.0	350	2.5

三、常用半导体三极管的主要参数

常用半导体三极管的主要参数见附表 8～附表 10。

附表 8　部分低频小功率三极管的主要参数

型号	P_{CM}/mW	I_{CM}/mA	$U_{(BR)CEO}$/V	$U_{(BR)CBO}$/V	I_{CBO}/μA	h_{FE}（色标分档）	f_β/kHz	封装形式
3AX51M 3AX51A 3AX51B 3AX51C	125	125	≥6 ≥12 ≥18 ≥24	≥15 ≥20 ≥30 ≥40	≤25 ≤20 ≤12 ≤6	<15（棕） 15～25（红） 25～40（橙） 40～55（黄） 55～80（绿） 80～120（蓝） 120～180（紫） 180～270（灰） 270～400（白） >400（黑）	≥8	C 型
3AX52A 3AX52B 3AX52C 3AX52D	150	150	≥12 ≥12 ≥18 ≥24	≥30	≤12		f_α≥500	C 型
3AX55A 3AX55B 3AX55C	500	500	≥12 ≥20 ≥30	≥50	≤80		≥6	D 型
3AX81A 3AX81B	200	200	≥10 ≥15	≥20 ≥30	≤30 ≤15		≥6 ≥8	B 型
3BX81A 3BX81B	200	200	≥10 ≥15	≥20 ≥30	≤30 ≤15		≥6 ≥8	B 型

附表 9　部分高频小功率三极管的主要参数

型号	P_{CM}/mW	I_{CM}/mA	$U_{(BR)CEO}$/V	I_{CBO}/μA	h_{FE}	f_T/MHz	封装形式
3DG100A 3DG100B 3DG100C 3DG100D	100	20	20 30 30 30	≤0. 1	25～270	≥150 ≥300	B-1 型
3DG102A 3DG102B 3DG102C 3DG102D	100	20	20 30 20 30	≤0. 1	25～270	≥150 ≥300	B-1 型
3DG110A 3DG110B 3DG110C 3DG110D 3DG110E 3DG110F	300	50	15 30 45 15 30 45	≤0. 1	≥30	≥150 ≥300	B-1 型

续表

型号	P_{CM}/mW	I_{CM}/mA	$U_{(BR)CEO}$/V	I_{CBO}/μA	h_{FE}	f_T/MHz	封装形式
3DG120A 3DG120B 3DG120C 3DG120D	500	100	30 45 30 45	≤0.2	25~270	≥150 ≥300	B-3 型
3DG130A 3DG130B 3DG130C 3DG130D	700	300	≥30 ≥45 ≥30 ≥45	≤1	≥30	≥150 ≥300	B-4 型
3DG182A 3DG182B 3DG182C 3DG182D 3DG182E 3DG182F 3DG182G 3DG182H 3DG182I 3DG182J	700	300	≥60 ≥100 ≥140 ≥180 ≥220 ≥60 ≥100 ≥140 ≥180 ≥220	≤2	≥20	≥50 ≥100	B-4 型
3AG56A 3AG56B 3AG56C 3AG56D 3AG56E 3AG56F	50	10	≥10	200	40~180	≥25 ≥25 ≥50 ≥65 ≥80 ≥120	B-1 型
3CG100	100	30	15~35	≤0.1	≥25	≥100	B-1 型
3CG111	300	50	15~45	≤0.1	≥25	≥200	B-1 型
3CG130	700	300	15~45	≤1	≥25	≥80	B-4 型

附表 10　其他常见小功率三极管的主要参数

型号	极性	P_{CM}/W	I_{CM}/A	U_{CBO}/V	U_{CEO}/V	U_{EBO}/V	f_T/MHz
9011	NPN	0.4	0.03	50	30	5	370
9014	NPN	0.625	0.1	50	45	5	270
9015	PNP	0.45	0.1	50	45	5	190
9016	NPN	0.4	0.025	30	20	4	620
9018	NPN	0.4	0.05	30	15	5	1 100
8050	NPN	1	1.5	40	25	6	190
8550	PNP	1	1.5	40	25	6	200
3903	NPN	0.625	0.2	60	40	5	300

续表

型号	极性	P_{CM}/W	I_{CM}/A	U_{CBO}/V	U_{CEO}/V	U_{EBO}/V	f_T/MHz
3905	PNP	0.625	0.2	60	40	5	250
4401	NPN	0.625	0.6	60	40	5	300
4402	PNP	0.625	0.6	60	40	5	300
5401	PNP	0.625	0.6	160	150	6	200
5551	NPN	0.35	0.6	180	160	6	200
2500	NPN	0.9	2	30	10	7	150